GESTÃO DE CONTRATOS NA CONSTRUÇÃO CIVIL

ANTONIO CARLOS DA F. BRAGANÇA PINHEIRO
MARCOS CRIVELARO

érica

Publicado pelo selo Érica
Uma editora integrante do GEN | Grupo Editorial Nacional
Travessa do Ouvidor, 11
Rio de Janeiro – RJ – 20040-040
www.grupogen.com.br

■ **Atendimento ao cliente: (11) 5080-0751 | faleconosco@grupogen.com.br**

■ Capa: M10 Editorial

■ **DADOS INTERNACIONAIS DE CATALOGAÇÃO NA PUBLICAÇÃO (CIP)**
ANGÉLICA ILACQUA CRB-8/7057

Pinheiro, Antonio Carlos da Fonseca Bragança
Gestão de contratos na construção civil / Antonio Carlos da Fonseca Bragança Pinheiro, Marcos Crivelaro. – 1. ed. – [2. Reimp.] – São Paulo: Érica, 2025.

336 p. : il.

Bibliografia
ISBN 978-85-365-2736-9

1. Construção civil - Administração 2. Contratos de construção civil I. Crivelaro, Marcos. II. Título.

CDD 690.068
18-0315 CDU 69:65

Índices para catálogo sistemático:
1. Construção civil - Administração

AGRADECIMENTOS

Ao Instituto Federal de Educação, Ciência e Tecnologia de São Paulo (IFSP) - autarquia federal de ensino gratuito - que, pelo exercício do magistério, nos permitiu a aquisição de experiência docente e a convivência com alunos do ensino técnico do curso técnico de nível médio em Edificações, curso superior de Tecnologia em Processos Gerenciais e curso de Engenharia Civil.

Ao Centro Estadual de Educação Tecnológica Paula Souza (CEETEPS) que, através das Escolas Técnicas Estaduais (ETEC) Getulio Vargas, Guaracy Silveira e Martin Luther King e Faculdade de Tecnologia de São Paulo (FATEC-SP) - instituições paulistas de ensino gratuito -, nos possibilitaram aprimoramento profissional mediante a prática docente exercida no ensino técnico de nível médio e no ensino de nível superior em cursos de construção civil.

Ao corpo docente das instituições citadas, pelo convívio repleto de alegria e troca de conhecimentos.

Às empresas do setor privado fornecedoras de materiais e prestadoras de serviços que sempre colaboraram em palestras, minicursos e doações voluntárias.

Às instituições de ensino e pesquisa que permitiram a obtenção de titulação na graduação e no stricto sensu: Universidade Presbiteriana Mackenzie (UPM), Escola Politécnica da Universidade de São Paulo (EPUSP) e Instituto de Pesquisas Energéticas e Nucleares (Ipen-USP).

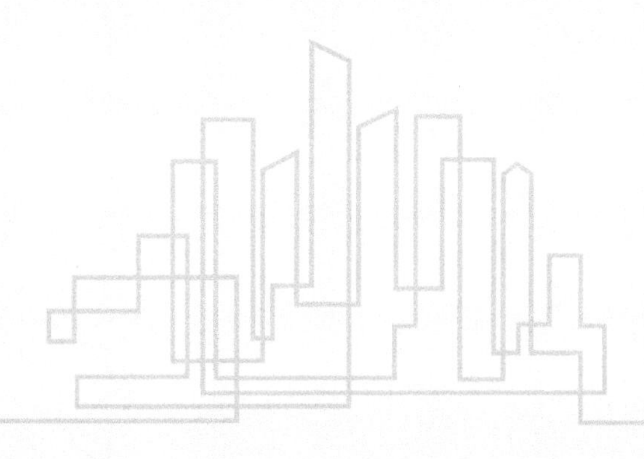

SOBRE OS AUTORES

Antonio Carlos da Fonseca Bragança Pinheiro é egresso da Escola SENAI-SP de Construção Civil - Orlando Laviero Ferraiuolo, bacharel em Engenharia Civil pela Escola de Engenharia da Universidade Presbiteriana Mackenzie e doutor em Engenharia Civil pela Escola Politécnica da Universidade de São Paulo (EPUSP). Na área de construção civil, foi chefe de departamento de projetos, gerente de fábrica, gerente de engenharia e diretor técnico. Foi professor e diretor da Escola de Engenharia da Universidade Presbiteriana Mackenzie, diretor de *campus*, coordenador e docente na área de construção civil do Instituto Federal de São Paulo (IFSP). É docente da Faculdade de Tecnologia de São Paulo (Fatec-SP), da Universidade Cidade de São Paulo (Unicid) e do Centro Universitário Estácio de São Paulo (Estácio São Paulo).

Marcos Crivelaro é bacharel em Engenharia Civil pela Escola Politécnica da Universidade de São Paulo (EPUSP). Pós-doutor em Engenharia de Materiais pelo Instituto de Pesquisas Energéticas e Nucleares de São Paulo (Ipen-USP). Na área de construção civil, foi diretor de engenharia e de planejamento de obras residenciais, comerciais e industriais de grande porte. É professor da área de construção civil do Instituto Federal de São Paulo (IFSP), da Faculdade de Tecnologia de São Paulo (Fatec-SP) e da Faculdade FIAP.

SUMÁRIO

CAPÍTULO 1 CARACTERÍSTICAS DE OBRAS E SERVIÇOS DE CONSTRUÇÃO CIVIL

1.1 A indústria da construção civil ... 14
1.2 Processo construtivo ... 19
1.3 Princípios de gerenciamento de projetos ... 24
1.4 Ciclo de vida do projeto ... 30
1.5 Detalhamento do projeto ... 32
1.6 Gestão de prioridades ... 33
1.6.1 Considerações sobre a gestão de prioridades concorrentes ... 34
1.7 Indicadores de desempenho na gestão de obras ... 35
1.8 Perfil e atribuições do gestor de contratos ... 35
1.9 Anotação de Responsabilidade Técnica (ART) ... 37
1.9.1 Tipos ... 38
1.9.2 Formas de registro ... 38
1.9.3 Participação técnica no empreendimento ... 39

CAPÍTULO 2 PLANO DE CONTAS E CUSTOS DE OBRAS E SERVIÇOS DE CONSTRUÇÃO CIVIL

2.1 Objetivos da Contabilidade ... 42
2.2 Contabilidade pública ... 43
2.3 Sistema contábil ... 44
2.4 Plano de contas na construção civil ... 46
2.4.1 Modelo de plano de contas ... 47
2.4.2 Balanço patrimonial ... 48
2.4.3 Demonstração do resultado do exercício ... 56
2.4.4 Demonstração dos lucros ou prejuízos acumulados ... 57
2.4.5 Demonstração dos fluxos de caixa ... 57
2.4.6 Demonstração do valor adicionado ... 58
2.4.7 Notas explicativas ... 58
2.5 Contabilidade de custos e gerencial ... 59
2.6 Análise de demonstrações financeiras ... 63

2.6.1 Índices de liquidez 63
2.6.2 Índices de endividamento 64
2.6.3 Índices de rentabilidade 65
2.6.4 Índices de gestão de ativos 66

CAPÍTULO 3 MODALIDADES DE CONTRATAÇÃO DE OBRAS E SERVIÇOS DE CONSTRUÇÃO CIVIL

3.1 Contratos de obras 71
3.1.1 Contrato por empreitada global ou de preço fechado (*lump sum price*) 73
3.1.2 Contrato por empreitada global a preços unitários 74
3.1.3 Contrato por administração ou contrato por preço de custo (*cost plus a percentual fee*) 74
3.1.4 Contrato por reembolso dos custos mais uma quantia fixa (*cost plus a fixed fee*) 74
3.1.5 Contrato por preço máximo garantido 75
3.1.6 Contrato com incentivo 75
3.2 Tipos de contrato de obras privadas 76
3.3 Tipos de contrato de obras públicas 77

CAPÍTULO 4 ESPECIFICAÇÕES TÉCNICAS PARA OBRAS E SERVIÇOS DE CONSTRUÇÃO CIVIL

4.1 Normas 85
4.2 Normas técnicas e normas regulamentadoras 87
4.2.1 Norma Regulamentadora (NR) 87
4.2.2 Normas Brasileira Regulamentada (NBR) 89
4.3 Principais entidades que emitem normas técnicas 98
4.4 Especificações técnicas de serviços 103
4.4.1 Serviços preliminares 105
4.4.2 Fundações 106
4.4.3 Superestrutura 107
4.4.4 Arquitetura 116
4.5 Projeto base e projeto executivo 129
4.5.1 Projeto 129
4.5.2 Anteprojeto 129
4.5.3 Projeto de engenharia 129
4.5.4 Projeto básico 130
4.5.5 Projeto executivo 130

CAPÍTULO 5

TÉCNICAS DE ORÇAMENTAÇÃO DE OBRAS E SERVIÇOS DE CONSTRUÇÃO CIVIL

5.1 Técnicas de orçamentação ... 133
5.2 Levantamento quantitativo de serviços de obras ... 135
5.3 Encargos sociais sobre a mão de obra ... 140
5.4 Planilha de custo unitário ... 145
5.5 Custo unitário básico da construção civil (CUB) ... 148
5.6 Planilhas orçamentárias de obras ... 150
5.7 Benefício e despesas indiretas (BDI) ... 156
5.8 Precificação ... 159
5.9 Depreciação de equipamentos ... 162
5.9.1 Método da depreciação horária ... 163
5.9.2 Método da depreciação linear ... 163
5.9.3 Método acelerado da depreciação ... 164
5.10 Memorial descritivo e especificações ... 165
5.11 Seleção de fornecedores ... 176
5.11.1 Seleção de fornecedores para empresas privadas ... 177
5.11.2 Seleção de fornecedores para empresas públicas ... 179
5.12 Cotação de preços ... 183

CAPÍTULO 6

PROGRAMAÇÃO DE RECURSOS PARA OBRAS E SERVIÇOS DE CONSTRUÇÃO CIVIL

6.1 Compras técnicas ... 188
6.2 Definição dos insumos ... 189
6.3 Recursos financeiros ... 192
6.4 Comunicação organizacional e gestão do conhecimento ... 196
6.4.1 Plano de comunicação organizacional ... 197
6.4.2 Gestão do conhecimento ... 201
6.5 Gestão de conflitos ... 202
6.5.1 Líder organizacional ... 202
6.6 Recursos materiais e recursos patrimoniais ... 204
6.6.1 Equipamentos da construção civil ... 204
6.7 Gestão de estoques ... 207
6.7.1 Tijolos e blocos ... 208
6.7.2 Cimento, cal, argamassa e gesso ... 208
6.7.3 Telhas ... 209

6.7.4 Areia e brita 209
6.7.5 Madeira para construção e para coberturas 210
6.7.6 Portas e janelas 211
6.7.7 Aço para concreto armado 211
6.7.8 Tubos de PVC 211
6.7.9 Fios e cabos 211
6.8 Gestão da cadeia de suprimentos 211
6.8.1 *Supply chain management* 213
6.8.2 *Strategic source* 214
6.8.3 *E-procurement* 216
6.9 Gestão de almoxarifado 217

CAPÍTULO 7 CONTRATAÇÃO DE MATERIAIS E SERVIÇOS NA CONSTRUÇÃO CIVIL
7.1 Política de gestão e fiscalização de contratos 222
7.2 Termo de referência 223
7.2.1 Estrutura do termo de referência 223
7.2.2 Benefícios 224
7.3 Plano de trabalho 226
7.3.1 Plano de ataque dos serviços 227
7.3.2 Cronogramas 227
7.3.3 Dimensionamento e *layout* de instalações 232
7.4 Projeto executivo 234
7.5 Fiscal do contrato 237

CAPÍTULO 8 PLANEJAMENTO DE OBRAS E SERVIÇOS DE CONSTRUÇÃO CIVIL
8.1 Planejamento de obras 243
8.2 Métodos quantitativos de controle de obras 247
8.3 Cronograma físico 248
8.4 Cronograma físico-financeiro 249
8.5 Diagrama PERT-CPM 251
8.6 Curva S 257
8.7 Curva ABC de atividades 258
8.8 Histograma de pessoal 260
8.9 Histograma de materiais 263

8.10 Planejamento do canteiro de obras 265
8.10.1 Área operacional do canteiro de obras 266
8.10.2 Áreas de vivência do canteiro de obras 268

CAPÍTULO 9

GESTÃO DO RISCO E GESTÃO SUSTENTÁVEL DE CANTEIRO DE OBRAS

9.1 Meio ambiente do canteiro de obras 272
9.2 Construção enxuta 274
9.3 Riscos ambientais na construção civil 279
9.3.1 Matriz de riscos 284
9.4 Segurança e saúde do trabalho na construção civil 288
9.5 Licenciamento Ambiental (LA) 294
9.5.1 Licença Prévia (LP) 295
9.5.2 Licença de Instalação (LI) 296
9.5.3 Licença de Operação (LO) 297

CAPÍTULO 10

CONTROLE DE OBRAS E SERVIÇOS DE CONSTRUÇÃO CIVIL

10.1 Gerenciamento e monitoramento de empreendimentos 301
10.2 Produção e produtividade em obras de construção civil 306
10.3 Marketing de relacionamento 308
10.4 Ciclo PDCA 313
10.5 Fiscalização de obras de construção civil 315
10.6 Desmobilização da obra 321
10.7 Recebimento e termo de garantia da obra 323
10.7.1 Obras particulares 329
10.7.2 Obras públicas 333

APRESENTAÇÃO

A indústria da construção civil é um importante e complexo setor produtivo e suas atividades requerem diferentes modalidades de contratos. As construtoras mobilizam continuamente os seus recursos humanos, materiais e financeiros, para a execução das obras, nos prazos, nas quantidades e na qualidade previstos nos contratos firmados. O ciclo de vida dos empreendimentos a serem construídos inicia-se nos projetos (arquitetura, fundações, estruturas, muros de arrimo, instalações hidráulicas, instalações elétricas, rede estruturada, vigilância, automação, prevenção de incêndio, ar condicionado, elevadores etc.), posteriormente avança para a execução, o gerenciamento de indicadores da obra (produção, produtividade, qualidade e prazos), a entrega para o cliente e, finalmente, o período pós-obra (operação, uso e manutenção). O monitoramento que ocorre nos serviços de construção civil tem a intenção de avaliar se a empresa construtora está preparada para construir com qualidade, custo enxuto e prazos adequados. A mão de obra operacional das construtoras pode ser própria ou proveniente de empresas parceiras que possam atender à demanda flutuante que ocorre nos canteiros de obra. Para que se tenha materiais, máquinas e equipamentos em quantidade e qualidade previstas em projetos e memoriais, os fornecedores das empresas construtoras devem ser previamente cadastrados, para a verificação de suas capacidades técnicas e situações financeiras.

Os setores de planejamento, finanças e contabilidade atuam em conjunto na gestão do fluxo de recursos monetários e na obtenção de financiamentos, possibilitando a sustentabilidade econômica das construtoras. Um planejamento executado de maneira hábil buscará evitar picos de consumo de insumos e necessidade concentrada de recursos. O orçamento é a peça chave para a ocorrência de uma gestão eficiente. Ele contém informações obtidas nos levantamentos de quantidades, na pesquisa de preços e a carga tributária aplicada na obra. A gestão dos insumos também é muito importante para que não ocorram desvios de materiais e equipamentos e que ocorra o adequado armazenamento desses.

A prática da engenharia civil segue as orientações de órgãos normativos para ter segurança, qualidade e melhor utilização de todos os recursos pertinentes à obra. O meio ambiente e a segurança do trabalho também são mais preservados quando a construção é enxuta.

Nesse contexto, esta publicação está organizada da seguinte forma:

- Capítulo 1 – Enumera as principais características na gestão de obras da construção civil. A dinâmica do ciclo de vida do projeto e o detalhamento das etapas construtivas permitirão definir a gestão de prioridades na cadeia produtiva e quais indicadores de desempenho devem ser monitorados.
- Capítulo 2 – Explica as principais atribuições (e suas ferramentas) do setor de planejamento atuando em conjunto com os departamentos financeiros e de contabilidade. O conhecimento de contabilidade e finanças permite a simulação de cenários e suas possibilidades de maior lucratividade.
- Capítulo 3 – Desvenda os diversos tipos de contratos no setor público e na iniciativa privada. Os contratos governamentais exigem atender às orientações jurídicas elaboradas e aprovadas pelo Estado. Os contratos privados se voltam para atender às necessidades do cliente respeitando a legislação vigente.
- Capítulo 4 – Apresenta os órgãos normativos da área técnica no Brasil destacando as principais áreas de atuação. Os projetos e a execução de obras são atividades que necessitam ser realizadas conforme as diretrizes e indicações das normas técnicas,

como base para a garantia da qualidade aos consumidores. As normas técnicas uniformizam tanto os projetos como as técnicas empregadas nas etapas construtivas.

- Capítulo 5 - Detalha a técnica de orçamentação. Existem vários profissionais da Construção Civil que se dedicam apenas ao levantamento de dados, outros à obtenção de cotações de preços e os orçamentistas mais experientes são encarregados da montagem final da proposta. Impostos e encargos trabalhistas e a margem de lucro oneram o valor final apresentado ao cliente.
- Capítulo 6 - Ensina que existem insumos de baixo custo financeiro (por exemplo, areia e brita) e esses podem ser armazenados a céu aberto e cobertos apenas por uma lona plástica sem risco de furtos. Isso já não é verdade para produtos de maior valor financeiro (por exemplo, uma maçaneta banhada à ouro ou uma caixa de piso cerâmico importado). Certamente os insumos mais caros devem ser armazenados com segurança e com maior cuidado. Deve existir uma lógica na disposição dos itens respeitando quesitos técnicos (por exemplo, não se deve ter um saco de cimento aberto ao lado de um saco de gesso também aberto). Os fornecedores devem ser previamente selecionados segundo critérios técnicos de qualidade e confiabilidade.
- Capítulo 7 - Descreve a evolução do detalhamento do processo de contratação de serviços e da compra de materiais/equipamentos. Desde a etapa inicial (termo de referência) até a fiscalização do contrato, a quantidade de informação cresce e atividades operacionais são abastecidas pelas tomadas de decisões nos projetos executivos.
- Capítulo 8 - Explica a importância do planejamento integrado envolvendo a programação dos serviços versus consumo de insumos (humanos, materiais, financeiros e equipamentos). Um planejamento executado de maneira hábil buscará evitar picos de consumo de insumos e necessidade concentrada de recursos. O cenário ideal será obtido após algumas simulações ajustando o cronograma de obra com o desembolso financeiro.
- Capítulo 9 - Alerta para o impacto que a construção causa no meio ambiente. A construção enxuta gera "uma pegada ecológica menor" e o licenciamento ambiental diminui os riscos de acidentes no meio ambiente. A construção civil utiliza muito os serviços de mão de obra. A segurança e saúde do trabalho são fundamentais no dia a dia do trabalhador, principalmente no papel de orientação e prevenção.
- Capítulo 10 - Aborda o C (controlar) e A (atuar) do ciclo PDCA. O monitoramento ocorre na produtividade, qualidade e nos prazos nos serviços de construção civil. O final da obra e sua consequentemente desmobilização possui um "ritual de entrega" para o cliente (público ou privado).

É uma obra indispensável para os profissionais que trabalham com construção civil, particularmente no acompanhamento de contratos de obras privadas ou públicas. O seu objetivo foi apresentar os detalhes do processo de gerenciamento de obras do setor, os principais cuidados e os fatores intervenientes.

Embora não contemple um assunto inédito na área de construção civil, o livro é o resultado de mais de 40 anos de nossa atuação profissional e do estudo de literaturas, particularmente, sobre legislação pública e normas técnicas.

O aprendizado dos temas apresentados visa possibilitar aos profissionais de engenharia a melhoria de seus processos de gestão e de controle de obras, e, consequentemente, o aumento da produção, da produtividade e da qualidade das obras de construção civil.

Os autores

CAPÍTULO 1

CARACTERÍSTICAS DE OBRAS E SERVIÇOS DE CONSTRUÇÃO CIVIL

INTRODUÇÃO

Os objetivos deste capítulo são: definir os conceitos básicos pertinentes à indústria da construção civil e seus processos construtivos; detalhar os princípios de gerenciamento de projetos e o processo de planejamento; definir projeto e o ciclo de vida de projeto e seu detalhamento, com ênfase na gestão de prioridades; apresentar os indicadores de desempenho na gestão de obras, o perfil e atribuições do gestor de contratos; e, por fim, destacar a importância da anotação de responsabilidade técnica, diferenciando as obras privadas e obras públicas, usando uma linguagem bastante simples e didática, procurando mostrar ao leitor como essas máquinas interagem com o ser humano e podem melhorar a qualidade de vida da sociedade de um modo geral. As informações apresentadas são a base necessária para melhor compreensão dos demais conceitos.

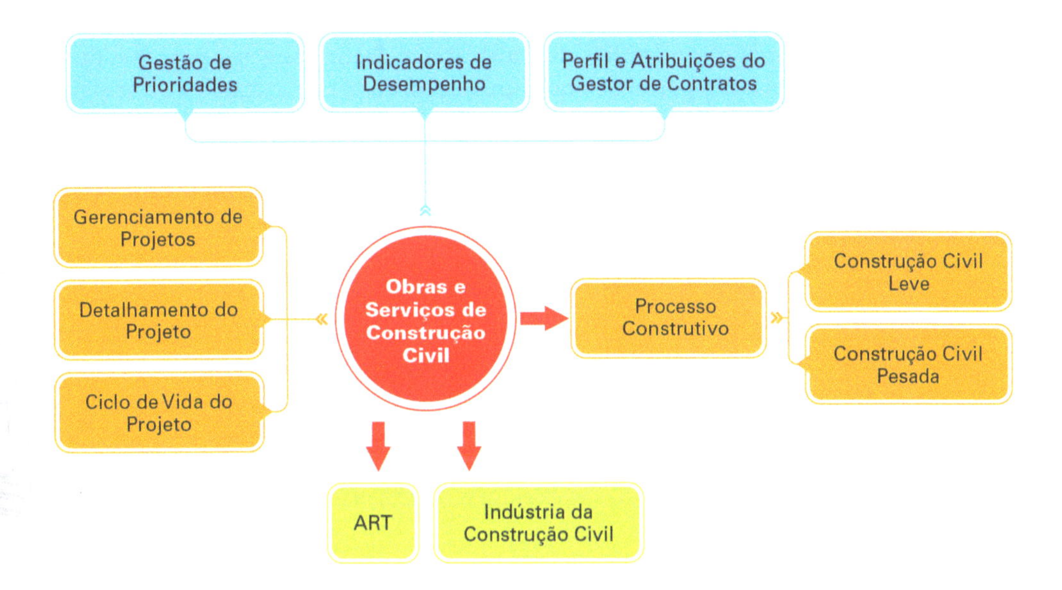

1.1 A INDÚSTRIA DA CONSTRUÇÃO CIVIL

A cadeia da construção reúne empresas de todas as etapas produtivas e investidores em qualquer tipo de ativo produzido pela construção. Os investidores estão na ponta dessa cadeia, demandando empreendimentos como residências, escritórios, centros comerciais, estradas, redes de trens metropolitanos, aeroportos, isto é, todos os tipos de edificações e bens de infraestrutura. Na indústria da construção civil, as empresas projetam e constroem imóveis, fabricam e/ou vendem materiais de construção, financiam operações, entre outras atividades.

As construções e reformas que ocorrem por iniciativa das próprias famílias, que contratam a mão de obra e/ou realizam pessoalmente serviços de construção civil representam importante parcela no comércio de materiais de construção e na movimentação da economia desse setor. Esses produtos industriais, por sua vez, empregam matérias-primas de outras indústrias e produtos de extração mineral. Exemplos disso são a produção de vergalhão, que emprega ferro gusa produzido a partir do minério de ferro, e a produção de esquadrias de alumínio, feitas a partir de perfis que vêm do metal produzido a partir da bauxita. Parte dos materiais de construção é destinada aos sistemas industrializados, enquanto a outra parcela é encaminhada ao comércio atacadista e varejista, responsável por direcionar os materiais à construção imobiliária e à construção pesada (infraestrutura), de acordo com suas demandas. Os sistemas industrializados consistem na pré-fabricação de componentes da obra dividida em módulos, cuja incorporação na construção se dá com técnica própria, compondo a construção industrial.

O crescimento da indústria da construção civil está sempre presente como agente catalisador do crescimento econômico no Brasil. O setor da construção civil representou de 8% a 10% do Produto Interno Bruto (PIB) do Brasil no início de século XXI. Ele impacta fortemente na economia, no desenvolvimento social e evidentemente no nível de emprego. A construção civil é um setor importante para o Brasil crescer sustentavelmente, elevar o número de vagas de emprego, criar desenvolvimento social, e aumentar o número de indivíduos com moradia própria, gerando assim o desenvolvimento social sustentável. As Figuras 1.1(a) e 1.1(b) são exemplos da importância do setor de construção civil no desenvolvimento dos países.

a)

bubutu\Shutterstock.com

b)

Nenov Brothers Images\Shutterstock.com

Figura 1.1 • a) Funcionários de construtora (armadores) montando as armaduras da laje de concreto armado de edifício. b) Funcionários de construtora (pedreiros) realizando a concretagem de laje de piso de edifício.

A produção é visualizada nos canteiros de obra de todo o país. Em locais de intenso público, como no caso de aeroportos (Figura 1.2), sempre é necessária a realização da manutenção predial, ou mesmo a expansão de suas instalações físicas. Neles, os trabalhadores operam máquinas, equipamentos e ferramentas que montam, agregam e transformam diferentes materiais de construção. A indústria de materiais produz os insumos empregados nas obras: cimento e argamassas; concreto e artefatos de cimento e fibrocimento; vergalhões e produtos de metal; perfis e esquadrias; tijolos, telhas e produtos cerâmicos; fios, cabos e materiais elétricos; tintas e vernizes; tubos, conexões e produtos de plástico; vidro; metais sanitários e válvulas; elevadores e escadas rolantes etc.

Filipe Frazao\Shutterstock.com

Figura 1.2 • **Aeroporto de Guarulhos, em ampliação.**

A construção civil está certamente presente nas grandes obras de engenharia nacionais, mas principalmente nas pequenas moradias e reformas. É comum acompanhar na mídia, em reportagens, que, após uma ventania, ou uma chuva de granizos, o estoque de telhas nos depósitos de materiais de construção existentes na cidade foi consumido totalmente por moradores da região. O varejo da construção civil, representado por esse tipo de comércio (depósito de materiais de construção), é geralmente de gestão familiar. Muitos desses estabelecimentos existem há décadas no mesmo endereço comercial.

A necessidade de reduzir custos e aumentar a produtividade das vendas tem levado pequenos e médios comerciantes de material de construção a adotarem estratégias que antes eram restritas às grandes redes. Entre elas, o autoatendimento. Contudo, é preciso planejamento para tirar o balcão de frente da loja e liberar o espaço para que o consumidor efetivamente se transforme no protagonista e escolha o produto que quer levar. A mudança para o modelo de autoatendimento também deve levar em consideração a tradição da loja. Se esse estabelecimento já possui atendimento personalizado, e o volume de vendas se mantém estável, não é recomendável mudar o perfil da loja (Figura 1.3).

mandritoiu\Shutterstock.com

Figura 1.3 • **Depósito de material de construção civil com autoatendimento.**

Nos Estados Unidos, no setor de *Home Improvement* (setor com materiais de construção e itens para casa destinados a reformas, reparos e novos projetos), instalaram-se megalojas com grandes estacionamentos. No Brasil, essas megalojas de material de construção são conhecidas como *home centers*. Se uma dessas estiver instalada em um raio de 1 quilômetro do pequeno e do médio comércio, a opção de investir no atendimento personalizado pode ser uma solução melhor do que o autoatendimento, que é o modelo que prevalece nas grandes redes. Nesse caso, oferecer um serviço que agregue preço, produtos de qualidade e relacionamento com o cliente mostra-se a estratégia mais acertada para enfrentar a concorrência.

O conceito de autosserviço chegou ao Brasil por volta dos anos 1950 com a implantação do Supermercado Peg Pag. O conceito só foi chegar no varejo de construção no final dos anos 1960. Nas décadas de 1940 e 1950, profissionais prestavam serviços de encanadores e de telhadistas. Estabelecimentos comerciais de porte médio se especializaram em segmentos de mercado.

Para mais bem aproveitar a alta demanda por itens relacionados à construção e manutenção das residências, muitos empresários estão partindo para os já citados *home centers* (Figura 1.4), grandes lojas que reúnem tudo que o cliente precisa antes e depois de estar com a casa pronta. No início de século XXI, locais como esses vendem desde utensílios de churrasco a itens de decoração, jardinagem, área de piscina, objetos de limpeza, enfim, tudo o que for preciso tanto para construção como para manutenção de uma casa.

Revendas são outro fenômeno que vem se multiplicando no país, com cada vez mais ampliações e inaugurações de novos pontos de venda. Essas trazem uma diversificação de seu *mix* de produtos, gerando várias aquisições e investimentos em recursos humanos, marketing e logística.

São muitas as estratégias que parecem colocar o setor como um dos mais importantes para o desenvolvimento econômico brasileiro, entre elas tem-se as parcerias com fornecedores e a utilização das redes sociais – essa última tendo como objetivo uma ampla aproximação do consumidor.

Sergey Ryzhov\Shutterstock.com

Figura 1.4 • ***Home center* de construção civil (grande porte).**

DICA

Alguns fatores de sucesso necessitam ser seguidos na gestão de empresas de varejo, o que vai muito além do tamanho da loja como elemento de sucesso nas vendas. São eles:

- *Layout* da loja: a organização dos produtos por categorias é algo importantíssimo. Produtos com maior fluxo de vendas devem ficar em pontos estratégicos para que os clientes possam visualizá-los com facilidade. A ideia é que a circulação pela loja seja a mais fluida possível.
- Atendimento: capacitação contínua dos empregados sobre os bens e serviços oferecidos é um diferencial. Deve-se ensinar a eles novas técnicas de venda. Com isso, é possível, por exemplo, gerar vendas adicionais no processo de compra.
- Posicionamento de mercado: é fundamental definir de forma clara o público-alvo, sabendo realizar, de forma assertiva, pesquisas de mercado que servirão como base, entre outras coisas, para a implementação de estratégias de preço e promoções para os clientes, de acordo com o perfil desses.
- Gestão de produtos: com a organização dos produtos por categoria realizada quando se pensa o *layout* da loja, deve haver a análise das necessidades dos clientes e a manutenção de um controle rígido do estoque de mercadorias.
- Controles financeiros: independente do tamanho da loja, é imprescindível a manutenção do registro do fluxo financeiro dessa e o planejamento dos investimentos necessários para o aprimoramento dos resultados do negócio.
- Comodidade: o acesso à loja precisa ser feito sem complicações, com estacionamentos disponíveis e boa localização. Fora isso, deve-se facilitar o pagamento e criar possibilidades de entrega dos materiais em locais escolhidos pelos clientes.
- Parcerias: ter um bom relacionamento com fornecedores e profissionais e empresas de bens e serviços complementares é uma postura necessária.
- Gestão de processos: investimento na melhoria dos processos de compra e venda da loja, com controle frequente dos indicadores do negócio, para que se consiga atingir metas de redução de custos e de aumento de vendas.
- Gestão de estoque: realizar a manutenção do registro de fornecedores e produtos do estoque, tendo controle das baixas e da necessidade de novos materiais, por meio de um sistema informatizado.

Mudanças vêm ocorrendo no varejo em geral, alterando as práticas do setor. As principais têm relação com inovações tecnológicas que impactam tanto na gestão quanto na interação com clientes. Cabe às empresas aproveitarem as oportunidades criadas por essas novas tecnologias – como a internet móvel em aparelhos celulares e outros dispositivos –, bem como buscarem estabelecer a sua presença digital. Outro fato que vem causando essas mudanças é a sustentabilidade. Consumidores começam a se interessar de forma engajada na questão, cobrando medidas reais das empresas nas quais compram.

Desde o início do século XXI, o volume de mercadorias compradas no exterior e revendidas no Brasil tem crescido. Alguns dos fatores de influência a essa prática são o câmbio favorável e a competitividade dos produtos estrangeiros vendidos a preços bem mais baixos. O mercado asiático, em especial o chinês, é um dos principais fornecedores do setor. Entre os itens importados, o destaque na construção civil vai para os segmentos de cerâmicas, como pisos, produtos de decoração, jardinagem, material elétrico, ferramentas e lâmpadas. Os produtos de marca própria vêm também ampliando cada vez mais sua participação no varejo nacional.

Indivíduos com idade acima de 60 anos costumam ter mais tempo livre para fazerem suas escolhas, principalmente depois da aposentadoria. Isso implica, também, em ter a chamada Terceira Idade como um consumidor que apresenta um perfil com mais exigências e expectativas, que busca mais informações e detalhes técnicos na hora de comprar. Normalmente, quando gosta de uma loja, acaba se tornando um cliente fiel, que deposita confiança no atendimento prestado pelos vendedores. Com relação ao ambiente de loja, tal público necessita de espaços mais amplos, de maior acessibilidade em corredores e entradas, carrinhos elétricos para compras, letras mais visíveis nas informações dos produtos e etiquetas, atendimento personalizado - se possível, onde sejam atendidos sentados e com áreas de descanso para enquanto percorrem a loja (Figura 1.5).

Bill45\Shutterstock.com

Figura 1.5 • **Acesso com rampa à loja de materiais de construção civil facilita a mobilidade de pessoas da terceira idade.**

Com as já referidas redes sociais e tecnologias móveis, fundamentais para a geração da Internet, novas oportunidades de negócios surgem para os varejistas de todas as áreas, o que também inclui os revendedores de materiais de construção civil. A presença *digital* em *sites* já não basta para atender aos anseios dos consumidores, outras ações são necessárias, como: *e-commerce*, canais de comunicação pós-venda, esclarecimento de dúvidas *on-line* e presença em redes sociais.

Grandes varejistas já desenvolvem uma série de práticas sustentáveis (Figura 1.6). Entre elas, lojas construídas com insumos reciclados, capacitadas para aproveitamento de recursos naturais, com programas de reciclagem e venda de com atributos socioambientais. A indústria, por sua vez, colabora com o lançamento de produtos focados nessa questão: torneiras com sensor automático, sensores de descarga que controlam o volume de água adequado, lâmpadas mais eficientes e tintas com menos compostos químicos, à base de água. Uma parcela desses produtos vem sendo comercializada, principalmente, para construtoras preocupadas em conquistar selos e certificações sustentáveis para seus empreendimentos, como o *Leed* (certificado estadunidense) e o Aqua (certificado brasileiro).

Figura 1.6 • **a) Utilização de telefones com aplicativos de compra. b) A sustentabilidade em banheiros públicos por meio da descarga de água controlada por sensores de presença.**

1.2 PROCESSO CONSTRUTIVO

A área de Construção Civil abrange todas as atividades de produção de obras. Segundo Brasil (2000), em seu manual de referências curriculares nacionais para a educação profissional de nível técnico focado na Construção Civil, estão incluídas nessa área as seguintes atividades referentes:

- às **funções** – projeto, planejamento, orçamento, execução, manutenção e restauração de obras;
- aos **diferentes segmentos** – edifícios, estradas, portos, aeroportos, canais de navegação, túneis, pontes, viadutos, instalações prediais, obras de saneamento, de fundações e de terra em geral.

Estão excluídas as atividades relacionadas às operações - operação e o gerenciamento de sistemas de transportes, a operação de estações de tratamento de água, de barragens etc.

Ou seja, o profissional da área de construção civil atua, assim, no projeto, no planejamento, no orçamento, na execução e na restauração de obras (Figura 1.7). No que tange ao projeto, planejamento e orçamento, ainda segundo esse documento, o profissional faz a relação de informações cadastrais, técnicas e de custos, as quais subsidiarão a elaboração do projeto ou irão compor o seu estudo de viabilidade. Ainda nessa fase, desenvolvem-se os projetos arquitetônicos, de instalações, sua forma gráfica adequada e o detalhando das informações necessárias à execução futura da obra. Incluídas estão ainda aqui as atividades de planejamento da obra em si, como a composição de custos e orçamentos, processos licitatórios e licenciamento de obras.

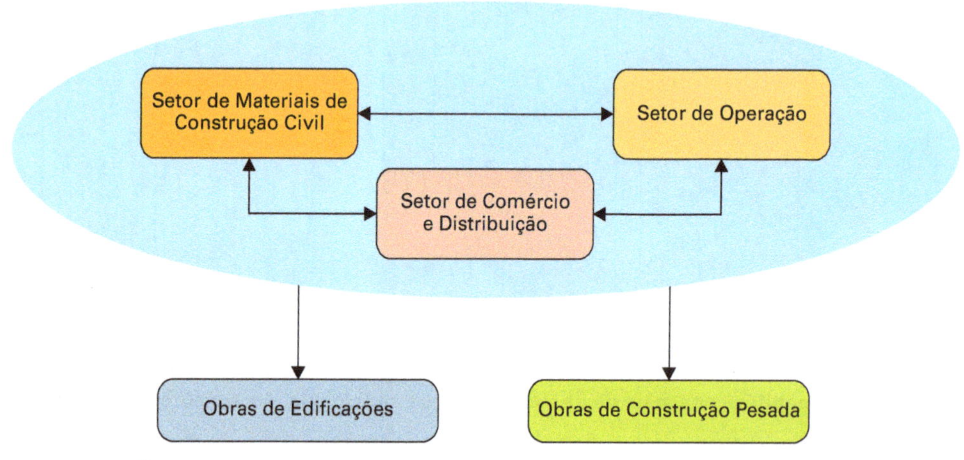

Figura 1.7 • **Áreas de atuação profissional na Construção Civil - *ConstruBusiness*.**

Seguindo a descrição das fases, o Brasil (2000) apresenta a fase de execução, a qual envolve: implantação, gerenciamento do canteiro de obras, locação da obra, execução de instalações provisórias, assegurando o fluxo de insumos (capital, matéria-prima, horas de trabalho etc.) para o andamento da obra, contratação de trabalhadores, desenvolvimento de treinamentos, com a fiscalização da execução dos serviços, implantação de programas de qualidade e adequação dos custos. Para executar as obras, o técnico atua em equipe e segue os projetos desenvolvidos na fase anterior.

A fase de manutenção e restauração de obras objetiva a execução de restaurações arquitetônicas e estruturais, ao reforço de estruturas e reformas em geral. Também nessa fase estão incluídas atividades de manutenção preventiva de obras. O profissional aqui deve apresentar competências similares às da fase de execução, embora utilizando de tecnologias bastante distintas. A Figura 1.8 apresenta as atividades na construção civil pesada e na construção civil leve, em suas diferentes funções e segmentos.

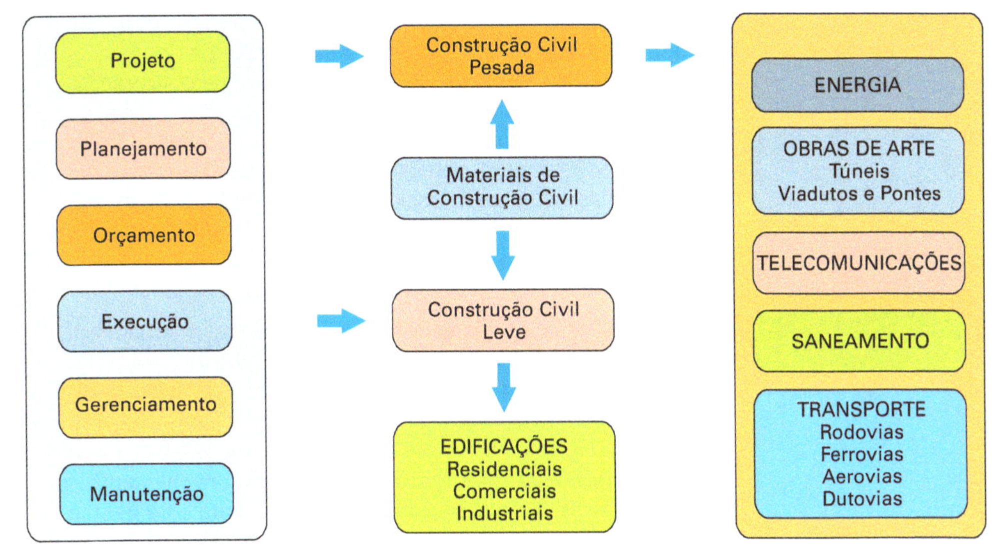

Figura 1.8 • **Setor da construção civil.**

A área de construção civil tem interfaces com diversas outras áreas profissionais. Além da interface natural com a área de gestão, presente em diversas atividades, devem ser ressaltadas as relações com as seguintes áreas: transportes, geomática, mineração, química, meio ambiente, agropecuária, artes, design, saúde, informática, comércio etc. Em alguns casos, é possível desenhar-se currículos que contenham células comuns de desenvolvimento de competências requisitadas por mais de uma dessas áreas (BRASIL, 2000).

Tabela 1.1 • **Especificações gerais de algumas interfaces entre a construção civil e outras áreas profissionais**

Agropecuária	No que tange ao extrativismo da madeira, quanto à especificação de seus tipos, às suas propriedades físicas e mecânicas, técnicas de beneficiamento, conservação e estocagem, à resistência ao ataque de térmitas e fungos etc. Outra interação mais comum e popular dessas duas áreas é o paisagismo, projetos desse segmento e de obras civis se requisitam mutuamente.
Artes	Se dá, fortemente, na função de manutenção e restauração, onde obras de valor histórico e artístico exigem conhecimentos de História da Arte e de técnicas que são de uso corrente, por exemplo, entre pintores e escultores. Além disso, de modo geral, a criação de projetos de construção civil envolve uma visão estética, o que determina sua relação também com a área de Design, particularmente com o segmento de decoração de ambientes. A Figura 1.9 apresenta uma foto histórica da construção do Palácio da Alvorada (residência oficial do presidente da República Federativa do Brasil).

Comércio	Na formação de profissionais para a área de comércio no contexto de materiais para obras civis e no de comercialização de imóveis, que também exige competências as quais implicam no conhecimento da tecnologia desses produtos e de suas condições de utilização. Esse profissional precisa reunir, assim, de um lado, competências inerentes ao processo de venda e, de outro, as envolvidas na definição das especificações de produtos adequados às necessidades dos clientes.
Geomática	No posicionamento e no anteprojeto de grandes obras, como barragens, estradas, canais etc. A utilização de bancos de dados georreferenciados possibilita a prevenção e o controle de riscos ambientais, definindo as obras necessárias e as formas de execução dessas.
Informática	Esta interface está caracterizada no uso e desenvolvimento de ferramentas de projeto, orçamento, planejamento e de gestão de processos.
Meio Ambiente	Obras de grande extensão, como estradas, barragens e canais, têm impacto direto sobre o meio ambiente. Além disso, a construção civil consome muitos produtos, cujo uso agride diretamente a natureza. Entre eles, por exemplo, podem-se citar a madeira, os produtos cerâmicos, o cimento e a energia. Não se pode deixar de citar, também, que a manutenção de obras é uma fonte de muitos rejeitos (RCD - Resíduos de Construção e Demolição), como os resíduos de cimento, cal, cerâmica, asfalto, rochas etc. A disposição desses resíduos causa grande impacto no ambiente. Por tudo isso, a área de Construção Civil deve ter uma forte interação com a de Meio Ambiente. Essa interface pode sugerir, por exemplo, a formação de técnicos em construção de aterros sanitários com aproveitamento de rejeitos da construção civil.
Mineração	Se dá pela definição e pelo controle dos produtos de interesse para a construção civil, como areias, pedras, argilas, terras e outros produtos minerais.
Química	A produção de materiais de construção depende, em grande parte, desta área. Para melhor desempenhar suas funções, técnicos da área de construção civil procuram, até com frequência, uma formação complementar em tecnologia dos materiais. O crescimento do emprego de materiais poliméricos na construção civil demanda profissionais que atuem nessa interface. Essa interação está presente, também, na produção de cimento, aço, cerâmica, vidro, elastômeros e tintas.
Saúde e segurança	É uma exigência de todas as atividades profissionais a relação com estas duas áreas, ganhando especial relevo na área de construção civil, na qual existem condições de trabalho comumente perigosas, insalubres e/ou penosas, daí a direta relação com a área de saúde.

Siderurgia	É muito significativa no fornecimento de perfis metálicos para a construção civil.
Telecomunicações	Ocorre na definição do projeto de instalações, possibilitando a definição de posicionamentos em consonância com o projeto de instalações elétricas, de modo a não interferir nos sinais que circulam através da rede. A utilização de conhecimentos em telecomunicações, especialmente quanto às especificidades de ductos, cabos e conectores, definirá as obras necessárias e as formas de execução.
Transportes	Se evidencia na interdependência entre projeto, planejamento, construção e manutenção das vias e o gerenciamento do tráfego.

Fonte: adaptado de Brasil (2000).

R.M. Nunes\Shutterstock.com

Figura 1.9 • **Palácio do Planalto (edifício oficial de trabalho do presidente da República Federativa do Brasil).**

Por fim, Brasil (2000) ressalta que é preciso levar em conta a interação com a Educação Básica, da qual devem vir competências essenciais como, entre tantas outras, as de ler e interpretar, redigir textos, calcular e as bases científicas necessárias à construção das competências técnicas.

O impacto da execução de grandes obras sobre a competitividade do país é enorme, pois elas garantem a oferta de serviços de transporte, energia e telecomunicações a custos competitivos a longo prazo. Isso significa que, além de contribuir para a geração de emprego durante as obras, os investimentos em infraestrutura aumentam a competitividade e a produtividade de toda a economia, com efeitos a médio e longo prazos. Essa importância da infraestrutura para a economia é reconhecida em vários artigos acadêmicos que confirmaram seu efeito positivo sobre o crescimento e o desenvolvimento econômico das nações.

1.3 PRINCÍPIOS DE GERENCIAMENTO DE PROJETOS

As técnicas de gerenciamento de projetos são ferramentas utilizadas para controle e monitoramento de variáveis importantes para o sucesso dos negócios, possibilitando a redução de prazos e de custos dos empreendimentos.

As empresas do setor da construção civil procuram constantemente melhorar os processos de projeto. Neste caso, entende-se como projeto todas as fases para a realização de um empreendimento. Existem práticas de gestão que estão consolidadas no planejamento de empreendimentos, a partir das quais é possível definir adequadamente as metas e os métodos de execução de obras.

É muito importante a utilização de técnicas de gerenciamento de projetos em todos os empreendimentos na construção civil. Essa prática de utilização dos processos de projeto e sua gestão deve ser aplicada para qualquer porte de obra.

No Brasil, existem muitas empresas no setor da construção civil, o que provocam constantemente o aumento da competitividade no setor. Com o aumento da complexidade dos projetos, as construtoras, para se manterem competitivas, procuram adotar melhores práticas de gestão.

Os projetos criam produtos (bens e/ou serviços) diferenciados, ou seja, resultados únicos. Esses produtos podem até apresentar itens repetidos nas entregas ou nas atividades, contudo, esse tipo de repetição recorrente na construção civil não altera o fato de o projeto ser único.

OBSERVAÇÃO

Várias edificações podem ser construídas com materiais idênticos e pela mesma equipe de trabalho. Contudo, cada um desses projetos (construção de edificações) será único, pois terá localização, design, circunstâncias e situações diferentes. Além disso, devido ao grande potencial de mudanças ao longo do ciclo de vida do projeto (ciclo de vida da edificação), o desenvolvimento desse é uma atividade iterativa, elaborada de forma progressiva, envolvendo a melhoria contínua e um detalhamento mais amplo do projeto conforme as informações mais exatas se tornam disponíveis.

O gerenciamento de projetos como uma área organizada de conhecimento surgiu na década de 1960. Contudo, somente começou a ser divulgado e implantado nas atividades produtivas a partir da década de 1990, devido à globalização e ao aumento da competitividade empresarial. Ocorre por meio da utilização de ferramentas gerenciais que possibilitam às empresas desenvolverem conhecimentos, habilidades e atitudes de controle de eventos não repetitivos e complexos, no tempo, com os custos e a qualidade predeterminados.

As empresas, em geral, definem seus objetivos de curto, médio e longo prazos, bem como desenvolvem as estratégias necessárias para alcançá-los. Contudo, mesmo com esses cuidados, nem sempre os resultados desejados são obtidos. Muitas são as razões para o fracasso das empresas, como: estratégias não realistas, falta de alinhamento organizacional para colocar em prática determinada estratégia, falta de capacidade para execução e implementação de estratégias no nível tático.

O mercado apresenta restrições econômicas crescentes, com grandes desafios tecnológicos, sendo uma vantagem competitiva a capacidade das empresas de aplicarem estratégias de sucesso organizacional por meio de projetos. Para isso, é preciso desenvolver não só a capacidade para a condução de projetos individualmente, mas a condução de vários empreendimentos simultaneamente.

As empresas devem ter a capacidade de controlar seus projetos individual e coletivamente, de tal maneira que eles possam manter os objetivos estratégicos de cada organização. Por isso, no Brasil, tem-se utilizado cada vez mais técnicas de gerenciamento de projetos, melhorando a gestão e o controle nos canteiros de obra dos empreendimentos.

Por questões de otimização de recursos, as empresas construtoras têm aumentado o número de obras sob a responsabilidade de um mesmo gestor. Esse excesso de atividades pode prejudicar a coordenação adequada das obras e principalmente a gestão dos empreiteiros. Com essa realidade, a utilização do controle de projetos é muito importante para as empresas em ambientes competitivos.

O planejamento e a execução de projetos são atividades muito importantes, assim várias empresas acabaram se especializando nessa área. O ambiente de negócios do século XXI, caracterizado por uma grande pulverização de equipes, cada vez mais distantes geograficamente, apresenta um grande desafio gerencial na integração de equipes multidisciplinares. Esse desafio para a realização de empreendimentos passa por objetivos claros, recursos materiais e financeiros limitados, com princípio, meio e fim bem definidos.

O Gerenciamento de Projetos (GP) é um dos campos da Ciência da Administração que trata do planejamento, da execução e do controle de projetos. O Project Management Institute (PMI) é a organização líder em gerenciamento de projetos em todo o mundo no século XXI. Esse instituto surgiu no estado da Pensilvânia (EUA), em 1969. O PMI é uma instituição sem fins lucrativos dedicada ao avanço do estado-da-arte em gerenciamento de projetos, sendo seu principal compromisso desenvolver o profissionalismo e a ética na gestão de projetos.

A aplicação dos princípios de GP permite às empresas:

- quantificar o valor agregado correspondente aos custos envolvidos;
- melhorar o uso dos recursos empresariais;
- constante atualização da empresa às demandas do mercado;
- aplicar de medidas de sucesso;
- incorporar os princípios da qualidade nas atividades empresariais;
- manter o foco de suas atividades em seus clientes.

Em suas atividades profissionais, o engenheiro responsável pela obra também atua como administrador dos diversos contratos assumidos para a execução do empreendimento e que são implementados simultaneamente. O diferencial entre os profissionais de mercado é a capacidade desses de processar a grande quantidade de informações, a redução da incerteza e a coordenação eficaz dos projetos. Por isso, o uso das técnicas e ferramentas de gestão de projetos é fundamental. É comum um profissional (engenheiro ou arquiteto) ser responsável por duas ou mais obras de médio/grande porte e com pouco apoio administrativo. Com as ferramentas de gestão de contratos, a concentração de muitos serviços em um único contrato tornou-se muito mais realizável. Os contratos de empreitada ou por preço global permitem reduzir custos e diminuir as interfaces entre os responsáveis por cada serviço.

Com essa realidade e o início das obras cada vez mais cedo (com menos detalhamentos dos empreendimentos), surgem novos problemas aos gerentes de obras, como: aditivos de contratos dos serviços não especificados e não orçados na obra; problemas de retrabalhos e conflitos com os empreiteiros. Portanto, é muito importante realizar contratos adequados com as empresas que viabilizam as construções.

O gerenciamento de projetos aplica conhecimentos, habilidades, ferramentas e técnicas às atividades do projeto a fim de atender aos seus requisitos de qualidade. A aplicação das técnicas de gerenciamento de projetos possibilita atingir os objetivos do projeto, dentro dos prazos, com baixo custo e com a qualidade esperada. Com o objetivo de reduzir riscos e maximizar resultados, esse processo é realizado por meio da aplicação e integração dos cinco grupos de processos de trabalho: (1) inicialização; (2) planejamento; (3) execução; (4) monitoramento/controle; e (5) encerramento.

O PMI organizou os processos de trabalhos em nove áreas de conhecimento: comunicações, custos, aquisições, escopo, qualidade, riscos, recursos humanos, tempo e a integração de todos. Toda contratação, seja de material ou de mão de obra, está contida na área de aquisições.

Dentre as iniciativas para a difusão do conhecimento em gerenciamento de projetos do PMI, estão as certificações profissionais em gerência de projetos – *Project Management Professional* (PMP) e *Certified Associate in Project Management* (CAPM) – e a publicação de padrões globais de gerenciamento de projetos, programas e portfólio, sendo a mais popular delas o *Guia do Conjunto de Conhecimentos em Gerenciamento de Projetos* (*Guia PMBOK® – Project Management Body of Knowledge*), guia que constitui um conjunto de práticas de gestão de projetos.

Para o PMI, um projeto é considerado um esforço temporário para a criação de um produto (bem ou serviço) ou um resultado exclusivo. Todo projeto deve ter um início e um término definidos. O término somente ocorre quando os objetivos propostos para o projeto tiverem sido atingidos, ou quando for concluído que os objetivos não serão alcançados, ou não poderão ser atingidos, e o projeto for encerrado, ou mesmo quando o mesmo não for mais necessário.

Os grupos de processos de gerenciamento de projetos têm grande correspondência com o conceito do Ciclo PDCA (*Plan, Do, Check, Act;* em português:

Planejar, Fazer, Verificar, Agir). Nessa correspondência, o grupo de planejamento corresponde ao planejar; a execução, ao fazer; e o monitoramento e controle englobam verificar e agir.

O *Guia PMBOK* conceitua os aspectos fundamentais do gerenciamento de projetos, de modo a constituir um vocabulário comum para os profissionais de gerenciamento de projetos. Esse guia também documenta (define e descreve) os processos de gerenciamento de projetos por área de conhecimento. Em cada processo, são abordados suas entradas e saídas, suas características, bem como os artefatos, as técnicas e ferramentas envolvidas. O gerenciamento de aquisições visa obter bens e serviços para o projeto, de acordo com os requisitos técnicos, de qualidade, de prazos, de custos e dentro dos objetivos do projeto.

A gestão de aquisições de projetos auxilia, por exemplo, na contratação de serviços junto a empreiteiros. Essa contratação de serviços pode ser segmentada em três fases: pré-contratação, contratação e pós-contratação.

1. **Pré-contratação de serviços**

   Esta fase envolve todos os processos necessários para que os clientes (por exemplo: construtoras) recebam as propostas dos fornecedores (por exemplo: empreiteiros) para execução dos serviços. Pode-se dividir essa fase em três etapas: planejamento de compras e aquisições, planejamento das contratações e solicitação de respostas dos fornecedores.

   a) **Planejamento de compras e aquisições**: é quando começa o controle e monitoramento do escopo de um contrato. Nela são determinados os serviços que devem ser orçados e a maneira do orçamento. É importante a compreensão exata do projeto, para que todos os serviços sejam descritos, pois qualquer trabalho que não conste nessa declaração será motivo de futuros aditivos contratuais.

   b) **Planejamento das contratações**: nesta etapa são feitos os levantamentos de serviços a serem executados e seus quantitativos, determinadas as condições a serem cumpridas, documentações exigidas, prazos para a execução da obra e os demais detalhes necessários à contratação.

   Deve-se observar que a falta de um orçamento de obra preciso pode conduzir a contratações que geram prejuízos. Muitas vezes, os orçamentos das obras de construção civil são realizados com base em custos, não trazendo valores quantitativos nem composições para os serviços, fazendo com que a equipe de obra deva fazer esses levantamentos para futuros acertos de contrato.

   No caso dos contratos de obras de construção civil, os mais comuns são: contrato por preço fechado ou empreitada global, contrato por preços unitários e o contrato por administração ou homem-hora. Cada tipo de contrato possui suas premissas, vantagens e desvantagens que devem ser analisadas antes de sua escolha. É sempre importante que fique especificado tudo o que o contratado deverá fornecer durante a execução para facilitar a gestão e ter melhor controle. Deve ser incluído ainda o fornecimento de equipamentos, as ferramentas e os materiais de consumo (como discos, brocas, lixas etc.), assim o empreiteiro cuidará melhor da utilização desses, evitando ou diminuindo o desperdício na obra.

c) **Solicitação de respostas dos fornecedores**: são definidos quais empreiteiros participarão da concorrência para a execução dos serviços. Geralmente, são escolhidos no mínimo três fornecedores para solicitar propostas. Todos os escolhidos devem apresentar suas propostas de trabalho com base na documentação que foi gerada nas etapas anteriores. Após receber as propostas dos fornecedores, inicia-se então a segunda fase, a *contratação de serviços*.

2. **Contratação de serviços**

Esta fase pode ser dividida em duas etapas: seleção de fornecedores e contratação de fornecedores.

a) **Seleção de fornecedores**: é quando se escolhe a proposta que melhor se ajusta aos critérios indicados pela contratante. Para a escolha da melhor proposta, deve-se avaliar a capacidade técnica de cada empreiteiro e o preço proposto para o serviço. Assim, nem sempre o menor preço das propostas é a melhor contratação. Com os orçamentos das obras realizados com pouca margem de lucro, os gestores acabam contratando a mão de obra dentro do menor valor possível. Essa decisão nem sempre gera o menor custo, devido às perdas de tempo e materiais e aos retrabalhos consequentes da mão de obra de baixa qualidade.

b) **Contratação de fornecedores**: nesta etapa é importante que todos os contratados conheçam os direitos e deveres de cada um no acordo celebrado entre as partes envolvidas. Muitos empreiteiros não leem o contrato de prestação de serviços antes de assiná-lo, imaginando que a assinatura do contrato é apenas uma formalidade. Por não conhecerem bem o conteúdo do contrato assinado, muitas vezes ocorrem conflitos entre o contratante e o contratado. Os principais tipos conflitos que ocorrem em obras são:

- **Conflitos sobre avaliação técnica da qualidade:** têm como origem as indefinições ou divergências sobre os critérios que devem ser considerados e suas medidas, na avaliação da qualidade dos resultados dos trabalhos realizados (parciais ou finais). Por exemplo, no caso da mão de obra, esses conflitos podem ser quanto à quantidade de sua disponibilidade e/ou qualificação. O trabalho técnico especializado e as limitações de recursos financeiros é que conduzem a esse tipo de conflito.
- **Conflitos sobre programação de atividades:** têm como origem as estimativas imprecisas da duração dos projetos. Eles crescem durante a execução do projeto quando é realizado o melhor detalhamento das atividades. Esses conflitos têm grande impacto quando os resultados de uma atividade diferem do planejado originalmente.

Muitas dúvidas e problemas surgirão em um projeto em relação a itens como: orçamento, escopo, qualidade, tempo e recursos, especialmente quanto aos recursos humanos. Alguns gestores de projetos, quando ficam sabendo de um determinado problema, preferem ignorá-lo por causa de sua complexidade ou por falta de tempo para pensar em possíveis soluções. Alguns problemas não são possíveis de serem resolvidos imediatamente. Uma boa prática é documentá-los e discuti-los com as equipes envolvidas. Ignorar os problemas pode acarretar problemas maiores, pois em um futuro próximo eles poderão reaparecer com mais urgência em sua solução, demandando ações imediatas, que nem sempre trarão as melhores soluções.

Para a melhoria do processo de gestão de projetos, deve-se documentar todos os problemas e as ações tomadas para suas soluções. É importante incentivar a comunicação entre todos os membros da equipe.

3. **Pós-contratação de serviços**

   Esta última fase ocorre após a assinatura dos contratos e pode ser dividida em duas etapas: administração de contrato de serviços e encerramento de contrato de serviços. Essa fase é conduzida por clientes e fornecedores.

   a) **Administração de contrato de serviços**: nessa etapa, para melhor administrar os contratos de uma obra, o gestor de contratos deve distribuir as informações, compatibilizar os prazos, alinhar os interesses, minimizar as interferências, garantir a operacionalização dos resultados parciais, para atender ao resultado final previsto para o projeto. Devem-se realizar periodicamente reuniões de coordenação para o monitoramento contínuo do desempenho do fornecedor e a administração de mudanças. Essas reuniões podem ser semanais ou quinzenais, dependendo do ritmo de produção do projeto. Nessas reuniões, deve existir troca de informações sobre o andamento dos serviços, avaliação das equipes e planejamento de todo fornecimento de materiais necessários. Dependendo da pauta das reuniões, devem participar dessas o gerente do projeto, engenheiros, mestres de obra, encarregados de setores produtivos, técnicos de segurança do trabalho e outros envolvidos. É muito importante a participação dos empreiteiros para envolvê-los nas soluções de eventuais problemas ou conflitos, bem como comprometê-los com as metas previstas no planejamento do projeto.

   O controle do contrato deve ser feito através de medições dos serviços concluídos ou em andamento. Deve ser liberado o pagamento dos empreiteiros somente se os serviços forem entregues dentro dos critérios de aceitação pré-estabelecidos em contrato.

   b) **Encerramento de contrato de serviços**: essa é a última etapa de todo esse processo. Ela tem como objetivo garantir que todo o escopo contratado tenha sido concluído e entregue de acordo com os critérios pré-estabelecidos em contrato. Geralmente é nessa etapa que o contratante e a contratada acertam todos os aditivos e serviços extras executados durante o contrato. Contudo, é aconselhado que tais pendências e seus custos sejam acertadas antes de cada execução.

1.4 CICLO DE VIDA DO PROJETO

Os projetos são constituídos para atender às demandas específicas de produtos - por exemplo, a construção de um determinado edifício ou a implantação de uma nova tecnologia. Por isso, o ciclo de vida de um projeto é função do tipo de produto que será entregue.

O ciclo de vida de um projeto compreende o conjunto de todas as fases da gestão de projetos. Cada fase é composta por um conjunto de resultados específicos, planejados com o objetivo de permitir algum tipo de controle gerencial. As fases do ciclo de vida de um projeto têm intensidades e durações distintas entre si, sendo relacionadas aos processos: iniciação, planejamento, execução, controle e encerramento (Figura 1.10).

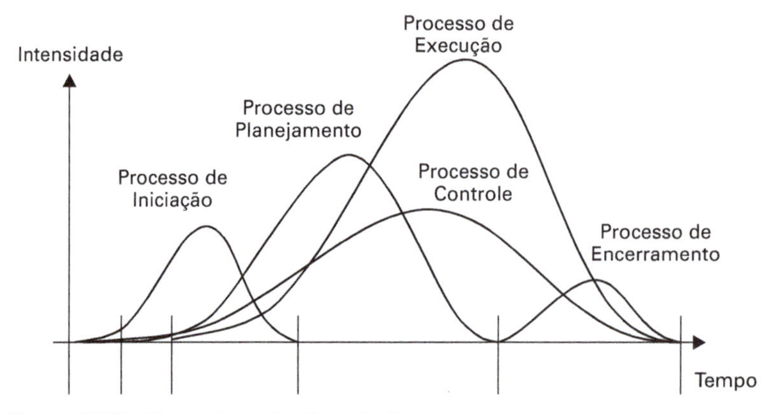

Figura 1.10 • **Fases do ciclo de vida de um projeto.**

A metodologia de gerenciamento de um projeto é aplicada a praticamente todos os setores econômicos, como construção civil, indústria automobilística etc. A diferença nesses ciclos é o prazo dos projetos. Por exemplo, o ciclo de vida de um projeto na indústria farmacêutica chega a 20 anos, enquanto no setor de softwares, não passa de seis meses. O ciclo de vida dos projetos no setor da construção está associado ao desenvolvimento e à execução do empreendimento.

Na construção civil, o ciclo de vida de um projeto pode ser observado de maneira linear contendo cinco etapas (Figura 1.11):

- **Etapa 1 - Estudo de viabilidade do empreendimento**: tem início com a concepção do projeto, que é realizada pelo arquiteto. Nessa primeira fase, adotam-se procedimentos básicos como o estudo de viabilidade do empreendimento, a aprovação de plantas e documentação, a validação com o cliente.
- **Etapa 2 - Projeto e planejamento da edificação**: com os itens da primeira etapa resolvidos, segue-se o ciclo com a execução do projeto e seu planejamento.

- **Etapa 3 - Mobilização do canteiro de obras**: após resolvida a segunda etapa, tem início a preparação do local da obra para o início da construção. Nesta etapa, é feita a contratação da mão de obra, compra de insumos e matéria-prima e aquisição de equipamentos.
- **Etapa 4 - Construção da edificação**: com a terceira etapa concluída, tem início a etapa de obras. Aqui são realizados os trabalhos de fundações, estruturas, alvenarias e revestimentos.
- **Etapa 5 - Desmobilização do canteiro de obras**: essa etapa tem início após a conclusão da quarta etapa. Quando o empreendimento for entregue ao cliente, são realizados os testes de todos os sistemas e sua homologação (iluminação, instalações elétricas, instalações hidráulicas e equipamentos, como bombas hidráulicas, aquecedores e alarmes).

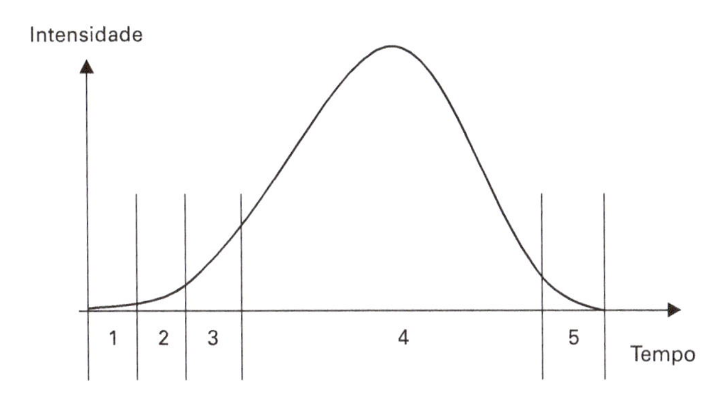

Etapa 1 – Estudo de viabilidade do empreendimento
Etapa 2 – Projeto e planejamento da edificação
Etapa 3 – Mobilização do canteiro de obras
Etapa 4 – Construção da Edificação
Etapa 5 – Desmobilização do canteiro de obras

Figura 1.11 • **Etapas do ciclo de vida de um projeto de construção de um empreendimento na construção civil.**

Antes da conclusão do projeto pode ocorrer uma etapa extra denominada etapa de *eventuais reparos e ajustes*. O ciclo de projeto da construção de um empreendimento possui ainda uma etapa com tempo muito curto que é denominada *entrega fina*. Essa etapa precede o início da operação do empreendimento e nela ocorre o aceite da obra pelo cliente. Algumas empresas construtoras ainda ampliam o ciclo de vida dos empreendimentos através de contratos para futuras manutenções nos empreendimentos.

A concepção adequada das fases e etapas do ciclo de vida dos projetos possibilita ao gestor ter uma visão mais ampla do trabalho a ser realizado e a estimar melhor os prazos de conclusão da obra. As ferramentas de gestão ajudam o gestor a identificar as atividades críticas que podem surgir durante a construção, ajustando os prazos de cada etapa para poder cumprir o que foi estabelecido em contrato com o cliente.

O gestor de projetos tem entre as suas responsabilidades indicar todos os riscos do projeto, inclusive aqueles que podem ocorrer após a entrega das obras. Ele deve unir todos os envolvidos na realização do empreendimento (cliente e pessoal construtor). Somente com a troca de opiniões e o conhecimento de todo esse grupo é que será possível atender com qualidade a todos os requisitos previstos nos contratos dos empreendimentos.

1.5 DETALHAMENTO DO PROJETO

Para se tornar um profissional de sucesso no ramo da construção civil, é necessário que esse tenha conhecimento de todo o processo na elaboração do trabalho de sua profissão, incluindo o domínio do projeto executivo de arquitetura e o respectivo memorial descritivo.

Nos desenhos do projeto executivo de arquitetura, constam os detalhes de execução de cada item a ser construído, como os acabamentos utilizados, as louças e metais indicados, o sistema construtivo, os tipos de portas e janelas utilizadas, os pontos elétricos e hidráulicos, a estrutura do telhado e sua cobertura etc. No memorial descritivo, são descritos os serviços a serem realizados, os materiais empregados e as técnicas utilizadas. Só com o projeto executivo de arquitetura e o respectivo memorial descritivo em mãos será possível que o proprietário possa buscar, por exemplo, por engenheiros, para fazer os cálculos estruturais e de instalações hidro sanitárias, um orçamento do custo da obra, orçar mão de obra em geral e, por fim, elaborar um cronograma de desenvolvimento da obra e de utilização dos recursos financeiros. Lembrando sempre que o arquiteto é responsável por realizar a compatibilização entre seu projeto de arquitetura e os projetos complementares - como o elétrico, hidro sanitário, estrutural, de automação, sistemas de aquecimento e refrigeração, entre outros.

Sem um projeto executivo de arquitetura completo e bem feito, é pouco provável que um projeto saia do papel e se torne realidade com eficiência, minimizando problemas e evitando gastos desnecessários com a obra. Não existem procedimentos prontos que possam ser aplicados a todos os tipos de projetos, para se elaborar os projetos executivos, o que existe são sínteses de experiências em arquitetura adquiridas ao longo do tempo por um certo profissional, que geralmente é passada de um para outro ao longo do tempo. Ou ainda, por força da necessidade, o profissional acaba por desenvolver o seu próprio método de projeto na criação de desenhos, com base nas informações mínimas necessárias para tal. Contudo, é necessário que ele conheça o mínimo necessário a fim de ao menos iniciar o trabalho.

O conhecimento dos materiais e das técnicas construtivas é premissa para a concepção de um bom projeto executivo de arquitetura. De nada serve um detalhamento desenhado à perfeição se a mão de obra que o executa não possui formação técnica para compreendê-lo corretamente. Muitas vezes uma visita ao canteiro de obras e o simples diálogo com os executores substitui diversas pranchas de detalhamento.

1.6 GESTÃO DE PRIORIDADES

Supondo que uma empresa realize o gerenciamento simultâneo de dois projetos e que em um determinado instante as prioridades da empresa mudem. Um dos projetos, por exemplo, tem que ser entregue antecipadamente e o outro deve ser mantido dentro do cronograma inicial. Nessa situação hipotética, talvez uma legislação, aprovada recentemente, traga impactos a esse projeto o antecipando, demandando trabalho extra para eventuais correções; ou, talvez, quando o projeto for fechado, todos os membros da equipe sejam designados para outros e a reunião de lições aprendidas torne-se uma baixa prioridade.

Esses poucos exemplos demonstram o desafio que o gestor enfrenta quando gerencia múltiplas prioridades. Uma competição por recursos, riscos e mudança nas prioridades da empresa são elementos comuns aos projetos e exigem que o gerente de projeto manipule prioridades, as vezes contraditórias, das partes interessadas e das organizações.

As prioridades competitivas são os objetivos que a empresa deve buscar para aumentar a sua competitividade e, por conseguinte, a sua participação no mercado e a sua lucratividade. Entre elas: custo, qualidade, desempenho na entrega, flexibilidade, inovação e serviços. Cada uma dessas prioridades tem os seus respectivos desdobramentos, pois as suas definições são genéricas e abrangentes. Porém, por exemplo, em virtude das características do setor de construção de edificações, se faz necessária a adequação desses conceitos.

Durante muito tempo, a prioridade competitiva da função produção foi a busca incessante da eficiência. Porém, atualmente, verifica-se que essa não é mais a única prioridade do setor e que, dependendo do mercado e dos desejos dos clientes, outras poderão ser mais valorizadas que a busca da redução dos custos (aumento da eficiência). Entre essas prioridades, pode-se citar a qualidade, o prazo, a flexibilidade, a inovação e os serviços.

1.6.1 CONSIDERAÇÕES SOBRE A GESTÃO DE PRIORIDADES CONCORRENTES

Independentemente do estilo ou experiência do gestor, existem as ações que podem ajudar a otimizar as chances de sucesso quando os projetos estão competindo por recursos. A medida que se ganha experiência, essas considerações são absorvidas naturalmente:

- **Não entrar em pânico**: dependendo do nível de experiência do gestor, o pânico pode ser a sua reação emocional quando confrontado com um desafio durante a execução de um projeto. Deve-se reunir todos os fatos e dados sobre a situação, para encontrar uma solução viável.
- **Não perder o foco**: revisar o termo de abertura, documentos, escopo e objetivos, para se ter uma base para avançar com confiança, mesmo que o escopo do projeto ou a data de entrega possa ter mudado.
- **Não deixar o ego ficar no caminho**: se o projeto está em risco de ser cancelado ou colocado em segundo plano, não tomar isso como pessoal, pois isso faz parte do trabalho e de trabalhar para uma organização. É importante ter orgulho do que foi feito e em participar da equipe. Outras oportunidades virão ao seu momento.
- **Lembrar do todo**: avaliar a situação de uma organização, bem como a perspectiva do projeto. Isso irá ajudar a chegar a soluções que estão no melhor interesse da organização, enquanto o projeto está em andamento.
- **Lembrar das histórias de sucesso dos membros da equipe**: essa ação ajudará a construir a confiança, auxiliando a encontrar uma solução viável para o desafio atual.
- **Utilizar os processos para o projeto e programa**: deve-se confiar na governança, controle de mudanças e processos de gestão de risco. Essas são as ferramentas e sistema de controle, os que são estratégicos para o êxito de qualquer projeto.
- **Comunicar**: as partes interessadas e o setor de administração devem ser componentes da solução e devem estar informadas sobre os resultados. É importante utilizar as linhas formais de comunicação, conforme descrito no plano de comunicação, e as linhas informais de comunicação, garantindo uma solução no tempo certo e o sucesso do projeto.

Se forem observados esses preceitos, quando a competição por prioridades chegar, ao longo dos ciclos de vida dos projetos, serão aumentadas as chances de sucesso. Em última instância, a prioridade mais abrangente é a implementação bem-sucedida de todos os projetos que contribuem para o fortalecimento e crescimento da organização.

1.7 INDICADORES DE DESEMPENHO NA GESTÃO DE OBRAS

Para o sucesso de um projeto, é fundamental medir os resultados e mensurar os dados obtidos. Tais ações permitem estabelecer abordagens apropriadas de trabalho e devem permear todo o empreendimento, desde sua elaboração até o seu efetivo estabelecimento no mercado.

Sendo assim, **índices de desempenho**, tanto no decorrer da obra quanto após sua entrega, devem ser os mais precisos possível. Quanto mais confiáveis os dados organizados e reunidos em bons indicadores, menores os riscos serão, as possibilidades de equívocos, os quais, possivelmente resultariam em ônus para a empresa e para seus projetos.

Indicadores de desempenho como ferramentas de gestão servem à definição de metas, organização do fluxo de trabalho, ao cumprimento de prazos, entre outros objetivos. Esses facilitam a definição de novas abordagens quando os objetivos não são alcançados.

Ao estabelecer indicadores-chave de desempenho em obras, possibilita-se um planejamento com base no estabelecimento de metas e a determinação de um planejamento estratégico para a gestão da obra. Dessa forma, pode-se detalhar fluxos de trabalho, recursos de produção e o dimensionamento da mão de obra em médio e em longo prazo. Além dos benefícios para a obra, como maior agilidade e redução de erros, tudo isso agiliza também a comunicação entre o contratante e a empresa, pois torna mais objetivas e acessíveis as informações referentes aos projetos e parcerias, de forma a possibilitar a adequação do projeto, caso haja áreas que precisem de mais investimento ou supervisão em determinado momento da obra, por exemplo.

1.8 PERFIL E ATRIBUIÇÕES DO GESTOR DE CONTRATOS

Dentre as atividades da gestão de contratos, ou administração contratual, as atribuições do gestor de contratos são: o planejamento de insumos, seleção de fornecedores, acompanhamento dos processos de licitação, administração de fornecimentos e inspeção dos trabalhos até o encerramento formal das entregas dos itens adquiridos ou contratados.

O gestor de contratos deve participar de todas as etapas do ciclo de vida do produto. Por isso, é muito importante a sua participação no processo de aquisição, ainda na fase de escolha dos fornecedores, administrando os contratos estabelecidos e documentando todas as etapas de seu fornecimento. Esse profissional é o responsável por estabelecer um cronograma de monitoramento e controle das aquisições de produtos (bens e/ou serviços) e, em caso de desvios em relação aos produtos contratados, agir com planos de ação alternativos de remediação.

Quanto ao perfil do gestor de contratos na construção civil, ele pode ter formação inicial em Administração, Arquitetura, Engenharia Civil, Engenharia de Produção ou Tecnologia de Construção Civil, mas é importante a especialização em Gestão de Projetos e que domine as tecnologias de planejamento, construção e montagem de obras de construção civil.

É muito importante não confundir as atividades de gestão, realizadas pelo gestor de contrato, com as atividades de fiscalização, realizada pelo fiscal de contrato. A gestão é o serviço geral de gerenciamento de todos os contratos, enquanto que a fiscalização é uma atividade pontual. Na gestão (administração de contratos), tem-se atenção, por exemplo, do reequilíbrio econômico financeiro, de incidentes relativos a pagamentos efetuados, de questões ligadas à documentação do empreendimento, ao controle dos prazos de vencimento e da prorrogação de prazos. É um serviço administrativo propriamente dito, que pode ser exercido por um profissional específico ou um setor especializado da empresa. Quanto à fiscalização, ela é realizada necessariamente por um representante da administração superior da empresa, que pode ser chamado de gestor ou de fiscal, especialmente designado, como preceitua a lei, que cuidará pontualmente de cada contrato. É importante que o profissional designado para a fiscalização do contrato, principalmente em empresas ou órgãos públicos, tenha qualificações, como:

- boa reputação ético-profissional;
- ter conhecimentos técnicos específicos relacionados à construção fiscalizada;
- não estar, preferencialmente, respondendo a processo de sindicância ou processo administrativo disciplinar;
- não possuir em seus registros funcionais punições em decorrência da prática de atos lesivos ao patrimônio público, em qualquer esfera do governo;
- não haver sido responsabilizado por irregularidades junto ao seu órgão de origem;
- não haver sido condenado em processo criminal por crimes contra a Administração Pública.

A eficiência de um contrato está diretamente relacionada ao acompanhamento de sua execução. O gestor de contrato tem grande responsabilidade pelos seus resultados, devendo observar o cumprimento pela contratada das regras técnicas, cientificas ou artísticas previstas no contrato.

1.9 ANOTAÇÃO DE RESPONSABILIDADE TÉCNICA (ART)

A Anotação de Responsabilidade Técnica (ART) foi instituída pela Lei nº 6.496, de 7 de dezembro de 1977. Ela determina que todos os contratos referentes à execução de serviços ou obras de engenharia, agronomia, geologia, geografia ou meteorologia deverão ser objeto de anotação no Conselho Regional de Engenharia e Agronomia (Crea).

O Conselho Federal de Engenharia e Agronomia (Confea) instituiu a Resolução nº 1.025, de 2009, onde estabelece que fica sujeito à Anotação de Responsabilidade Técnica (ART) no Crea em cuja circunscrição for exercida a respectiva atividade:

- Todo contrato para a execução de obras ou prestação de serviços que são relacionados às profissões vinculadas à engenharia, agronomia, geologia, geografia ou meteorologia.
- Todo vínculo de profissional com pessoa jurídica para o desempenho de cargo ou função que envolva atividades para as quais sejam necessários habilitação legal e conhecimentos técnicos nas profissões de engenharia, agronomia, geologia, geografia ou meteorologia.

A ART é feita através de formulário eletrônico, disponível na página da internet de cada Crea. Nesse formulário, são declarados os principais dados do contrato realizado entre o profissional e seu cliente, no caso de profissional autônomo, ou ainda entre o contratado e o contratante, no caso de profissional com vínculo empregatício. Quando possuir vínculo contratual com pessoa jurídica, cabe ao profissional registrar a ART e à empresa/instituição, o pagamento do valor correspondente a esse serviço.

A ART é um instrumento indispensável para identificar a responsabilidade técnica pelas obras ou serviços prestados por profissionais ou empresas. A ART assegura à sociedade que essas atividades técnicas são realizadas por profissionais habilitados. Nesse sentido, a ART tem a função de defesa da sociedade, proporcionando também segurança técnica e jurídica para quem contrata e para quem é contratado.

A ART valoriza o exercício profissional, conferindo legitimidade ao profissional ou empresa contratada e assegura a autoria, a responsabilidade e a participação técnica em cada obra ou serviço a ser realizado. Ao registrar a ART, os direitos de autoria de um plano ou projeto de engenharia, agronomia, geologia, geografia ou meteorologia, respeitadas as relações contratuais expressas entre o autor e outros interessados, são do profissional que os elaborar.

O registro da ART possibilita ao profissional constituir acervo técnico, que tem grande valor no mercado de trabalho, bem como o resguarda em eventuais litígios judiciais. A partir do registro da ART, é possível ao profissional obter a Certidão de Acervo Técnico (CAT), que certifica, para os efeitos legais, constar dos assentamentos do Crea a anotação das atividades técnicas executadas ao longo de sua vida profissional.

A capacidade técnica de uma empresa varia em função da alteração dos acervos técnicos dos profissionais integrantes de seu quadro técnico. Desse modo, em atendimento à Lei nº 8.666, de 1993, o atestado registrado no Crea constituirá prova da capacidade técnico-profissional da empresa somente se o responsável técnico indicado na Certidão de Acervo Técnico (CAT) estiver a ela vinculado como integrante de seu quadro técnico.

Para as instituições públicas, a apresentação das ARTs pelos profissionais autônomos, empresários ou empresas, assegura que as atividades contratadas são desenvolvidas por profissionais habilitados, uma vez que registra a responsabilidade técnica pela obra ou serviço. No caso dos profissionais que possuem vínculo empregatício com organizações da Administração Pública, também deverá registrar a ART de cargo ou função técnica ou de atividades ou de projetos específicos. As ARTs registradas formarão o acervo técnico desses profissionais, que poderá ser utilizado quando do exercício profissional na iniciativa privada.

1.9.1 TIPOS

Quanto à tipificação, a ART pode ser classificada em:

1. **ART de obra ou serviço:** relativa à execução de obras ou prestação de serviços inerentes às profissões abrangidas pelo Sistema Confea/Crea.
2. **ART de obra ou serviço de rotina:** denominada ART múltipla, que especifica vários contratos referentes à execução de obras ou à prestação de serviços em determinado período.
3. **ART de cargo ou função:** relativa ao vínculo com pessoa jurídica para desempenho de cargo ou função técnica.

1.9.2 FORMAS DE REGISTRO

Quanto à forma de registro, a ART pode ser classificada em:

1. **ART inicial:** utilizada nos casos de registro de um contrato escrito ou verbal de prestação de serviços técnicos ou execução de obra. A ART deve ser registrada antes do início da respectiva atividade técnica, de acordo com as informações constantes do contrato firmado entre as partes.
2. **ART complementar:** anotação de responsabilidade técnica do mesmo profissional que, vinculada a uma ART inicial, complementa os dados anotados nos seguintes casos:
   a) for realizada alteração contratual que ampliar o objeto, o valor do contrato ou a atividade técnica contratada, ou prorrogar o prazo de execução; ou
   b) houver a necessidade de detalhar as atividades técnicas, desde que não impliquem a modificação da caracterização do objeto ou da atividade técnica contratada.

3. **ART de substituição:** anotação de responsabilidade técnica do mesmo profissional que, vinculada a uma ART inicial, substitui os dados anotados nos casos em que:
   a) houver a necessidade de corrigir dados que impliquem a modificação da caracterização do objeto ou da atividade técnica contratada; ou
   b) houver a necessidade de corrigir erro de preenchimento de ART.

1.9.3 PARTICIPAÇÃO TÉCNICA NO EMPREENDIMENTO

Quanto à participação técnica, a ART de obra ou serviço pode ser classificada da seguinte forma:

1. **ART individual:** indica que a atividade, objeto do contrato, é desenvolvida por um único profissional;
2. **ART de coautoria:** indica que uma atividade técnica caracterizada como intelectual, objeto de contrato único, é desenvolvida em conjunto por mais de um profissional de mesma competência;
3. **ART de corresponsabilidade:** indica que uma atividade técnica caracterizada como executiva, objeto de contrato único, é desenvolvida em conjunto por mais de um profissional de mesma competência; e
4. **ART de equipe:** indica que diversas atividades complementares, objetos de contrato único, são desenvolvidas em conjunto por mais de um profissional com competências diferenciadas.

SÍNTESE

Foram apresentados, neste capítulo, conceitos básicos pertinentes à indústria da construção civil e seus processos construtivos; detalhamento dos princípios de gerenciamento de projetos e do processo de planejamento; definição de projeto e do ciclo de vida de projeto e seu detalhamento, com ênfase na gestão de prioridades. Abordaram-se os indicadores de desempenho na gestão de obras, o perfil e as atribuições do gestor de contratos; e, por fim, a importância da anotação de responsabilidade técnica, diferenciando obras privadas de públicas, usando uma linguagem simples e didática, procurando mostrar ao leitor como essas máquinas interagem com o ser humano e podem melhorar a qualidade de vida da sociedade de um modo geral.

As informações apresentadas são a base necessária para entender de forma gradual os demais conceitos, bem como suas definições e metodologias.

CAPÍTULO 2

PLANO DE CONTAS E CUSTOS DE OBRAS E SERVIÇOS DE CONSTRUÇÃO CIVIL

INTRODUÇÃO

Apresentar os objetivos da contabilidade e seu sistema, com destaque à importância do fluxo de caixa, à contabilidade pública, aos conceitos básicos pertinentes ao plano de contas na indústria da construção civil são as propostas deste capítulo. Serão abordados a contabilidade de custos e gerencial e análise de demonstrações financeiras, usando uma linguagem bastante simples e didática, procurando mostrar ao leitor como essas máquinas interagem com o ser humano e podem melhorar a qualidade de vida da sociedade de um modo geral.

As informações apresentadas são importantes para que se possa entender de forma gradual os demais conceitos, bem como suas definições e metodologias.

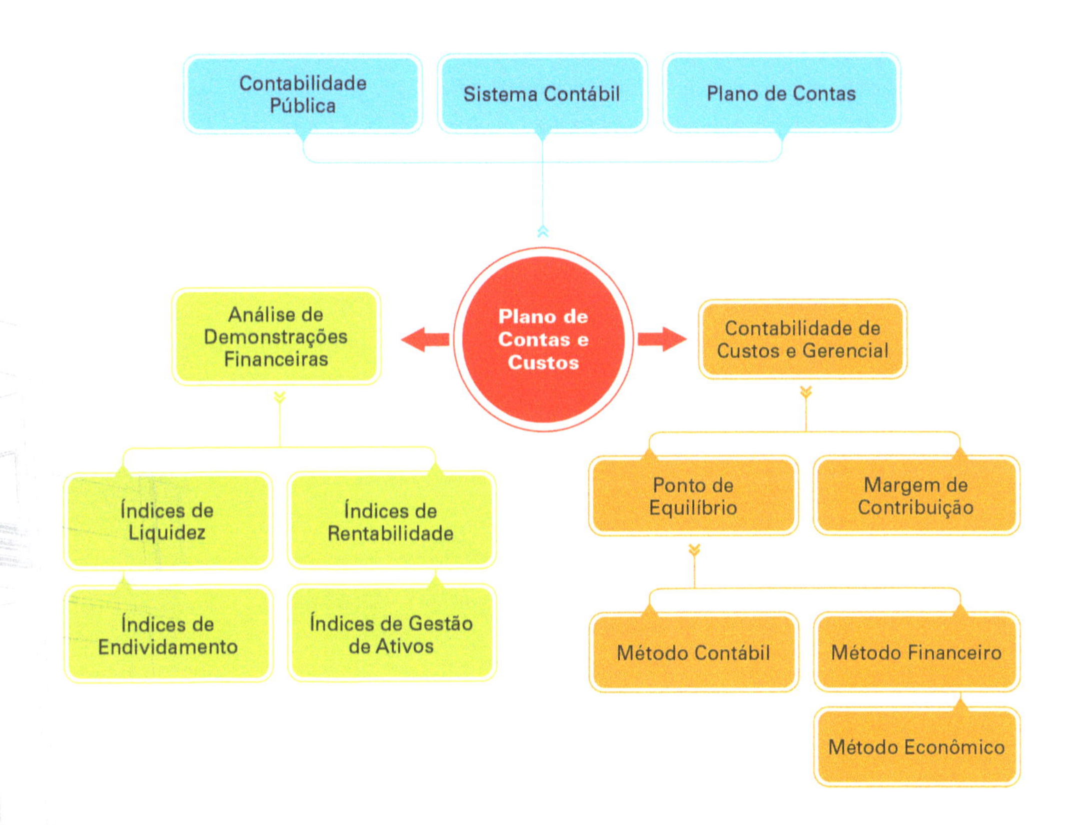

2.1 OBJETIVOS DA CONTABILIDADE

A atividade de contabilidade tem como objetivo principal proporcionar a obtenção de informações estruturadas que possibilitem aos gestores a tomada de decisões gerenciais. Isso se dá por meio de informes contábeis de qualidade. Essas informações devem possibilitar a avaliação presente da situação econômica e financeira das organizações, bem como criar condições apropriadas para a realização de inferências sobre suas tendências futuras. Em ambas as situações, as demonstrações contábeis são elementos constituintes, mas não únicos, para as tomadas de decisão gerenciais.

Os objetivos da contabilidade devem ser úteis ao que os usuários de suas informações consideram como elementos importantes para seu processo decisório. Os indicadores contábeis podem facilitar a identificação dos pontos fortes e fracos da empresa. A partir dos resultados contábeis, é possível avaliar a liquidez e solvência das empresas. A contabilidade financeira permite que a administração da gestão de recursos possa avaliar o desempenho das empresas através de seus lucros, indicando o quanto uma gestão é eficiente e rentável.

Por meio das atividades contábeis é possível determinar o fluxo de caixa, que é um dos indicadores básicos da vitalidade de uma empresa. As informações financeiras são úteis quando ajudam os investidores e os credores, atuais e potenciais, na tomada de decisões de investimentos e crédito. A contabilidade financeira ajuda a determinar os riscos, a probabilidade de que a entrada dos fluxos de caixa seja suficiente para cobrir as saídas dos fluxos de caixa futuros.

A contabilidade no campo da construção civil tem como desafio contabilizar os contratos de construção, ou seja, realizar o reconhecimento das receitas e das despesas que ocorrem durante o período da obra. Essa atividade relevante deve ser realizada por um contador (Figura 2.1).

Figura 2.1 • **O contador é o profissional legalmente responsável pelas informações contábeis.**

Para a análise contábil na construção civil, cada obra é um centro de custos. As áreas administrativas da empresa também são consideradas centros de custos. Se a empresa tiver filiais, essas também serão consideradas centros de custos. Esse procedimento reduz a complexidade no caso de pequenos negócios. Assim, é possível determinar as receitas e as despesas provenientes de cada centro de custos, identificando as obras e os setores mais lucrativos e os que geram prejuízos.

2.2 CONTABILIDADE PÚBLICA

Contabilidade é a ciência que estuda, interpreta e registra os fenômenos que afetam o patrimônio de uma entidade. O ordenamento jurídico brasileiro divide a Contabilidade geralmente em Contabilidade Empresarial e Contabilidade Pública, sendo essa última o tema tratado no ramo da contabilidade adotado pelo Sistema CFC (Conselho Federal de Contabilidade) e CRC (Conselho Regional de Contabilidade).

Tendo por base a Norma Brasileira de Contabilidade – NBC T 16, o patrimônio público é o conjunto de bens e direitos, tangíveis ou intangíveis, onerados ou não, adquiridos, formados, produzidos, recebidos, mantidos ou utilizados pela entidade do setor público, que seja portador ou representante de um fluxo de benefícios, presente ou futuro, inerente à prestação de serviços públicos (CFC, 2008; 2009).

Sendo assim, a contabilidade pública é o ramo da ciência contábil que aplica, no processo gerador de informações, os princípios e as normas contábeis. Esse ramo coleta, registra e controla os atos e fatos de natureza patrimonial, orçamentária e financeira do patrimônio público. Assim, evidencia as variações e os consequentes resultados, inclusive os resultados sociais, presentes nas entidades de administração pública e a elas equiparadas, proporcionando, assim, aos interessados, informações relevantes em apoio aos processos de tomada de decisão e de prestação de contas (CFC, 2009).

Sua atenção está voltada ao patrimônio. A relevância de suas informações e o contexto socioeconômico e cultural onde os entes públicos estão inseridos exigem desses a elaboração de demonstrativos gerenciais que possibilitem aos gestores ter uma visão global e transparente dos gastos públicos. O campo de aplicação dessa área contábil estende-se a todos aqueles entes que "recebam, guardem, apliquem ou que de qualquer forma movimentem recursos públicos, inclusive as entidades equiparadas à pública" (CFC, 2009, p. 27).

Diante desse cenário, tal ramo da contabilidade deve operar como um instrumento gerador de informação para a prática do controle e da apuração dos fatos de natureza orçamentária, financeira, patrimonial e gerencial, analisando resultados em confluência com as normas gerais de direito financeiro, visando ao cumprimento dos dispositivos contábeis e ao atendimento dos órgãos de fiscalização.

2.3 SISTEMA CONTÁBIL

As informações contábeis são utilizadas por vários tipos de usuários. Uma maneira simples de compreender as necessidades dos usuários das informações contábeis é dividi-los em dois grupos: externo e interno.

Os usuários externos são grupos, ou indivíduos, que não estão envolvidos de maneira direta nas operações da empresa, mas têm interesse nos resultados e na posição financeira da entidade. Esses grupos incluem os acionistas, credores, investidores potenciais, credores futuros, representantes sindicais e órgãos reguladores estaduais e federais. Entender as metas de cada um desses grupos ajuda na compreensão básica sobre qual tipo de informação contábil eles podem precisar. Por exemplo, credores atuais e futuros geralmente querem monitorar o fluxo de caixa e a capacidade da empresa em efetuar os pagamentos dos empréstimos.

Os usuários internos da informação contábil incluem todos os tomadores de decisão dentro de uma empresa, incluindo executivos e gestores responsáveis por planejamento, organização, direcionamento e controle de operações. Usuários internos precisam das informações para a realização de orçamentos e dados, com o objetivo de julgar o desempenho organizacional. Em algumas organizações os dados de contabilidade são utilizados para avaliar o bônus a ser distribuído aos empregados e para tomadas de decisões de promoção de indivíduos (metas de lucro, atingimento de objetivos orçamentários etc.). A contabilidade gerencial são informações e dados que servem apenas às necessidades dos usuários internos (Figura 2.2).

As informações contábeis são usadas todos os dias para ajudar gestores a tomar decisões importantes. Esses sistemas são preenchidos com dados provenientes da contabilidade e de métricas-chave (indicadores de controle importantes para o processo de negócio), como indicadores e lucros a tomada de decisão - de onde investir para a precificação de produtos (bens e serviços). Por exemplo, as declarações de impostos contêm dados contábeis financeiros importantes para tomadas de decisão.

Stokkete\Shutterstock.com

Figura 2.2 • **Os usuários internos utilizam a contabilidade gerencial para tomada de decisão.**

Esses dois ramos da contabilidade (externo e interno) são

relacionados, mas distintos, têm se desenvolvido para atender às necessidades dos usuários da informação contábil. Os sistemas de contabilidade financeira produzem a informação encontrada em demonstrações financeiras usadas por investidores e credores. Os sistemas da contabilidade gerencial são projetados para complementar as informações de contabilidade financeira e auxiliar os gestores na tomada de decisões operacionais. Seja uma informação da contabilidade financeira ou da contabilidade gerencial, é essencial que ela seja confiável e compreensível para que tenha valor para os usuários (essência da utilidade). A confiabilidade é encontrada em informação isenta e livre de erros (não deve ser confundida com precisão absoluta). A informação contábil relevante permite uma melhor previsibilidade das consequências futuras baseadas na informação sobre eventos passados. E a pontualidade também é um elemento importante. A informação contábil é, em geral, logo apresentada aos usuários antes de se tornar obsoleta e inútil.

O sistema de informação contábil é um dos componentes do sistema de informação gerencial (SIG, em linguagem de TI – Tecnologia da Informação). Esse sistema representa um conjunto de informações que orienta e supre o processo de decisão, utilizando os registros de atos e fatos da gestão, como ferramenta de controle, avaliação e mensuração do patrimônio público.

O sistema de informação contábil é composto por subsistemas, os quais, considerando as suas tipicidades e as suas especificidades, possibilitam que as informações convirjam para uma informação geral sobre o patrimônio, como segue (Figura 2.3):

a) **Subsistema de contabilidade geral:** é direcionado ao registro contábil nos moldes de padrões internacionais. Tem foco nos itens monetários de Balanço (contabilidade financeira). Pode disponibilizar trabalhos adicionais, como a elaboração de fluxo de caixa, planilhas de empréstimos, cálculo de juros etc.).
b) **Subsistema orçamentário:** consiste no controle da execução do orçamento público, mediante registro, processamento e evidenciação dos atos e fatos relacionados ao planejamento.
c) **Subsistema gerencial:** são as informações para a gestão administrativa com ênfase nas análises financeira e econômica (esta última principalmente em relação aos custos e investimentos), conversão em moeda estrangeira, consolidação de balanços etc.
d) **Subsistema financeiro:** é baseado no controle relacionado à movimentação de entradas e saídas de recursos de natureza orçamentária e extraorçamentária
e) **Subsistema patrimonial:** é relacionado ao registro, processamento, evidenciação e controle relacionados às variações ocorridas no patrimônio; direcionada a informação para a gestão dos chamados itens não monetários do balanço: contas do Ativo Permanente e do Patrimônio Líquido, cálculo da Depreciação, Reavaliação etc.
f) **Subsistema de compensação:** consiste no registro e controle dos atos que possam vir a afetar o patrimônio, de forma a proporcionar um acompanhamento mais eficaz de determinados atos administrativos pela administração.

g) **Subsistema de custos:** é composto pela coleta e processamento de dados, para apuração dos custos de atividades/projetos; integrada a movimentação dos almoxarifados e direcionada a informação sobre a apropriação e os rateios contábeis dos custos e despesas.

h) **Subsistema estratégica:** integrada aos orçamentos e programas de longo prazo, direcionadas à informação para a chamada gestão estratégica.

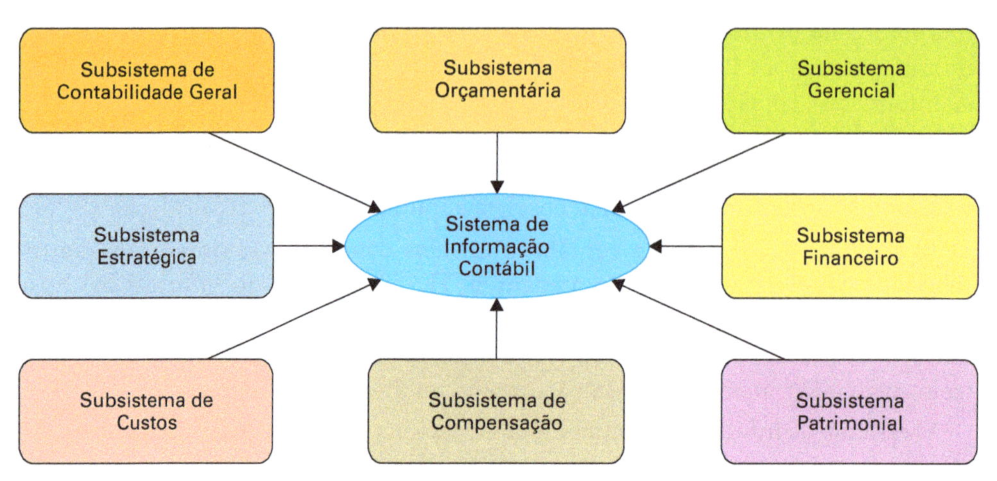

Figura 2.3 • **Sistema de informação contábil.**

Além desses subsistemas, é necessário implementar e normatizar outros subsistemas, de forma a subsidiar a administração sobre o desempenho da organização no cumprimento da sua missão; a avaliação dos resultados obtidos na execução dos programas de trabalho com relação à economicidade, à eficiência, à eficácia e à efetividade; a avaliação das metas estabelecidas pelo planejamento; e a avaliação dos riscos e das contingências.

2.4 PLANO DE CONTAS NA CONSTRUÇÃO CIVIL

Pode-se elencar várias características para o ramo da construção civil. Dentre essas características, tem-se, por exemplo, o tempo de duração do ciclo operacional que geralmente ultrapassa um ano (diferente das empresas de outros segmentos), os diversos tipos de controles, a formação do estoque e as várias maneiras de vender os imóveis. É preciso dar enfoque aos vários critérios de apuração dos resultados que são específicos do ramo imobiliário e que em muitos momentos diferem em comparação com as outras atividades.

No caso do ramo imobiliário, é bastante comum a operação da permuta de imóveis. Considera-se permuta de imóveis quando duas ou mais pessoas trocam entre si coisas de sua propriedade. Os contratos de construção, geralmente, geram muitas dúvidas sobre o momento de reconhecer a receita. O contrato de construção é um registro entre as partes com o objetivo de uma negociação.

O *plano de contas* é um instrumento fundamental na contabilidade, serve como base para a elaboração das demonstrações contábeis. A contabilidade no ramo da construção civil idêntica aos demais ramos de atividades, excetuando no plano de contas quando se trata da apropriação dos custos e receitas. O plano de contas deve obedecer aos princípios contábeis, isto é, além de permitir ao empresário o acompanhamento das atividades da empresa, deve ter a possibilidade de aumentar a sua estrutura com o crescimento da empresa.

O plano de contas exerce em uma empresa de construção civil papel semelhante ao do fluxo de caixa em qualquer negócio. Por isso, é uma ferramenta fundamental para o controle financeiro, servindo de base para as demonstrações contábeis. Sua elaboração, como já dito anteriormente, deve ficar a cargo do contador, pois demanda um conhecimento especializado que dificilmente o empreendedor terá, considerando que até mesmo o formato tradicional de balancete (com a análise de receitas e despesas) perde espaço para a contabilidade por centro de custos.

Embora o instrumento de controle atenda a uma obrigação legal de prestação de contas com o Fisco (conjunto de órgãos públicos responsável pela determinação e arrecadação de impostos, taxas etc.), não é somente dessa forma que o empreendedor deve enxergá-lo, pois tal balanço traz informações fundamentais para qualificar a gestão do negócio, permitindo ajustes em cada obra ou na empresa como um todo, em escala macro. Há diversos modelos de plano de contas para construção civil disponíveis na internet, como nos sites dos conselhos regionais de contabilidade.

2.4.1 MODELO DE PLANO DE CONTAS

Para fins de atendimento dos usuários da informação contábil, a entidade deverá apresentar suas demonstrações contábeis (também usualmente denominadas "demonstrações financeiras") de acordo com as normas regulamentares dos órgãos normativos.

As demonstrações contábeis são uma representação monetária estruturada da posição patrimonial e financeira em determinada data e das transações realizadas por uma entidade no período findo nessa data. O objetivo das demonstrações contábeis de uso geral é fornecer informações sobre a posição patrimonial e financeira, o resultado e o fluxo financeiro de uma entidade, que são úteis para uma ampla variedade de usuários na tomada de decisões. As demonstrações contábeis também mostram os resultados do gerenciamento, pela administração, dos recursos que lhe são confiados.

Tais informações, juntamente com outras constantes das notas explicativas às demonstrações contábeis, auxiliam os usuários a estimar os resultados futuros e os fluxos financeiros futuros da entidade.

Um conjunto completo de demonstrações contábeis inclui os seguintes componentes (Figura 2.4):

- Balanço Patrimonial (BP);
- Demonstração do Resultado do Exercício (DRE);
- Demonstração dos Lucros ou Prejuízos Acumulados (DLPA);
- Demonstração dos Fluxos de Caixa (DFC);
- Demonstração do Valor Adicionado (DVA);
- Notas Explicativas (NE).

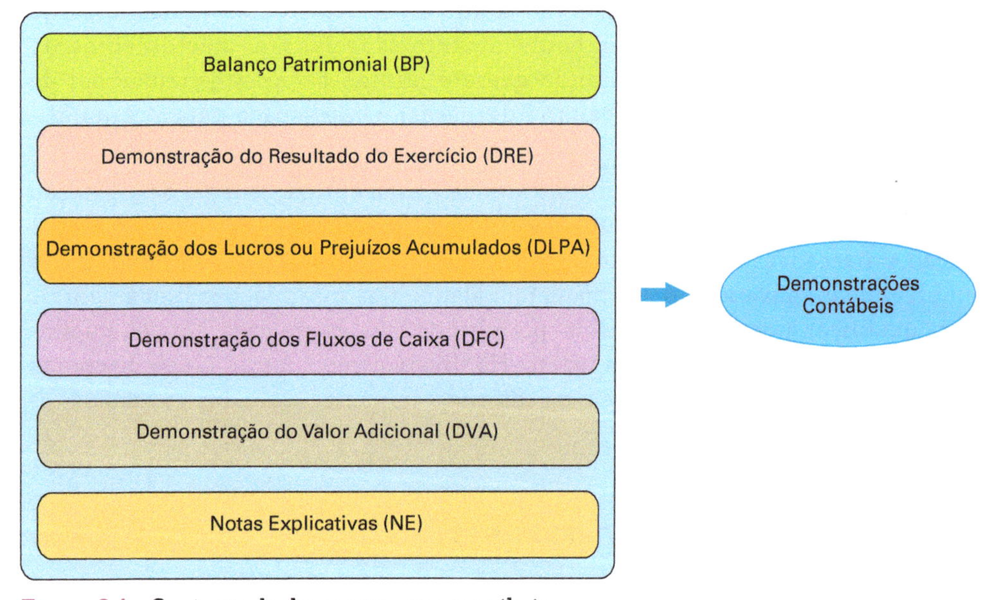

Figura 2.4 • **Conjunto de demonstrações contábeis.**

2.4.2 BALANÇO PATRIMONIAL

O Balanço Patrimonial (BP) é uma demonstração contábil que fornece informações sobre a posição financeira da entidade (empresa ou organização) em determinado período. Revela os ativos, passivos e patrimônio líquido da empresa. As contas deverão ser classificadas segundo os elementos do patrimônio que registrem e agrupadas de modo a facilitar o conhecimento e a análise da situação financeira da empresa. As demonstrações de cada exercício serão publicadas com a indicação dos valores correspondentes das demonstrações do exercício anterior, para fins de comparação.

O BP é constituído por ativo, passivo e patrimônio líquido (Figura 2.5):

- **Ativo:** compreende os bens, os direitos e as demais aplicações de recursos controlados pela entidade, capazes de gerar benefícios econômicos futuros, originados de eventos ocorridos.
- **Passivo:** compreende as origens de recursos representados pelas obrigações para com terceiros, resultantes de eventos ocorridos que exigirão ativos para a sua liquidação.
- **Patrimônio líquido:** compreende os recursos próprios da entidade e seu valor é a diferença positiva entre o valor do Ativo e o valor do Passivo.

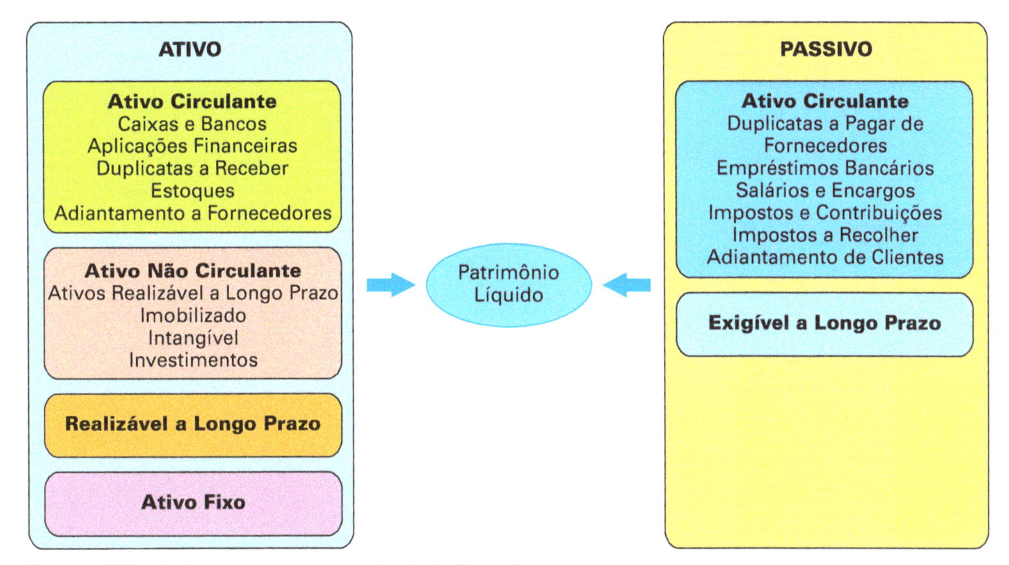

Figura 2.5 • **Ativo, passivo e patrimônio líquido.**

Ao término do exercício, como se faz em todos os meses, procede-se ao levantamento do balancete de verificação, com o objetivo de conhecer os saldos das contas e conferir sua exatidão. Também é possível dividir os ativos e passivos em categorias para facilitar os cálculos e demonstrações.

Considerando os ativos, tem-se:

- **Ativo circulante:** bens e recursos aplicados da empresa, podem ser convertidos facilmente em dinheiro em curto período de tempo.
- **Ativo não circulante:** recursos de permanência duradoura. Ex.: cotas societárias.
- **Ativo fixo:** bens necessários para a empresa realizar suas atividades, como máquinas, edifícios, terrenos etc.

Exemplo 2.1 • ITENS DO ATIVO EM BALANÇO PATRIMONIAL NA CONSTRUÇÃO CIVIL

1 - Ativo
1.1 - ATIVO CIRCULANTE
1.1.1 - DISPONÍVEL
1.1.1.1 - Caixa
1.1.1.2 - Banco
1.1.2 - CLIENTES
1.1.2.1 - Vendas de Apartamento
1.1.2.1.1 - CLIENTE 1
1.1.2.1.2 - CLIENTE 2
1.1.2.2 - Vendas de Terrenos
1.1.2.2.1 - CLIENTE 1
1.1.2.2.2 - CLIENTE 2
1.1.2.3 - Vendas de Loteamento
1.1.2.3.1 - CLIENTE 1
1.1.2.3.2 - CLIENTE 1
1.1.3 - ESTOQUE
1.1.3.1 - Terrenos a comercializar
1.1.3.1.1 - Rua A
1.1.3.1.2 - Rua B
1.1.3.2 - Obras em andamento
1.1.3.2.1 - Edifício A
1.1.3.2.2 - Casa B
1.1.3.3 - Materiais aplicados nas construções
1.1.3.3.1 - Cimento
1.1.3.3.2 - Areia
1.1.3.4 - Imóveis concluídos a comercializar
1.1.3.4.1 - Edifício C
1.1.3.4.1.1 - Apto 01
1.1.3.4.1.2 - Apto 02
1.1.3.4.2 - Casas
1.1.3.4.2.1 - Casas D
1.1.3.4.2.2 - Casas E
1.1.4 - OUTROS CRÉDITOS
1.2 - ATIVO NÃO CIRCULANTE
1.2.1 - CLIENTES
1.2.1.1 - Vendas de Apartamento
1.2.1.1.1 - Cliente 1
1.2.1.1.2 - Cliente 2
1.2.1.2 - Vendas de Terrenos
1.2.1.2.1 - Cliente 1
1.2.1.2.2 - Cliente 2
1.3 - ATIVO FIXO

O que caracteriza o ativo circulante é a sua realização em até um ano. As principais contas que o integram são:

- **Caixa e bancos:** recursos financeiros existentes no caixa, ou na tesouraria da empresa, e em contas bancárias de livre movimentação. Esses recursos visam atender a todas as necessidades imediatas e relativas à atividade da empresa.
- **Aplicações financeiras:** as aplicações de liquidez imediata realizadas normalmente no mercado financeiro com o excedente do caixa. Podem ser em letras de câmbio, títulos públicos, fundos de investimentos, entre outras.
- **Duplicatas a receber:** títulos de crédito gerados por vendas ou pela prestação de serviços condicionados a recebimento futuro (a prazo).
- **Estoques:** variam conforme a atividade operacional das empresas. No caso da indústria, são os produtos acabados, a matéria-prima e outros materiais secundários que compõem o item fabricado. No comércio, o estoque reúne mercadorias a serem revendidas.
- **Adiantamento a fornecedores:** pagamento feito antecipadamente pela empresa, aos seus fornecedores, para recebimento no curto prazo de mercadorias, insumos e bens.

São classificados como ativo não circulante todos os valores cujo prazo de realização ultrapasse um ano:

- **Ativo realizável a longo prazo:** representa os direitos realizáveis após o término do exercício seguinte e os empréstimos ou adiantamentos concedidos às sociedades coligadas ou controladas, a diretores e acionistas, além de títulos a receber no longo prazo.
- **Imobilizado:** investimentos permanentes para a manutenção e modernização da capacidade produtiva das empresas, como máquinas, equipamentos, veículos e instalações. Lembrando que o imobilizado está sujeito à depreciação e deve ser calculado conforme a vida útil do bem.
- **Intangível:** ativos não físicos que representam importantes fontes de geração de fluxo de caixa e valorização da empresa: marcas, patentes, veículos e instalações.
- **Investimentos:** participações permanentes em outras empresas, obras de arte etc.

Para os passivos, são classificados em:

- **Passivo circulante:** são as obrigações que a empresa deve pagar durante o ano contábil, como salários dos funcionários, fornecedores, impostos etc.
- **Passivo não circulante:** são as obrigações que devem ser quitadas em que os vencimentos ocorrerão após o final do exercício seguinte ao encerramento do balanço patrimonial.
- **Exigível a longo prazo:** semelhante ao passivo circulante, porém a empresa só vai pagar no ano contábil seguinte.

Exemplo 2.2 • ITENS DO PASSIVO EM BALANÇO PATRIMONIAL NA CONSTRUÇÃO CIVIL

2 - Passivo

2.1 - PASSIVO CIRCULANTE

2.1.2 - OBRIGAÇÕES TRABALHISTAS

2.1.2.1 - Salários a pagar

2.1.2.2 - Encargos sociais

2.1.2.3 - Etc.

2.1.3 - OBRIGAÇÕES TRIBUTÁRIAS

2.1.3.1 - IRPJ a recolher

2.1.3.2 - CSLT a recolher

2.1.3.3 - Etc.

2.1.4 - RECEITA/CUSTO DIFERIDO

2.1.4.1 - RECEITA DIFERIDA

2.1.4.1.1 - Vendas de Terrenos

2.1.4.1.1.1 - Cliente 1

2.1.4.1.1.2 - Cliente 2

2.1.4.1.2 - Vendas de Loteamentos

2.1.4.1.2.1 - Cliente 1

2.1.4.1.2.2 - Cliente 2

2.1.4.1.3 - Vendas de Terrenos

2.1.4.1.3.1 - Cliente 1

2.1.4.1.3.2 - Cliente 2

2.1.4.2 - CUSTO DIFERIDO

2.1.4.2.1 - Vendas de Terrenos

2.1.4.2.1.1 - Cliente 1

2.1.4.2.1.2 - Cliente 2

2.1.4.2.2 - Vendas de Loteamentos

2.1.4.2.2.1 - Cliente 1

2.1.4.2.2.2 - Cliente 2

2.1.4.2.3 - Vendas de Terrenos

2.1.4.2.3.1 - Cliente 1

2.1.4.2.3.2 - Cliente 2

2.1.4.3 - EMPRÉSTIMOS A PAGAR

2.1.4.3.1 - Empréstimos

2.1.4.3.1.1 - Empréstimos a pagar

2.1.4.3.1.2 - Juros apropriar

2.1.4.4 - CUSTO ORÇADO

2.2 - PASSIVO NÃO CIRCULANTE

2.2.1 - EMPRÉSTIMOS

2.2.1.1 - Empréstimos a pagar

2.2.1.2 - Juros apropriar

2.2.1.3 - Vendas de Loteamento

2.2.1.3.1 - Cliente 1

2.2.1.3.2 - Cliente 2

2.2.1.4 - Vendas de Terrenos

2.2.1.4.1 - Cliente 1

2.2.1.4.2 - Cliente 2

2.3 - EXIGÍVEL DE LONGO PRAZO

O passivo circulante representa as obrigações que normalmente são pagas dentro de um ano, as principais contas que o integram são:

- **Fornecedores:** duplicatas a pagar a fornecedores de mercadorias e matéria-prima.
- **Empréstimos bancários:** financiamentos contraídos de instituições financeiras, em moeda nacional ou estrangeira.
- **Salários e encargos:** gastos com a folha de pagamento aos funcionários da administração, produção, comercialização e prestação de serviços.
- **Impostos e contribuições:** contribuições sociais dos funcionários e o Imposto de Renda retido na fonte.
- **Impostos a recolher:** conta utilizada para registrar tributos relacionados à venda ou bens adquiridos pela empresa.
- **Adiantamento de clientes:** valores recebidos antecipadamente dos clientes da empresa para posterior entrega do bem ou serviço. Por isso, representa uma obrigação de entregar o bem ou serviço no curto prazo ou devolver o adiantamento recebido.

No balancete, estão relacionadas todas as contas da empresa, sejam patrimoniais ou de resultados obtidos. Nele são apresentados os débitos, créditos e saldos. As contas (patrimoniais e resultados) apresentadas no balancete no fim do exercício nem sempre representam os valores reais do patrimônio, nem as variações patrimoniais do exercício. Isso acontece porque os registros contábeis apresentados no balancete não acompanham a dinâmica patrimonial conforme ela acontece. Dessa forma, muitos dos elementos patrimoniais aumentam ou diminuem de valor sem que essas variações sejam registradas pela contabilidade. Sendo assim, surge a necessidade de se proceder o ajuste das contas patrimoniais e de resultados, na data do levantamento do balanço, para que elas representem, em realidade, os componentes do patrimônio nessa data, bem como suas variações no exercício da análise do balancete.

Na determinação da apuração do resultado do exercício, serão computados em obediência ao princípio da competência:

- as receitas e os rendimentos ganhos no período, independentemente de sua realização em moeda;
- os custos, as despesas, os encargos e as perdas, pagos ou incorridos, correspondentes a essas receitas e rendimentos.

Exemplo 2.3 • ITENS DE RECEITAS EM BALANÇO PATRIMONIAL NA CONSTRUÇÃO CIVIL

3 - Receitas

3.1 - RECEITAS

3.1.1 - OPERACIONAIS RECEITAS VENDAS

3.1.1.1 - Vendas de Terrenos

3.1.1.2 - Vendas de Loteamento

3.1.1.3 - Venda de Apartamentos

3.1.1.4 - Juros sobre venda de imóveis

3.1.1.5 - Aluguéis

3.1.2 - FINANCEIRA

3.1.2.1 - Aplicação Renda Fixa

3.1.2.2 - Resultado Positivo da Renda Variável (Mercado de Ações)

3.1.3 - PARTICIPAÇÕES SOCIETÁRIAS

3.1.3.1 - Distribuição de Lucro

A Tabela 2.1 apresenta os critérios de mensuração dos elementos constituintes do Balanço Patrimonial.

Tabela 2.1 • **Critérios de mensuração dos elementos do balanço patrimonial**

Elemento do balanço patrimonial	Critério de mensuração
Ativos circulantes	Valor realizável líquido (ativos monetários) ou valor de custo histórico ou de mercado
Investimentos	Valor de mercado
Propriedades, Instalações e Equipamentos	Valor contábil líquido (custo menos a depreciação acumulada)
Passivos circulantes	A quantidade de passivos originais ou a quantidade de dinheiro necessária para liquidar os passivos
Passivos não circulantes	Valor presente descontado de futuros pagamentos de juros e de capital
Capital social	Quantidade de capital aportado pelos proprietários
Lucros acumulados	Lucros acumulados menos todos os dividendos pagos

O balanço patrimonial evidencia tudo o que a empresa possui e tudo o que deve em determinado período, enquanto o fluxo de caixa mostra as entradas e saídas do caixa ao longo do tempo. O balanço patrimonial pode revelar, por exemplo, que a empresa está mal naquele momento, enquanto o fluxo de caixa pode indicar que ela vem tropeçando ao longo do tempo, embora já tenha estado pior.

O ideal é sempre manter atualizado o relatório do balanço patrimonial mês a mês, para, no final do ano, tornar a emissão anual menos trabalhosa. Lembrando que o BP não deve ser visto apenas como uma obrigação contábil, e sim com uma importantíssima ferramenta de gestão para a empresa medir sua evolução e basear a tomada de decisões. Com o balanço patrimonial, é possível:

- ter uma posição patrimonial da empresa e conhecer todos os bens, direitos e obrigações em determinado período;
- entender as fontes de recursos para os investimentos da empresa;
- observar a sua evolução histórica para o planejamento e ação futura;
- permitir e dar lastro ao pagamento de dividendos aos sócios da empresa;
- permitir o planejamento tributário da empresa;
- fornecer informações úteis para as partes interessadas, os chamados *stakeholders*.

2.4.3 DEMONSTRAÇÃO DO RESULTADO DO EXERCÍCIO

A Demonstração do Resultado do Exercício (DRE) é uma das obrigações mais importantes de qualquer empresa, independentemente de seu tamanho, porque fornece o lucro líquido (ou prejuízo líquido) de uma empresa em um período de tempo. Ela apresenta as receitas obtidas e despesas que ocorreram durante um determinado período específico.

A DRE é uma apresentação resumida das operações realizadas pela empresa durante o exercício social, com o objetivo de destacar o lucro líquido, ou o prejuízo líquido, do período. A DRE é uma representação do desempenho da empresa em um determinado período, demonstrando suas receitas e despesas, incluindo perdas e ganhos. Apesar de ser obrigatória, já foi um elemento contábil considerado de pouco valor pelas pequenas e médias empresas. Geralmente ela era feita uma vez por ano, apenas para atender às obrigações fiscais. Hoje, porém, a exemplo das grandes empresas, as pequenas e médias empresas procuram realizar a DRE mensalmente, com o objetivo de avaliar itens importantes como faturamento, custos e rentabilidade de suas operações.

Esse demonstrativo contábil tem um papel importante para a tomada de decisão dos gestores, por ter informações muito relevantes para a realização de um planejamento estratégico eficiente, servindo também para tomada de decisão de investidores. A DRE possibilita ter informações como: (a) quanto a empresa ganhou; ou (b) quanto a empresa gastou com determinada atividade.

A estrutura da DRE contém um resumo financeiro dos resultados operacionais e não operacionais da empresa em um período previamente estabelecido. Essa estrutura compreende os resultados bruto, operacional, não operacional e líquido do período.

Na estrutura da DRE, as informações estão contidas em cada uma de suas linhas. Na primeira linha, está a receita bruta de vendas e dela são deduzidas as devoluções de vendas, os abatimentos, os descontos comerciais cedidos e os impostos incidentes. Ao resultado das deduções dá-se o nome de *receita líquida de vendas*. A partir da receita líquida são deduzidos os custos das mercadorias comercializadas e/ou dos serviços prestados. O resultado dessas deduções é denominado *lucro bruto*. A partir do lucro bruto, são deduzidas todas as despesas operacionais, financeiras, operacionais, gerais e administrativas. O resultado final é o *lucro ou prejuízo operacional líquido*. A partir desse resultado, serão acrescentados, ou dele deduzidos, os resultados não operacionais, como as participações de debenturistas, empregados, administradores, partes beneficiárias etc., obtendo-se o Lucro Líquido do Exercício (LLE), que é o objetivo final da DRE. Por fim, com a provisão para o recolhimento do Imposto de Renda encerra o informativo proposto pela DRE.

O conhecimento do ponto de equilíbrio da empresa, que também pode ser chamado de *break even point*, fornece ao empreendedor a informação de quanto é preciso vender ou produzir para que o negócio dê lucros. Para o cálculo desse indicador, é necessário conhecer os custos variáveis da empresa e os seus custos fixos e despesas, que estão presentes no DRE.

2.4.4 DEMONSTRAÇÃO DOS LUCROS OU PREJUÍZOS ACUMULADOS

A Demonstração dos Lucros ou Prejuízos Acumulados (DLPA) evidencia as alterações ocorridas no saldo da conta de lucros ou prejuízos acumulados, no patrimônio líquido. Resume os ajustes feitos no patrimônio durante um período específico (mesmo período que a demonstração do resultado), incluindo mudanças no capital e lucros acumulados.

A DLPA deverá discriminar:

- O saldo do início do período e os ajustes de exercícios anteriores.
- As reversões de reservas e o lucro líquido do exercício.
- As transferências para reservas, os dividendos, a parcela dos lucros incorporada ao capital e o saldo ao fim do período.

A DLPA poderá ser incluída na Demonstração das Mutações do Patrimônio Líquido (DMPL), se elaborada e divulgada pela companhia, pois não inclui somente o movimento da conta de lucros ou prejuízos acumulados, mas também o de todas as demais contas do patrimônio líquido. O lucro retido na empresa pode ser usado de várias maneiras: aumentar o capital da empresa e/ou ser destinado a algum fim específico, como a criação de reservas.

2.4.5 DEMONSTRAÇÃO DOS FLUXOS DE CAIXA

O caixa é um item vital de uma entidade. Gerenciar o fluxo de caixa é essencial para a prosperidade e sobrevivência em longo prazo de qualquer entidade. A Demonstração dos Fluxos de Caixa (DFC) é a única das demonstrações financeiras que mostra o trajeto do dinheiro durante o período contábil. A DRE não lança nenhuma luz sobre o fluxo de caixa; de fato, ela pode ser enganosa quando consideramos o caixa. Um negócio pode obter lucro, conforme relatado na demonstração do resultado, mas ainda assim não ter caixa suficiente para cumprir as suas obrigações.

O principal propósito da DFC é fornecer informações sobre os recebimentos e pagamentos de uma organização. O segundo propósito é proporcionar ao usuário da demonstração financeira uma compreensão das atividades operacionais, de financiamento e de investimento da organização.

Demonstração do Fluxo de Caixa (DFC) indica quais foram as saídas e entradas de dinheiro no caixa durante o período e o resultado desse fluxo. Assim como a DRE, a DFC é uma demonstração dinâmica e deve ser incluída no balanço patrimonial. Mostra a quantidade de dinheiro recolhido e pago pela empresa durante um período específico (mesmo período que a Demonstração do Resultado e a Demonstração das Mutações do Patrimônio Líquido) para atividades operacionais, de investimento e de financiamento. Para as Pequenas e Médias Empresas (PMEs), a DFC também é de elaboração obrigatória.

Basicamente, o relatório de fluxo de caixa deve ser segmentado em três grandes áreas:

- **Atividades operacionais:** essas atividades são explicadas pelas receitas e gastos decorrentes da industrialização, comercialização ou prestação de serviços da empresa, são atividades que têm ligação com o capital circulante líquido da empresa.
- **Atividades de investimento:** essas atividades são os gastos efetuados no realizável a longo prazo, em investimentos, no imobilizado ou no intangível, bem como as entradas por venda dos ativos registrados nos referidos subgrupos de contas.
- **Atividades de financiamento:** essas atividades são os recursos obtidos do passivo não circulante e do patrimônio líquido. Devem ser incluídos aqui os empréstimos e financiamentos de curto prazo. As saídas correspondem à amortização dessas dívidas e os valores pagos aos acionistas a título de dividendos e distribuição de lucros.

2.4.6 DEMONSTRAÇÃO DO VALOR ADICIONADO

A Demonstração do Valor Adicionado (DVA) é o informe contábil que evidencia resumidamente os valores correspondentes para a formação da riqueza gerada pela empresa em determinado período e sua distribuição.

A riqueza gerada pela empresa é calculada a partir da diferença entre o valor de sua produção e o dos bens e serviços produzidos por terceiros utilizados no processo de produção da empresa.

O DVA demonstra a efetiva contribuição da empresa para a geração da riqueza da economia na qual está inserida, sendo resultado do esforço cooperativo de todos os seus fatores de produção.

2.4.7 NOTAS EXPLICATIVAS

As Notas Explicativas (NE) são as informações adicionais contidas no balanço contábil, elas descrevem itens que não se enquadram nos critérios de reconhecimento nas demonstrações contábeis.

As NE são necessárias e úteis para um melhor entendimento e análise das demonstrações contábeis, nos casos em que forem necessárias.

2.5 CONTABILIDADE DE CUSTOS E GERENCIAL

A contabilidade de custos refere-se hoje às atividades de coleta e fornecimento de informações para as necessidades de tomada de decisão de todos os títulos, desde as relacionadas com operações repetitivas até as de não repetitivas. Ela ajuda na formulação das principais das políticas das organizações. Essa contabilidade é uma atividade que se assemelha a um centro de processamento de informações que recebe ou obtém dados, acumula-os de forma organizada, analisa-os e interpreta-os, produzindo informações de custos para os diversos níveis gerenciais.

A contabilidade de custos apoia a contabilidade financeira e a contabilidade gerencial. Medir, analisar e relatar a informação de custo são ações necessárias para manter o controle dos valores do estoque e também permitir a gestão para uma boa tomada de decisão. A contabilidade gerencial e a de custos estão estritamente alinhadas. A contabilidade de custos é um subconjunto da contabilidade gerencial, sendo as outras a contabilidade financeira e a fiscal.

A contabilidade gerencial proporciona, através dos sistemas de informações, unidade nas decisões e agilidade nas ações, proporcionando aos empresários a oportunidade de obtenção de ganhos imediatos, maior eficiência acompanhada da redução de custos. A contabilidade gerencial pode ser caracterizada, superficialmente como um enfoque especial conferido as várias técnicas e procedimentos contábeis já conhecidos e já tratados pela contabilidade financeira, na contabilidade de custos, na análise financeira e de balanços etc., colocados em uma perspectiva diferente, em um grau de detalhe mais analítico ou em uma forma de apresentação e classificação diferenciada, de maneira a auxiliar os gerentes da entidade em seu processo decisório.

Uma ferramenta que ajuda a desvendar o comportamento de custos de uma empresa é a Margem de Contribuição (MC), que é o valor de cada venda que ajudará a cobrir os custos fixos e por fim gerar lucro. A margem de contribuição é diferente da margem bruta, receitas ou custos de vendas (Figura 2.6).

pattarawat\Shutterstock.com

Figura 2.6 • Cálculo da margem de contribuição é fundamental para o sucesso de um negócio.

A margem de contribuição representa em quanto o valor das vendas contribui para o pagamento das despesas fixas e também para gerar lucro. Ela é a diferença entre o valor da venda (preço de venda) e os valores dos custos e das despesas específicas dessas vendas, ou seja, valores também conhecidos por *custos variáveis* e *despesas variáveis* da venda (Equação 2.1).

MC = Valor das Vendas - (Custos Variáveis + Despesas Variáveis) **(Eq. 2.1)**

Exemplo 2.4 • CÁLCULO DE MARGEM DE CONTRIBUIÇÃO (MC)

A venda de um determinado produto tem as seguintes condições:

Valor de venda: R$ 10.000,00

Custo Variável: R$ 5.000,00

Despesa Variável: R$ 1.000,00

Despesa Fixa: R$ 3.000,00

Lucro: R$ 500,00

MC = R$ 10.000,00 - (R$ 5.000,00 + R$ 1.000,00) = R$ 4.000,00.

Isso quer dizer que esse produto está contribuindo com R$ 4.000,00 para pagar a despesa fixa R$ 3.000,00 e o lucro da empresa é R$ 500,00.

Esse tipo de análise contábil permite decidir quais bens e/ou serviços a empresa deve manter para aumentar sua lucratividade. Essa análise permite também identificar o Ponto de Equilíbrio (PE), que é o valor de venda bruta suficiente para pagar as despesas fixas, e não gerar lucro nem prejuízo.

O PE é o ponto de igualdade financeira entre as despesas e as receitas totais da empresa em um mesmo período. Através do PE é possível saber qual deve ser o faturamento mínimo mensal para cobrir os gastos fixos e variáveis. A partir da definição do PE, é possível saber qual será a quantidade de vendas a ser alcançada para obter lucro desejado.

Podem existir algumas variações no cálculo do PE, com a intenção de deixar esse indicador mais coerente com o objetivo das empresas. Os principais métodos de cálculo do PE são:

- **Método Contábil:** este é o método mais comum de cálculo do ponto de equilíbrio (ponto de equilíbrio contábil). Este método de cálculo considera que o resultado das receitas menos despesas devem ser zero.
- **Método Financeiro:** neste método de cálculo do ponto de equilíbrio (ponto de equilíbrio financeiro ou de caixa), de todas as receitas e despesas contabilizadas, são retiradas do cálculo todos os itens que não representam um desembolso ou entrada no caixa, assim o indicador fica compatível com o caixa da empresa. As principais despesas e receitas que são contabilizadas e que não representam uma saída ou uma entrada de caixa são: a depreciação, a amortização e a variação cambial.

- **Método Econômico:** este método de cálculo do ponto de equilíbrio (ponto de equilíbrio econômico) é considerado o melhor, pois, em economia, o equilíbrio dos mercados ocorre no ponto de equilíbrio econômico, porque os rendimentos da atividade produtiva tendem a se igualar em mercados concorrenciais aos rendimentos no mercado financeiro. Assim, é possível verificar como está a empresa, mesmo que ela apresente um lucro contábil. No ponto de equilíbrio econômico, é considerado o custo de oportunidade do dinheiro aplicado. Dessa maneira é possível conhecer o lucro mínimo aceitável pelo empreendedor.

Para a análise do ponto de equilíbrio é fundamental que se tenha o controle financeiro da empresa, isto é, a contabilidade atualizada.

Para o cálculo do PE, as principais informações contábeis são:

- **Preços e quantidades dos produtos comercializados:** é necessário que se tenha uma projeção das receitas futuras. Essa projeção pode ser realizada a partir do histórico das receitas de períodos anteriores. As receitas são resultados dos preços de cada produto multiplicados pela quantidade de produtos vendidos. Por isso, para conhecer a composição da receita, deve-se identificar os preços praticados e as quantidades vendidas.
- **Identificação dos custos variáveis e dos custos e despesas fixas:** deve-se separar todos os custos variáveis, que são aqueles custos diretamente empregados para produzir um produto (bem e/ou serviço). Os custos variáveis são alterados conforme a quantidade produzida ou vendida, ou seja, quanto mais elevadas as vendas/produção, mais elevados são os gastos. É um erro determinar o PE financeiro considerando como despesas apenas os custos diretos de produção ou da prestação de serviço (empregados, insumos, matéria prima, impostos etc.). É necessário identificar quais são os preços a serem praticados, a fim de se obter rentabilidade. Com as informações de vendas e de custos variáveis, tem-se a margem de contribuição, ou seja, os recursos que são disponibilizados para o pagamento dos custos e despesas fixas e para o lucro. Finalmente, deve-se separar os custos e as despesas fixas, que são os valores que não variam com as vendas. Esses valores fixos são relacionados a uma capacidade de produção. Por isso, é importante identificar qual o volume máximo de produção, a partir do qual as despesas fixas irão aumentar.

Para o Ponto de Equilíbrio Contábil (PEC), deve-se utilizar a Equação 2.2.

$$PEC = \frac{(\text{Gastos e despesas})}{(\text{Margem de contribuição})} \quad \textbf{(Eq. 2.2)}$$

Exemplo 2.5 • CÁLCULO DE PONTO DE EQUILÍBRIO PELO MÉTODO CONTÁBIL (PEC)

Para calcular o ponto de equilíbrio de em empreendimento pelo Método Contábil, a sequência é:

1. Separar os custos fixos e despesas dos custos variáveis.
2. Dividir o custo variável total pela receita total das vendas.
3. Subtrair 1 do resultado do passo anterior.
4. Dividir o resultado do passo 3 pelo valor total dos custos fixos e despesas.

O resultado do passo 4 será o Indicador de Equilíbrio.

Exemplo

Para um produto tem-se os seguintes valores:

Total do Custo Fixo e Despesas Fixas: R$ 1.000,00

Total do Custo Variável: R$ 3.000,00

Total das Vendas: R$ 6.000,00

Solução

MC = Valor das Vendas - (Custos Variáveis + Despesas Variáveis)

MC = R$ 6.000,00 - (R$ 3.000,00) = R$ 3.000,00

PEC = R$ 1.000,00/ R$ 3.000,00 = 1/3 produtos

Faturamento Mínimo = (1/3) x R$ 6.000,00 = R$ 2.000,00

Ou, é possível obter o mesmo resultado fazendo:

Percentual do Custo Variável: R$ 3.000,00 / R$ 6.000,00 = 0,50

1 - 0,50 = 0,50

PE Contábil = Custos e Despesas Fixas / Margem de Contribuição

PE Contábil = R$ 1.000,00 / 0,50 = R$ 2.000,00

Isso significa que, para esse exemplo, seria necessário vender, no mínimo, 2 mil reais para que a empresa ficasse no "zero a zero", isto é, em seu PE. Porém, como o objetivo da empresa não é esse, ela precisa vender acima desse valor para lucrar! O PE, portanto, não funciona como um objetivo a ser atingido, mas sim como um parâmetro para que a empresa saiba de onde ela deve partir para obter lucro, e jamais prejuízo.

Para o Ponto de Equilíbrio Financeiro (PEF), deve-se utilizar a Equação 2.3.

$$PEF = \frac{(\text{Custo e despesas fixas} - \text{Despesas não desembolsáveis})}{\text{Margem de contribuição}} \quad \textbf{(Eq. 2.3)}$$

Para o Ponto de Equilíbrio Econômico (PEE), deve-se utilizar a Equação 2.4.

$$PEE = \frac{(\text{Custo e despesas fixas} + \text{Lucro mínimo ou Custo de oportunidade})}{\text{Margem de contribuição}} \quad \textbf{(Eq. 2.4)}$$

2.6 ANÁLISE DE DEMONSTRAÇÕES FINANCEIRAS

A análise de demonstrações financeiras pode ser realizada por meio de indicadores financeiros, pela interpretação desses indicadores e pela utilização de outras técnicas, como análise horizontal (comparação em diferentes períodos de tempo) e demonstrações financeiras de dimensões comuns (dentro de um único período contábil).

As demonstrações financeiras são apresentações que visam informar sobre a situação das finanças de uma empresa. As organizações fazem esses relatórios contábeis que, além de ajudarem a organizar o orçamento, auxiliam nas tomadas de decisão de gestão. Com base nelas, é possível realizar a apuração dos impostos, controlar o fluxo de caixa, realizar melhores investimentos e conseguir gerenciar melhor todos os aspectos do negócio.

As demonstrações financeiras são a matéria-prima da análise financeira. A rentabilidade, liquidez, endividamento e eficiência/eficácia podem ser revelados pela análise de indicadores. Esse processo de obter informações sobre as demonstrações contábeis tem o objetivo de avaliar a situação da empresa em todos os seus aspectos econômicos. Assim, a partir dela, é possível avaliar as decisões que foram tomadas pelos administradores na empresa e detectar os pontos fortes e fracos do processo operacional da companhia. Com isso, é possível propor alternativas futuras para os gestores, fornecendo subsídios para o planejamento financeiro e a controladoria.

2.6.1 ÍNDICES DE LIQUIDEZ

Esses índices contábeis possibilitam a identificação da situação financeira das empresas, ou seja, possibilitam verificar a capacidade de empresas pagarem suas dívidas. Os índices de liquidez podem ser:

- **Liquidez Corrente (LC):** esse índice identifica quanto uma empresa possui em dinheiro e bens disponíveis, ou seja, indica quanto ela possui para pagar dívidas no curto prazo (próximo exercício). Quanto maior for o LC, maior será a capacidade da empresa em pagar todas as suas dívidas. A análise desse índice isoladamente não permite afirmar se a liquidez corrente é boa ou ruim, porque tudo depende dos processos da empresa e do tipo de atividade exercida por ela (Equação 2.5).

$$LC = AC / PC \quad \textbf{(Eq. 2.5)}$$

Em que: LC: liquidez corrente.
AC: ativo circulante.
PC: passivo circulante.

- **Liquidez Seca (LS):** esse índice aponta quanto a empresa consegue pagar das suas dívidas desconsiderando seus estoques, porque esses podem ser obsoletos, não condizentes com a realidade dos saldos apresentados no balanço. Nesse caso, a conta estoque é retirada do ativo circulante. Quanto maior for a LS, maior será a capacidade da empresa em pagar todas as suas dívidas (Equação 2.6).

$$LS = (AC - Est) / PC \quad \textbf{(Eq. 2.6)}$$

Em que: LS: liquidez seca.
AC: ativo circulante.
Est: estoques.
PC: passivo circulante.

- **Liquidez Imediata (LI):** esse índice indica, em determinado momento, a capacidade da empresa de pagamento de suas dívidas de forma imediata. Isso é, quanto a empresa consegue pagar das suas dívidas, com o que possui em disponibilidades (caixa, bancos e aplicações financeiras de liquidez imediata) (Equação 2.7).

$$LI = Disponibilidades / PC \quad \textbf{(Eq. 2.7)}$$

Em que: LI: liquidez imediata.
PC: passivo circulante.

- **Liquidez Geral (LG)**: esse índice apresenta quanto a empresa possui em dinheiro, bens e direitos realizáveis a curto e longo prazos para pagar todas as suas dívidas (passivo exigível), caso a empresa fosse encerrar suas atividades naquele momento. Quanto maior for a LG, maior será a capacidade da empresa em pagar todas as suas dívidas (Equação 2.8).

$$LG = (AC + ANC) / (PC + PNC) \quad \textbf{(Eq. 2.8)}$$

Em que: LG: liquidez geral.
AC: ativo circulante.
ANC: ativo não circulante.
PC: passivo circulante.
PNC: passivo não circulante.

2.6.2 ÍNDICES DE ENDIVIDAMENTO

Esses índices apresentam as fontes de capitação de fundos, indicam o grau de endividamento das empresas, apresentando a posição do capital próprio (Patrimônio Líquido - PL). Estão relacionados às decisões estratégicas da empresa, envolvidos nas decisões financeiras de investimentos, financiamentos e na distribuição de dividendos. Os índices de endividamento podem ser:

- **Participação de Capitais de Terceiros (PCT):** esse índice apresenta o percentual de capital de terceiros em relação ao patrimônio líquido, mostrando a dependência da empresa em relação aos recursos externos. A análise desse índice isoladamente, cujo objetivo é o de avaliar o risco da empresa, indica que quanto maior for o PCT, pior está a empresa, porque maior é a sua dependência de recursos externos.

Entretanto, em alguns casos, para as empresas, o endividamento possa trazer meios de alcançar a competitividade no setor em que elas atuam, obtendo assim melhores ganhos através do aumento do faturamento (Equação 2.9).

PCT = PL / (PC + PNC) **(Eq. 2.9)**

Em que: PCT: participação de capitais de terceiros.

PL: patrimônio líquido.

PC: passivo circulante.

PNC: passivo não circulante.

- **Composição do Endividamento (CE)**: esse índice apresenta quanto da dívida total da empresa deve ser paga a curto prazo, ou seja, indica as obrigações da empresa a curto prazo comparadas com as obrigações totais. A análise desse índice isoladamente indica que quanto maior for o CE, pior está a empresa, porque se a dívida é muito elevada, e se está concentrada no curto prazo, a situação é extremamente grave, porque há uma forte pressão sobre a empresa para a liquidação de seus débitos de curto prazo (Equação 2.10).

CE = PC / (PC + PNC) **(Eq. 2.10)**

Em que: CE: composição do endividamento.

PC: passivo circulante.

PNC: passivo não circulante.

- **Imobilização do Patrimônio Líquido (IPL):** esse índice apresenta quanto do patrimônio líquido da empresa está aplicado no ativo permanente. Assim, esse índice mostra o quanto do ativo permanente da empresa é financiado pelo seu patrimônio líquido, apresentando dessa forma a maior ou menor dependência da empresa de recursos de terceiros para manutenção de seus negócios (Equação 2.11).

IPL = AP / PL **(Eq. 2.11)**

Em que: AP: ativo permanente.

PL: patrimônio líquido.

2.6.3 ÍNDICES DE RENTABILIDADE

Esses índices medem a lucratividade das empresas. Geralmente, o lucro é o objetivo principal dos empresários, é uma das maneiras de se avaliar um empreendimento. A avaliação do retorno financeiro tem como objetivo evidenciar a rentabilidade do negócio sobre o capital investido, verificando se a empresa está obtendo sucesso econômico. Os índices de rentabilidade podem ser:

- **Retorno sobre Investimento (ROI - Return on Investment):** esse índice é também conhecido como taxa de retorno. Ele indica o lucro que a empresa obtém em relação aos investimentos realizados. É a relação entre a quantidade de dinheiro investido em uma empresa e a quantidade de dinheiro ganho com o investimento. O ROI determina o retorno lucrativo ou não que uma determinada empresa pode gerar (Equação 2.12).

ROI = LL / (AC + ANC) **(Eq. 2.12)**

Em que: ROI: retorno sobre investimento.
LL: lucro líquido.
AC: ativo circulante.
ANC: ativo não circulante.

- **Retorno sobre o Patrimônio (ROE - Return on Equity):** esse índice mede quanto de lucro uma empresa gera em relação aos investimentos dos acionistas ou proprietários da empresa. Apresenta a capacidade de rentabilidade de uma empresa pelo risco do negócio. A análise desse índice isoladamente indica que quanto maior for o ROE, melhor será o retorno financeiro (Equação 2.13).

ROE = LL / PL **(Eq. 2.13)**

Em que: ROE: retorno sobre o patrimônio líquido.
LL: lucro líquido.
PL: patrimônio líquido.

2.6.4 ÍNDICES DE GESTÃO DE ATIVOS

Esses índices medem a eficiência da empresa na gestão de ativos. Eles estão associados a vários fatores, como o setor de atividade da empresa, o capital investido e a sazonalidade dos produtos. Se uma empresa possuir investimentos excessivos em ativos, por exemplo, seu capital operacional será desnecessariamente alto, o que reduziria seu fluxo de caixa livre. Entretanto, uma empresa que não possui ativos suficientes poderá ter suas vendas reduzidas, prejudicando a rentabilidade, o fluxo de caixa livre e o preço de suas ações. Dentre os índices de gestão de ativos, tem-se:

- **Índice de giro de estoque (IGE):** esse índice apresenta o desempenho do estoque e sua qualidade (Equação 2.14).

IGE = RECEITA / ESTOQUES **(Eq. 2.14)**

O IGE representa a quantidade de vezes que cada um dos itens do estoque foi renovado em certo período. Por exemplo, se o IGE for 3, significa que o estoque foi vendido e reabastecido 3 vezes por ano. O IGE da empresa deverá ser comparado com a média do setor. Altos níveis de estoques somados ao capital de giro operacional líquido reduzem o fluxo de caixa livre. Baixos valores de IGE podem significar a retenção de mercadorias pela empresa, a qual talvez não valha o valor declarado. O IGE deve ser analisado pela média dos estoques, tendo em vista que existem empresas que apresentam sazonalidade, ou seja, vendas mais altas em determinados períodos do ano - é o caso de produtos de datas específicas como Natal, Páscoa e Dia das Crianças, por exemplo. Para isso, deve-se somar os valores mensais de estoques e dividir por 12.

A utilização de estoques requer muito espaço nas obras de construção civil, condição a ser minimizada ao máximo (Figura 2.7).

Figura 2.7 • **Grandes empreendimentos podem requerer grandes estoques.**

- **Prazo de recebimento médio de vendas (PRMV):** esse índice, também conhecido como período médio de cobrança, é usado para avaliar contas a receber. Ele indica o tempo médio que a empresa deve aguardar depois de realizar uma venda e antes de receber o pagamento, esse é o período médio de cobrança. Indica ainda quantos dias, em média, a empresa leva para receber suas vendas a prazo (Equação 2.15).

PRMV = RECEBÍVEIS / (RECEITAS ANUAIS/365) **(Eq. 2.15)**

Se o PRMV for 40, por exemplo, essa empresa demora, em média, 40 dias para receber suas vendas a prazo. A empresa demorar mais ou menos dias para receber os pagamentos de suas vendas a prazo pode ser consequência de fatores como: o ramo do negócio, a eficiência do período de cobrança, a situação financeira dos clientes ou a economia como um todo. É claro que quanto menor for esse prazo, melhor para a empresa. O resultado desse índice deve ser comparado com outras empresas do setor. Por exemplo, caso a empresa tenha resultado menor que outras empresas do setor, isto é, se o prazo médio de recebimento das vendas for mais baixo que seus concorrentes, a empresa pode ter uma vantagem competitiva perante outras do mesmo setor.

- **Índice de giro de ativos fixos (ou imobilizados) (IGAF):** esse índice avalia a eficiência da empresa em relação ao uso de seu imobilizado. Ele indica como a empresa está usando seus ativos fixos, ou seja, suas máquinas e equipamentos (Equação 2.16).

IGAF = RECEITAS / ATIVOS IMOBILIZADO **(Eq. 2.16)**

O IGAF indica quanto a empresa vendeu para cada \$ 1,00 de investimento total. Quanto maior o IGAF, melhor, porque indica que a empresa é eficiente em usar seus ativos permanentes para gerar receita.

- **Índice de giro do total de ativos (IGTA):** esse índice avalia a eficiência com a qual a empresa utiliza todos seus ativos para gerar receitas, apresentando o faturamento da empresa em comparação com o crescimento do ativo (Equação 2.17).

IGTA = RECEITA / TOTAL DO ATIVO **(Eq. 2.17)**

Quanto maior for o IGTA, melhor, porque indica a boa utilização do total de seus ativos, o que traz maior retorno sobre o capital investido. Se a empresa apresentar um IGTA alto, ou maior do que a média do setor, significará que gerou um volume suficiente de negócios, dado seu investimento total em ativos. O IGTA indica se as operações, e suas receitas, foram ou não financeiramente eficientes. Se a empresa apresentar um IGTA baixo, terá que aumentar suas vendas e vender alguns ativos.

- **Índice de giro de contas a receber (IGCR):** esse índice apresenta quantas vezes que contas a receber passou pelo caixa da empresa durante o ano, ou seja, quantas vezes a empresa gira suas contas a receber em função das vendas (Equação 2.18).

  IGCR = VENDAS LÍQUIDAS / CONTAS A RECEBER MÉDIO **(Eq. 2.18)**

  Quanto maior for o IGCR, melhor para a empresa. IGCR muito altos podem indicar uma política de crédito deficiente no mercado.

- **Índice de prazo médio de estoque (IPME):** esse índice apresenta quantos dias, em média, os produtos ficaram armazenados no estoque antes de serem vendidos. Todo estoque é consequência da aplicação de recursos, girar o estoque significa vender as mercadorias, e isso gera receitas (Equação 2.19).

  IPME = (ESTOQUE MÉDIO × 360) / CUSTO DAS VENDAS **(Eq. 2.19)**

  O resultado do IPME indica quantos dias, em média, a empresa demorou a renovar seu estoque. Por exemplo, os hipermercados têm giro de estoque muito alto e as concessionárias de carros de luxo têm baixo giro de estoque. Esse índice deve ser comparado com índices de outras empresas do mesmo setor, para que se saiba se a empresa está mantendo níveis adequados de estoque.

- **Índice de prazo médio de pagamento (IPMP):** esse índice compreende a relação entre as contas a pagar e as vendas médias diárias. Ele indica quantos dias, em média, os recursos de curto prazo ficaram alocados no campo de contas a pagar, ou seja, quantos dias a empresa usa recursos dos fornecedores para se financiar (Equação 2.20).

  IPMP = (FORNECEDORES × 360) / COMPRAS **(Eq. 2.20)**

Para uma empresa, quanto maior o IPMP melhor, pois isso pode indicar a quantidade de dias médio que a empresa demora a pagar seus fornecedores.

SÍNTESE

A Contabilidade e os departamentos que interagem com ela são fundamentais para a obtenção de informações e relatórios que agilizam a tomada de decisões, como o fluxo de caixa, o sistema contábil.

Auditorias contábeis são importantes principalmente para empresas que possuem ações em bolsas de valores e desejam demonstrar transparência e boa gestão perante seus clientes e acionistas, nesse sentido foi estudado o plano de contas, a contabilidade de custos e gerencial, bem como a análise de demonstrações financeiras.

CAPÍTULO

3 MODALIDADES DE CONTRATAÇÃO DE OBRAS E SERVIÇOS DE CONSTRUÇÃO CIVIL

INTRODUÇÃO

Este capítulo tem por objetivo elencar e conceituar elementos básicos pertinentes a contratos de obras, seus tipos e influência desses na gestão de obras na indústria da construção civil. Detalha os principais tipos de contratos para obras privadas e públicas, usando uma linguagem bastante simples e didática, procurando mostrar ao leitor como essas máquinas interagem com o ser humano e podem melhorar a qualidade de vida da sociedade de modo geral.

As informações apresentadas são a base necessária para que se entenda de forma gradual as demais definições e metodologias.

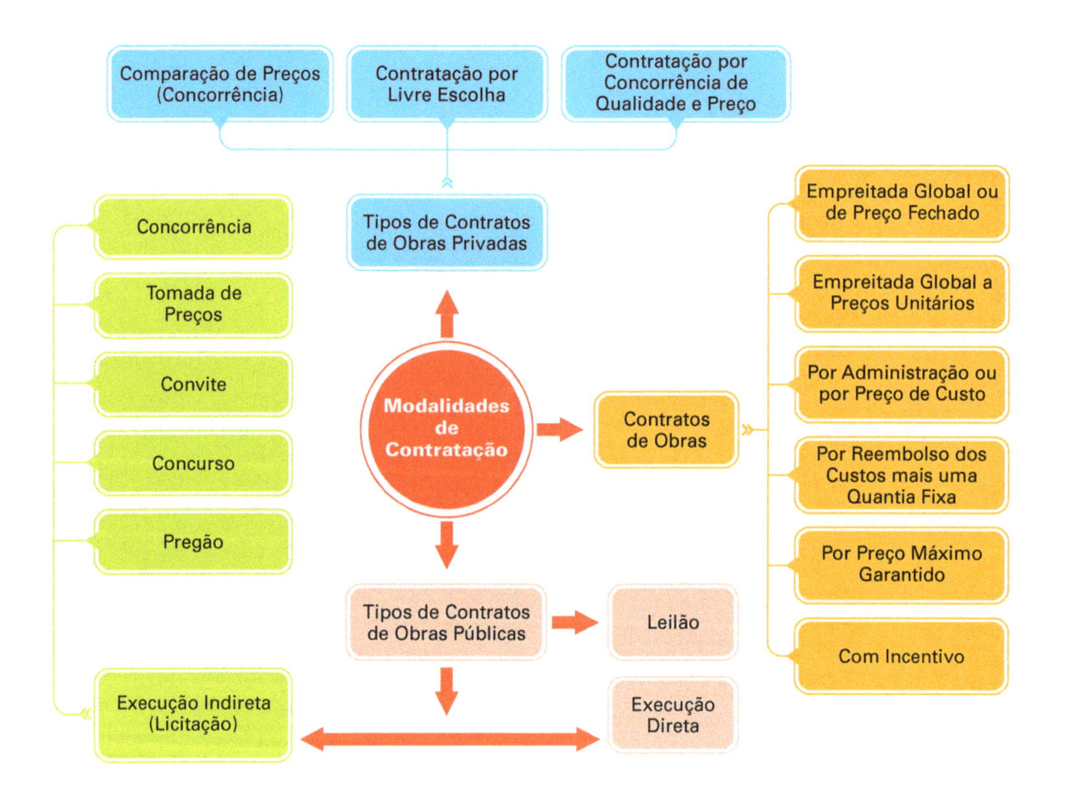

3.1 CONTRATOS DE OBRAS

A construção, ampliação, ou reforma de um empreendimento é uma prestação de serviço composta por atividades que são realizadas pelos construtores. Essa prestação de serviços é realizada a partir de contratos feitos com empresas incorporadoras ou com o proprietário do lote onde será realizada a obra.

Os contratos devem ser elaborados conforme a finalidade do acordo entre as partes envolvidas - contratante (incorporadores ou proprietários do lote) e contratado (construtores) - e devem apresentar no documento:

- **As partes envolvidas no contrato:** caracterização do contratante (nome, endereço e CNPJ, para pessoas jurídicas, ou CPF, para pessoas físicas) e do contratado (nome, endereço e CNPJ ou CPF).
- **O objetivo do contrato:** o que será feito e como será feito pela contratada.
- **As obrigações dos envolvidos:** quais são as obrigações da contratada e da contratante para a realização do contrato.
- **A descrição dos serviços:** explicação detalhada do objetivo do contrato.
- **Os prazos de entrega dos serviços:** determinação dos prazos de entrega dos serviços descritos.
- **A remuneração do contratado:** quanto, quando e como será realizada a remuneração do contratado.
- **As garantias do serviço:** indicação das garantias de serviço realizado pelo contratado.
- **As formas de cancelamento do contrato:** apresentação de itens que podem conduzir ao rompimento do contrato.
- **O fórum e legislação aplicável para disputas judiciais:** indicação do local em que será arbitrado o rompimento do contrato.

Os contratos influenciam diretamente a gestão das obras, existem aqueles que estimulam o aumento da produtividade da construtora, outros que estimulam a busca de soluções inovadoras e ainda os que estimulam a redução global de custos.

A escolha do tipo de contrato a ser realizado depende de fatores importantes como precisão dos desenhos e dos memorias descritivos e executivos, da rigidez dos prazos de construção, da disponibilidade de recursos financeiros e da qualidade da fiscalização da obra.

O momento de assinatura do contrato é fundamental, pois é quando todos os itens devem ser lidos atentamente e discutidos em caso de dúvida (Figura 3.1).

Figura 3.1 • **Contratos de prestação de serviço entre as partes interessadas é fundamental, mesmo para serviços profissionais de pequeno valor.**

Os tipos de contratos mais comuns em obras são (Figura 3.2):

- contrato por empreitada global ou contrato de preço fechado (*lump sum price*);
- contrato por empreitada global a preços unitários;
- contrato por administração ou contrato por preço de custo (*cost plus a percentual fee*);
- contrato por reembolso dos custos mais uma quantia fixa (*cost plus a percentual fee*);
- contrato por preço máximo garantido;
- contrato com incentivo.

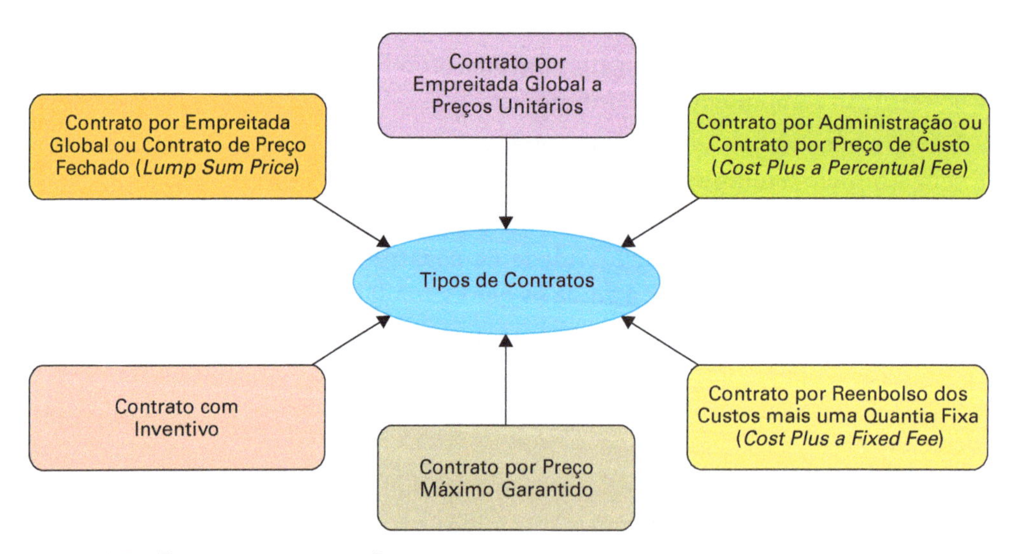

Figura 3.2 • **Tipos mais comuns de contratos.**

3.1.1 CONTRATO POR EMPREITADA GLOBAL OU DE PREÇO FECHADO (*LUMP SUM PRICE*)

Neste modelo, o contratado (construtora) assume o valor total da obra, independentemente das quantidades e dos preços unitários envolvidos nos serviços. Se o valor previsto para a execução de um serviço, ou para a obra toda, for ultrapassado, a construtora se responsabilizará pelos custos excedentes, mesmo que a razão do aumento do valor seja proveniente, por exemplo, do aumento de preço dos insumos - materiais, mão de obra, energia elétrica, água etc. Essa modalidade de contrato é comum para construções junto ao serviço público.

A escolha dessa modalidade de contrato parte do princípio de que a totalidade dos serviços envolvidos na execução da obra é plenamente conhecida. Para isso, deve ser feita uma análise criteriosa dos documentos executivos dessa - desenhos, memoriais descritivos e executivos, cronogramas e fluxogramas -, bem como quantificar e precificar os serviços com bastante precisão.

Para um contrato de orçamento fechado, ou preço fechado, devem ser observados:

- nível de detalhamento dos projetos e suas especificações;
- comportamento de preços dos insumos no mercado;
- possíveis alterações de projeto durante a execução da obra;
- viabilidade econômica do empreendimento.

Tem-se como vantagens para essa modalidade de contrato os seguintes exemplos:

- A maior precisão do preço final do serviço (preço originalmente contratado).
- O incentivo para a antecipação dos prazos.
- A simulação para fixação dos preços de venda é mais transparente.

Como desvantagens, tem-se de exemplos:

- As possíveis alterações de contrato causadas por situações não previstas em projeto.
- Os atrasos causados pela falta de domínio do escopo (conjunto de serviços a realizar) e seus prazos.
- As contingências (problemas e atividades não previstas) que podem aumentar o orçamento original.

OBSERVAÇÃO

Por vários motivos, uma obra deve terminar no prazo estipulado pelo contrato. Dentre essas razões, estão o pagamento de juros bancários e as multas contratuais.

3.1.2 CONTRATO POR EMPREITADA GLOBAL A PREÇOS UNITÁRIOS

Essa modalidade de contrato não é muito comum. Nela, o contratado (construtora) assume os preços unitários, bem como suas eventuais variações. É uma modalidade aplicável quando se define a qualidade e o tipo do serviço, mas a sua quantidade não é precisa; a quantidade de serviço será verificada durante as medições da obra.

Como vantagem dessa modalidade, por exemplo, está a fácil quantificação dos serviços, pois ela é realizada através de medições realizadas durante suas execuções.

Como desvantagens, tem-se a necessária realização de rígido controle das horas trabalhadas pelos operários em cada serviço, bem como as situações de renegociação de contrato, no caso de mudanças nas taxas dos encargos sociais dos operários.

3.1.3 CONTRATO POR ADMINISTRAÇÃO OU CONTRATO POR PREÇO DE CUSTO *(COST PLUS A PERCENTUAL FEE)*

O contratante (construtor) recebe uma porcentagem dos gastos que foram efetivamente realizados na execução da obra. Como os preços e as quantidades são variáveis, se houver economia nesses, o contratante (incorporador ou proprietário do lote) é beneficiado.

Como vantagem dessa modalidade de contrato, por exemplo, tem-se a de permitir o início dos serviços sem que haja a completa definição do escopo (conjunto dos serviços a realizar). Essa modalidade é indicada para contratos do tipo "guarda-chuva" (contratos amplos, sem objetivos definidos que servem de base para subcontratos específicos), onde as decisões têm de ser rápidas e diárias.

Como desvantagens, tem-se a de não se assegurar ao contratante (incorporador ou proprietário do lote) domínio sobre o preço total da obra, bem como não apresenta incentivo para o contratado (construtora) diminuir os preços e consumos na obra.

3.1.4 CONTRATO POR REEMBOLSO DOS CUSTOS MAIS UMA QUANTIA FIXA *(COST PLUS A PERCENTUAL FEE)*

Esta modalidade de contrato é, geralmente, utilizada quando não há definição completa do escopo (conjunto dos serviços a realizar) da obra. A remuneração da contratada (construtora) é formada por pagamento da parte reembolsável (custos diretos) mais pagamento de uma quantia fixa para a execução da obra.

Entre as vantagens dessa modalidade de contrato, por exemplo, está o estímulo para a redução dos prazos de execução, pois o contratado receberá uma quantia fixa para a execução da obra e o favorecimento da contratação de fornecedores comprometidos com sistemas racionalizados e econômicos.

Como desvantagem, tem-se a possível redução da qualidade dos serviços para que o construtor possa terminar rapidamente a obra.

3.1.5 CONTRATO POR PREÇO MÁXIMO GARANTIDO

Aqui o contratado (construtora) apresenta uma proposta que será utilizada como PMG (Preço Máximo Garantido). Caso ocorra uma superação do PMG, o contratado assume a diferença; havendo redução do PMG, as partes compartilham o resultado. Dessa maneira, o contratante (incorporadora ou o proprietário do lote) busca assegurar um incentivo ao maior comprometimento da contratada (construtora) com a execução da obra, com estímulo ao desenvolvimento de soluções técnicas e metodologias que propiciem ganhos de produtividade e redução de custos.

Assim, essa modalidade demanda uma estreita cooperação entre o contratante (construtora ou proprietário do lote) e o contratado (construtora), bem como a precisão no orçamento da obra. Quanto menos detalhados forem os projetos executivos no momento da contratação por PMG, maiores serão os valores pagos aos terceirizados, por conta da menor previsibilidade dos riscos embutidos.

Essa modalidade de contrato é similar a um contrato em regime de administração, isto é, os custos dos fornecedores da obra e, na maioria dos casos, da própria empresa construtora são pagos diretamente pelo contratante (incorporadora ou proprietário do lote), ou então reembolsados à contratada (construtora).

Como vantagem dessa modalidade, por exemplo, está a definição precisa do custo total máximo do projeto para o contratante.

3.1.6 CONTRATO COM INCENTIVO

Tem-se uma variante do contrato por preço máximo garantido. Nessa modalidade, se a contratada (construtora) não atingir o teto de homens-hora (valor máximo previsto de consumo de homens-hora), receberá como prêmio uma parcela da economia proporcional ao volume de homens-hora não consumidos. Se o teto for ultrapassado, o prejuízo é partilhado com o cliente até um certo limite do contrato da obra.

Como vantagem dessa modalidade de contrato, por exemplo, para o contratante (incorporadora ou proprietário do lote), está o favorecimento do término dos serviços de forma mais rápida e a custos mais baixos, por meio de soluções de engenharia especialmente desenvolvidas para a obra em execução.

Como desvantagem, é necessário que o cálculo dos custos envolvidos seja muito detalhado e que seja realizado um forte controle na produtividade da mão de obra na execução dos serviços da obra.

LEMBRE-SE!

O momento da negociação do contrato entre contratante e contratada é muito importante e dele pode depender o sucesso da execução do empreendimento. É nesse momento que ambas as partes devem acertar seus direitos e deveres para a realização desse.

3.2 TIPOS DE CONTRATO DE OBRAS PRIVADAS

Em obras privadas, o contratante realiza as contratações de forma livre, isto é, de acordo com seus critérios pessoais, interesses, conveniências e/ou necessidades. Para esses contratos, não existe legislação que obrigue o contratante a adotar procedimentos específicos. Sendo assim, o contratante tem ampla liberdade e pode adotar a informalidade na negociação, seleção e contratação dos serviços.

Nessas obras, as contratações podem ser (Figura 3.3):

- **Contratação por comparação de preços (concorrência):** neste modelo, existe no mercado um conjunto de construtores que pode estar interessado na execução da obra, igualmente habilitados e capacitados para executá-la, com o mesmo padrão de qualidade. Dentre as possíveis empresas interessadas, o contratante identifica, segundo seus critérios, as empresas construtoras que ele considera aptas para execução da obra, e depois as consultam quanto aos seus interesses em participar da concorrência. Ganhará a concorrência o construtor que fornecer o menor preço para a execução da obra. Esse procedimento é muito utilizado em obras comuns e tradicionais quase sem inovações tecnológicas ou sofisticação de acabamentos.
- **Contratação por livre eleição (livre escolha):** neste modelo, há um construtor que já é conhecido pelo contratante, ou após pesquisa e coleta de informações, o contratante acredita que identificou o construtor que é apto para a construção no padrão de qualidade desejado a um preço também compatível com sua expectativa. Assim, na livre escolha, não haverá concorrência entre construtores. O que ocorre é uma simples negociação para ajustes da proposta do construtor, para que se obtenham condições que satisfaçam ambas as partes. Nessa contratação, o item mais importante para o contratante é a qualidade da obra e a reconhecida confiabilidade do contratado.
- **Contratação por concorrência de qualidade e preço:** este modelo de contratação geralmente ocorre em obras com características diferenciadas de tecnologia e/ou acabamento. O contratante faz a seleção dos construtores concorrentes, identifica seus padrões de qualidade, tendo como referência algumas das obras por eles já executadas ou em execução, ou mesmo a partir de informações de antigos clientes dos construtores.

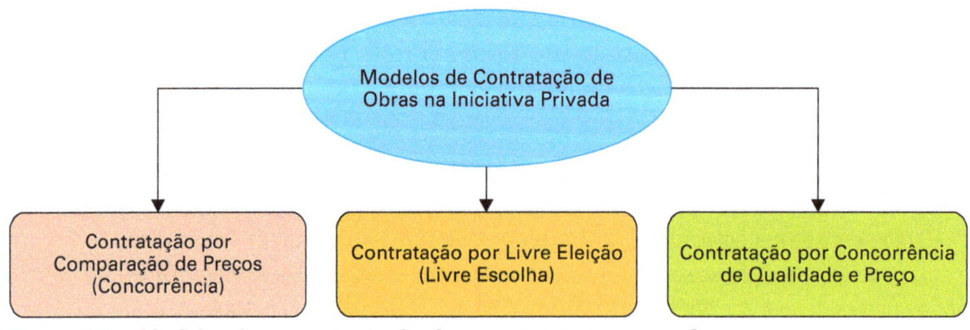

Figura 3.3 • **Modelos de contratação de obras na iniciativa privada.**

Quando a contratação levar em conta a qualidade dos materiais e serviços, é importante observar as normas técnicas da Associação Brasileira de Normas Técnicas (ABNT) que são aplicáveis.

3.3 TIPOS DE CONTRATO DE OBRAS PÚBLICAS

As obras públicas são aquelas em que o contratante é um órgão do poder público (federal, estadual, municipal ou do distrito federal). Conceitualmente, é toda construção, reforma, fabricação, recuperação ou ampliação de bem público (Lei das Licitações – Lei nº 8.666/93, art. 6º, inciso I).

Ela pode ser executada diretamente pelo órgão público, por intermédio de seu setor de construção, ou ser executada indiretamente, na contratação de terceiros (Figura 3.4).

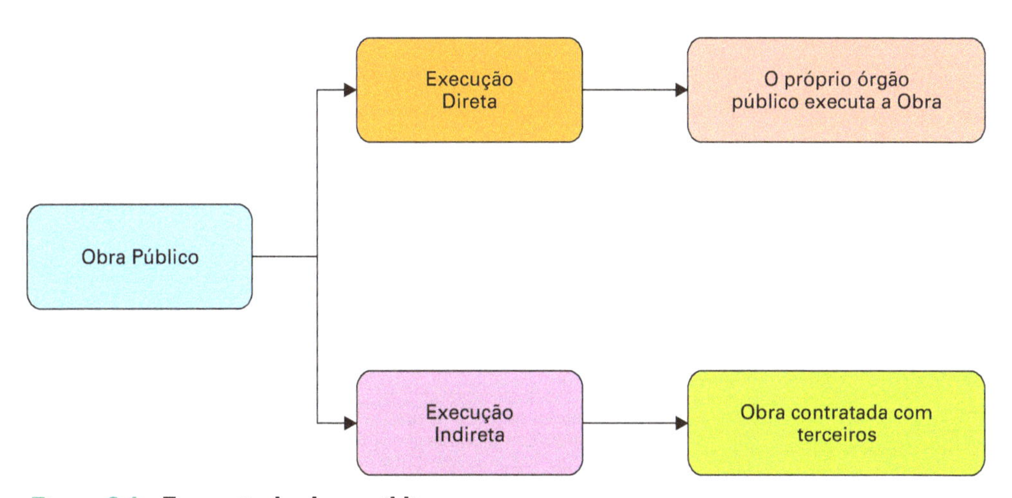

Figura 3.4 • Execução de obras públicas.

A obra pública é considerada uma ação de interesse da população, de onde são provenientes os recursos financeiros a serem empregados. As contratações podem somente ser feitas por meio de um processo de Licitação (Lei das Licitações – Lei nº 8.666/93).

Licitação é um procedimento administrativo pelo qual a Administração Pública é obrigada a submeter todo ato de contratação de serviços de naturezas diversas, aquisição (compra) de bens e/ou materiais e alienação (desfazimento) de bens e/ou materiais. Os tipos de contrato para obras públicas são apresentados na Tabela 3.1.

Tabela 3.1 • Tipos de contrato para obras públicas

Tipo de contrato	Condição de execução do contrato
Empreitada por preço global	Preço certo e total
Empreitada por preço unitário	Preço certo de unidades determinadas
Tarefa	Contratação de mão de obra para pequenos trabalhos
Empreitada integral	Contratação do empreendimento em sua integralidade

Fonte: adaptado da Lei nº 8.666/93, art. 6º, inciso 8.

As modalidades de licitações são (Figura 3.5):

- **Exclusivas para compras/serviços/obras:**
  1) Concorrência.
  2) Tomada de Preços.
  3) Convite.
- **Exclusiva para serviços técnicos/artísticos especializados:**
  4) Concurso.
- **Exclusiva para alienações:**
  5) Leilão.
  6) Pregão.

A modalidade de Pregão surgiu como alternativa às modalidades de Concorrência, Tomada de Preços e ao Convite, para contratação/aquisição de bens e serviços comuns (listados no Decreto nº 3.555/2000), preferencial às três, porém não aplicável às obras de engenharia. Foi criado por Medida Provisória MP nº 2.026/2000 e regulamentado pela Lei nº 10.520/2002.

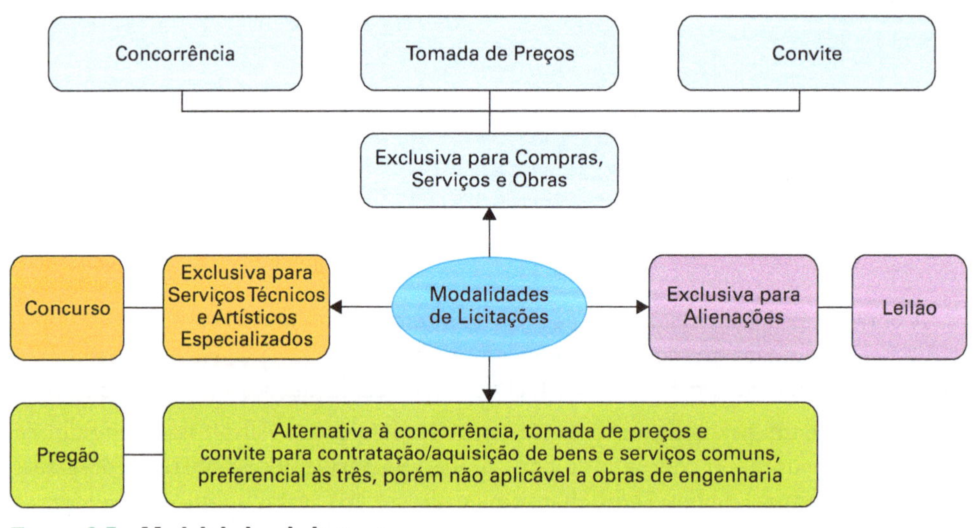

Figura 3.5 • Modalidades de licitações.

As três primeiras modalidades de licitações (Concorrência, Tomada de Preço e Convite) são aplicáveis (além da realização de compras) às contratações de obras e serviços e são usadas em função do valor desses. Os limites de valores são determinados mensalmente pelo Governo Federal e publicados no Diário Oficial da União.

A Concorrência é aplicada a obras e compras acima do valor máximo determinado pelo Governo. Na modalidade Convite, é utilizado para valores abaixo do mínimo e a tomada de preços para os valores compreendidos nesse intervalo. O Concurso e o Leilão não são aplicáveis às obras de engenharia e compras e o Pregão não é aplicável a obras de engenharia. A modalidade de Concorrência pode ser adotada no lugar de Tomada de Preços e Convite; sendo que a Tomada de Preços pode ser usada no lugar de Convite, mas nunca o inverso.

Os critérios de julgamento aplicáveis às propostas pela Comissão de Licitações são:

1. **Menor preço:** esse critério é usado para compras, serviços e obras de modo geral.
2. **Melhor técnica:** esse critério considera fatores de ordem técnica. Ele é aplicado a serviços de natureza intelectual, artística etc., como projetos, cálculos, supervisões, fiscalização, gerenciamento, consultorias em geral, estudos técnicos etc.
3. **Técnica e preço:** esse critério considera mais vantajosa a proposta que obtiver melhor nota em média ponderada de preço e técnica. Os pesos para cada quesito podem variar conforme o projeto, de acordo com a Comissão de Licitações do órgão público.

O fluxograma do processo de contratação de serviços para execução de obras públicas é apresentado na Figura 3.6, suas fases e itens são descritos a seguir.

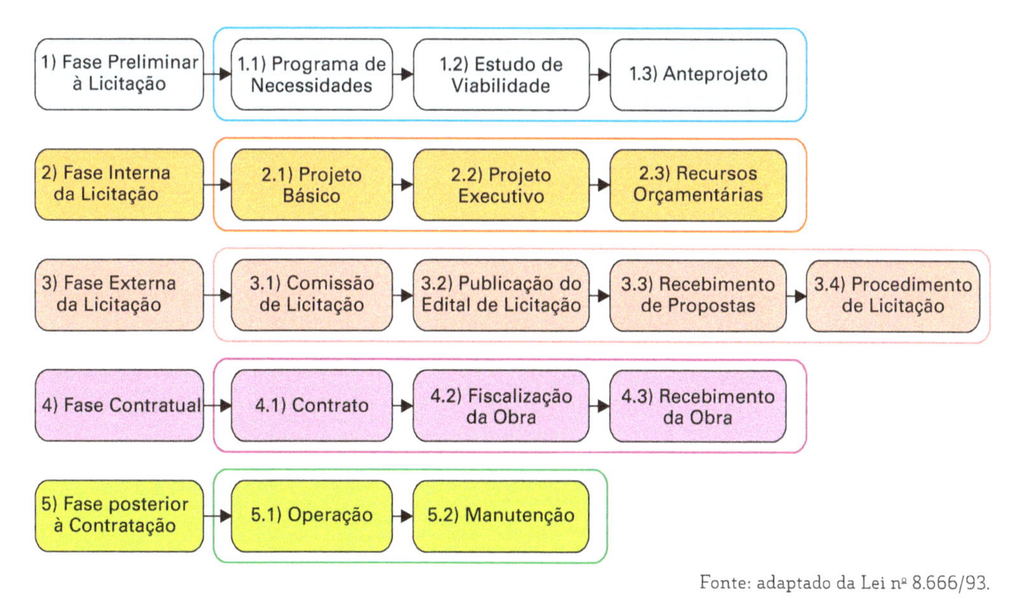

Fonte: adaptado da Lei nº 8.666/93.

Figura 3.6 • **Fluxograma do processo de contratação de serviços de obras públicas.**

A **fase preliminar à licitação** (1) ocorre no início do processo de contratação de serviços de obras públicas. Nela, são estudadas as várias possibilidades de execução da obra, escolhidas as melhores opções e realizado seu detalhamento por meio de ações como:

- **Programa de necessidades (1.1):** o órgão público apresenta suas necessidades, seleciona preliminarmente os possíveis empreendimentos para suprir essas, observando as restrições legais e sociais.
- **Estudo de viabilidade (1.2):** nesse estudo, são escolhidos os melhores empreendimentos, sendo feita uma estimativa dos custos envolvidos e realizada a avaliação quanto aos aspectos técnico e ambiental.
- **Anteprojeto (1.3):** é realizado um esboço do empreendimento, caracterizando o que se deseja construir, apresentando as diretrizes para o projeto básico.

A **fase interna à licitação** (2) tem de início com a execução do Projeto básico (2.1), que, segundo a Lei nº 8.666 de 21 de julho de 1993, é o

> Conjunto de elementos necessários e suficientes, com nível de precisão adequado, para caracterizar a obra ou serviço, ou complexo de obras ou serviços objeto da licitação. Ele é elaborado com base nas indicações dos estudos técnicos preliminares, que assegurem a viabilidade técnica e o adequado tratamento do impacto ambiental do empreendimento, e que possibilite a avaliação do custo da obra e a definição dos métodos e do prazo de execução [...] (BRASIL, 1993).

O projeto básico é um elemento importante na contratação e execução de obras públicas. Ele deve ser elaborado anteriormente à licitação e receber aprovação formal da autoridade competente, conforme a Lei nº 8.666/93, Art. 7º, § 2º, inciso I, contendo os elementos necessários e suficientes para definir e caracterizar o objeto a ser contratado (BRASIL, 1993).

Sua elaboração deve ser com base em estudos técnicos preliminares que assegurem a viabilidade técnica e o adequado tratamento do impacto ambiental do empreendimento (Resolução CONAMA nº 237/97, art. 2). É necessário também possibilitar a avaliação do custo da obra e a definição dos métodos executivos e do prazo de execução.

No caso das licenças ambientais, a licença prévia deve ser obtida antes da execução do projeto básico (Resolução CONAMA nº 237/97, art. 2). Realiza-se, então, a elaboração do orçamento detalhado e do cronograma físico. A justificativa dos recursos orçamentários e a determinação da modalidade da licitação também são elaborados aqui.

Os requisitos dos participantes também são indicados nessa fase:

- habilitação jurídica;
- qualificação técnica;
- qualificação econômico-financeira;
- regularidade fiscal.

São também explicitadas, dentre outras, medidas necessárias:

- o objeto da licitação;
- as datas e prazos;
- a preparação do edital.

O projeto executivo (2.2) é o conjunto dos elementos necessários e suficientes à execução completa da obra, de acordo com as normas pertinentes da Associação Brasileira de Normas Técnicas (ABNT) (Lei nº 8.666/93, art. 6º, X). Esse projeto poderá ser desenvolvido simultaneamente com a execução das obras e serviços, desde que também autorizado pela Administração (Lei nº 8.666/93, art. 7º, § 1º) (BRASIL, 1993).

Por fim, sobre os recursos orçamentários (2.3), a Lei nº 8.666/93, art. 7º, § 2º, incisos I e II traz que as obras e os serviços públicos somente poderão ser licitados quando: houver projeto básico aprovado pela autoridade competente e disponível para exame dos interessados em participar do processo licitatório; existir orçamento detalhado em planilhas que expressem a composição de todos os seus custos unitários (BRASIL, 1993).

A **fase externa da licitação** (3) tem início na constituição da Comissão de licitação (3.1). Ela é uma comissão permanente ou especial, criada pela Administração, com a função de receber, examinar e julgar todos os documentos e procedimentos relativos às licitações e ao cadastramento de licitantes (Lei nº 8.666/92 art. 6º., inciso XVI).

A publicação do edital de licitação (3.2) se dá nos diários oficiais (DOU – Diário Oficial da União; DOE – Diário Oficial do Estado; DOM – Diário Oficial do Município) e na imprensa comum. É um aviso, que contêm a indicação do local em que os interessados poderão ler e obter o texto da licitação. A partir dela, há o recebimento de propostas (3.3), onde ocorre a análise da aptidão dos concorrentes e a eliminação dos inaptos e o procedimento de licitação (3.4), com a abertura e o julgamento dessas propostas, quando é realizada a classificação dos proponentes e a homologação do resultado.

A penúltima fase do processo é a **fase contratual** (4), onde aborda-se, de início, a questão do contrato (4.1). O contrato administrativo é todo e qualquer ajuste entre órgãos ou entidades da Administração e particulares, em que haja um acordo de vontades para a formação de vínculo e a estipulação de obrigações recíprocas, seja qual for a denominação utilizada. A contratação se dá conforme regime previsto no edital e a lei somente admite o preço fixo.

Em seguida, tem-se a fiscalização da obra (4.2) em si, atividade que deve ser realizada de modo sistemático pelo contratante e seus prepostos, com a finalidade de verificar o cumprimento das disposições contratuais. Ela pode ser realizada pelos próprios servidores públicos ou por prepostos contratados para esse fim. Ela ocorrerá até o encerramento dessa fase, que se dá com o Recebimento da obra (4.3).

Por fim, a **fase posterior à contratação** (5), em que ocorre a operação (5.1), que é a utilização do bem licitado, e a manutenção (5.2), processo de cuidados, reparos e acertos do bem licitado em função de sua utilização.

LEMBRE-SE!

O processo de contratação no serviço público é denominado licitação.

SÍNTESE

Contratos são fundamentais para o bom funcionamento de todo processo que envolve uma obra. A escolha do tipo acertado de contratação definirá, muitas vezes, o sucesso ou não de uma empreitada. Cabe ao profissional da construção civil conhecer bem as especificidades desses tipos. Fora isso, alguns detalhes variam conforme o setor a que se destina a obra, privado (com maior liberdade de ação) ou público (com suas leis e processos), conhecer esses detalhes é essencial para o sucesso dos projetos.

CAPÍTULO

4 ESPECIFICAÇÕES TÉCNICAS PARA OBRAS E SERVIÇOS DE CONSTRUÇÃO CIVIL

INTRODUÇÃO

A importância da utilização de normas técnicas em obras e serviços na indústria da construção civil é o foco deste capítulo. Apresenta as principais entidades que emitem normas técnicas, indicando as especificações técnicas de materiais e de serviços, usando uma linguagem bastante simples e didática, procurando mostrar como essas máquinas interagem com o ser humano e podem melhorar a qualidade de vida da sociedade de modo geral.

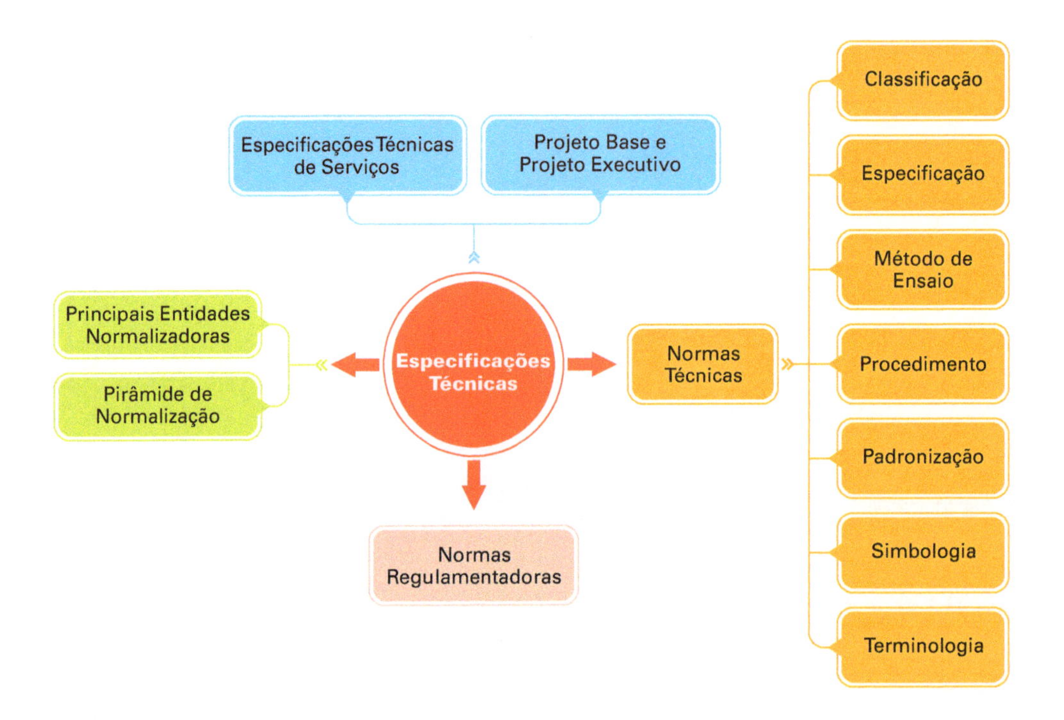

4.1 NORMAS

As normas técnicas devem ser observadas como sendo as boas práticas profissionais. São elaboradas a partir de ampla consulta aos profissionais e empresas que atuam no setor específico estudado. Embora não sejam lei, têm força de lei. O objetivo principal delas é a proteção do consumidor, são utilizadas para padronizar e indicar padrões da qualidade. Assim, a utilização das normas de publicação da ABNT é importante para não existirem conflitos e para ser realizada a padronização dos produtos. Ajuda, ainda, nas comparações relacionadas à cada produto.

A utilização das normas técnicas, pode promover melhorias e inovações nos processos e produtos (bens e serviços), que se tornam um grande diferencial para atrair novos consumidores e aumentar a vantagem competitiva da empresa. Tudo isso gera mais valor ao negócio. A preocupação com a qualidade diminui as chances de erros, melhora processos, entre outros benefícios, aumentando as chances de sucesso.

Todos os profissionais devem estar atentos à existência das normas técnicas e suas recomendações.

Em geral, normas são dispositivos legais que regulamentam ou indicam os bons procedimentos para práticas profissionais específicas. Quando não existe uma norma única para regulamentar um determinado procedimento, a possibilidade de haver algum tipo de conflito por falta de uma padronização é muito grande. Além da padronização de critérios, o que confere a condição da comparação de processos e produtos, as normas são importantes como indicadoras de padrão de qualidade.

No Brasil, o órgão responsável e competente para normalizar é a Associação Brasileira de Normas Técnicas (ABNT), fundada em 1940, a partir de uma demanda levantada pela Associação Brasileira de Cimento Portland (ABCP), em 1937. Nessa época, os ensaios com materiais de concreto, para medir a resistência, eram realizados em dois laboratórios tidos como referências em termos de qualidade: o Instituto Nacional de Tecnologia (INT), localizado na cidade do Rio de Janeiro, e o Instituto de Pesquisas Tecnológicas (IPT), localizado na cidade de São Paulo.

Esses laboratórios, apesar de respeitados por serem rigorosos em suas avaliações, utilizavam procedimentos diferentes para testar materiais de concreto, o que gerava uma enorme confusão: um ensaio realizado e aprovado em um laboratório poderia não ser aprovado no outro, e vice-versa, devido à diferença de metodologia de testes entre eles. A partir dessa necessidade, começaram os estudos para determinar uma padronização única para essa demanda. Com o tempo, surgiram necessidades de padronização em todos os setores, e a ABNT participou dessa história de criação e regulamentação de forma muito atuante, sendo uma das entidades fundadoras da International Organization for Standardization (ISO), entidade que determina as normas internacionais, fundada em 1947, com sede em Genebra (Suíça). Além disso, participou da criação de várias entidades e comitês importantes.

A ABNT possui um papel de destaque na ISO, por fazer parte do Technical Management Board (TMB), um comitê formado por entidades normalizadoras de apenas 12 países, responsável pela gestão, planejamento estratégico e desempenho de atividades técnicas. As outras 11 entidades normalizadoras de países que participam desse comitê são: Standardization Administration of China (SAC), da China; Asociación Española de Normalización y Certificación (AENOR), da Espanha; The Netherlands Standardization Institute (NEN), da Holanda; L'Association française de normalisation (AFNOR) da França; South African Bureau of Standards (SABS), da África do Sul; Deutsches Institut für Normung (DIN), da Alemanha; American National Standards Institute (ANSI), dos Estados Unidos; British Standards Institution (BSI), do Reino Unido; Japanese Industrial Standards Committee (JISC), do Japão; Standards Council of Canada (SCC), do Canadá; e Standards Norway (SN), da Noruega.

A linguagem falada e, mais tarde, a escrita, desenvolveram-se para possibilitar a comunicação entre os homens e podem ser consideradas como formas primeiras de normalização. Existem registros, desde a antiguidade, de ações que buscavam definir, unificar e normalizar produtos acabados e elementos utilizados na sua produção:

- Adoção do primeiro padrão de comprimento, sendo adotada a distância entre dois nós de uma vara de bambu que quando soprada, permitia reproduzir uma determinada nota musical (som de frequência especifica), na China, no século XXVII a.C.
- Fabricação de tijolo de formato único e ânforas de dimensões e formas unificadas, no Egito, por volta de 2.500 a.C.
- Existência de regras escritas para a construção de obras públicas (Código do Templo de Elêusis), na Grécia, no século IV a.C.
- Utilização de tijolos e diâmetros de tubos para aquedutos normalizados, em Roma, no século I a.C.
- Aparelhamento de navios com mastros, velas, remos e barras do leme, com características unificadas, em Veneza (Arsenal de Veneza), no século XV.

As instituições normalizadoras começaram a ser formadas a partir de 1900:

- BESC (Britsh Engineering Standards Committee - 1901) foi o primeiro organismo nacional de normalização e antecessor da atual BSI (1931).
- NBS (National Bureau of Standards - 1901), agência do Departamento do Comércio dos EUA, a antecessora do atual NIST (National Institute of Standards and Technology - 1988).
- NADI (Standardsation Committee of German Industry - 1917), antecessor da atual DIN (1975).
- ABNT (1940).
- ISO (1947), com sede em Genebra, facilitou a coordenação e a unificação internacional das normas industriais.

As normas podem ser desenvolvidas em quatro níveis, de acordo com sua abrangência. As Normas ISO, por exemplo, têm valor internacional e são derivadas da participação das nações com interesses comuns. Há as normas regionais, elaboradas por um limitado grupo de países de um mesmo continente – é o caso das normas do Comitê Europeu de Normalização (CEN), da Comissão Panamericana de Normas Técnicas (Copant) e Associação Mercosul de Normalização (AMN). Existem, ainda, as normas de nível nacional, como é o caso das normas da ABNT e das já citadas AFNOR, DIN, BSI, entre outras. Finalmente, existem normas destinadas ao uso em empresas, com a função de reduzir custos e evitar acidentes.

4.2 NORMAS TÉCNICAS E NORMAS REGULAMENTADORAS

No caso da construção civil, além das normas da ABNT, é importante utilizar as Normas Regulamentadoras de Segurança do Trabalho (NR), editadas pelo Ministério do Trabalho e Emprego (MTE).

Ter conhecimento sobre as Normas Regulamentadoras do MTE e das Normas Técnicas da ABNT relacionadas ao mercado da construção civil é fundamental para entregar o empreendimento com maior qualidade, seguindo à risca as recomendações, métodos e parâmetros previstos na legislação brasileira. No entanto, é comum que profissionais da área tenham dúvidas a respeito das aplicações dessas normas, sendo que as mesmas são, diversas vezes, confundidas. Logo, o primeiro passo é compreender, afinal, o que são as NRs e a NBRs.

Normas Regulamentadoras (NR) e Normas Brasileiras Regulamentadas (NBR) são conjuntos de leis que visam parametrizar as práticas de trabalho da construção civil. Ambas têm como propósito reduzir e evitar acidentes de trabalho no setor. Entre elas, existem diferenças fundamentais.

4.2.1 NORMA REGULAMENTADORA (NR)

NR é uma sigla estabelecida e divulgada pelo MTE. Uma vez que o referido ministério é uma instituição do Poder Público, suas normas têm caráter obrigatório. Trata-se de um conjunto de direcionamentos e procedimentos técnicos referentes à segurança no trabalho. As normas regulamentadoras editadas pelo ministério foram definidas e podem ser alteradas, por intermédio do próprio MTE, de acordo com as necessidades da sociedade em geral, indicadores estatísticos, demandas de órgãos fiscalizadores e organizações empresariais.

Quadro 4.1 • PRINCIPAIS NRS RELACIONADAS À CONSTRUÇÃO CIVIL

NR-4 - Serviços Especializados em Engenharia de Segurança e em Medicina do Trabalho: fala a respeito do Serviço Especializado em Engenharia de Segurança e em Medicina do Trabalho (SESMT). Seu intuito é proteger a integridade física do trabalhador e favorecer sua saúde no canteiro de obras.

NR-5 - Comissão Interna de Prevenção de Acidentes: obriga empresas com 20 colaboradores ou mais a constituir uma Comissão Interna de Prevenção de Acidentes (CIPA).

NR-6 - Equipamentos de Proteção Individual (EPI): exige que as construtoras providenciem EPI para a prevenção de riscos e acidentes durante a jornada de trabalho.

NR-7 - Programas de Controle Médico de Saúde Ocupacional (PCMSO): obriga as construtoras a adotarem o PCMSO para diagnóstico e tratamento de malefícios à saúde ocasionados em função do trabalho.

NR-8 - Edificações: estipula requisitos técnicos mínimos que as edificações devem apresentar, de modo a garantir a segurança de quem venha as ocupar após a entrega do empreendimento.

NR-9 - Programa de Prevenção de Riscos Ambientais: tem como intuito proteger a saúde e a integridade física do trabalhador mediante avaliações e controle de riscos no canteiro de obras.

NR-10 - Segurança em Instalações e Serviços em Eletricidade: estipula requisitos e condições mínimas de trabalho que estejam relacionados às instalações elétricas, de modo a garantir a integridade do trabalhador.

NR-11 - Transporte, Movimentação, Armazenagem e Manuseio de Materiais: estabelece as condições de segurança para transporte e armazenagem de materiais.

NR-12 - Segurança no Trabalho em Máquinas e Equipamentos: estabelece referências técnicas e medidas de proteção à saúde e à integridade física do trabalhador que utiliza máquinas e equipamentos.

NR-15 - Atividades e Operações Insalubres: trata de atividades e operações insalubres, sendo seu conhecimento de vital importância para evitar possíveis processos trabalhistas.

NR-16 - Atividades e Operações Perigosas: trata das atividades consideradas perigosas, com maior risco para a segurança do trabalhador, estabelecendo recomendações de prevenção.

NR-17 - Ergonomia: estabelece as condições ergonômicas para o trabalho.

NR-18 - Condições e Meio Ambiente de Trabalho na Indústria da Construção: considera as condições e o meio ambiente de trabalho na construção civil.

NR-21 - Trabalho a Céu Aberto: apresenta as condições de segurança para atividades a céu aberto.

NR-23 - Proteção Contra Incêndios: apresenta as condições básicas para proteção contra incêndios.

NR-24 - Condições Sanitárias e de Conforto nos Locais de Trabalho: apresenta as diretrizes para as condições sanitárias e de conforto nos ambientes de trabalho.

NR-25 - Resíduos Industriais: fornece indicação para o destino dos resíduos industriais.

NR-26 - Sinalização de Segurança: esta Norma Regulamentadora define requisitos de sinalização de segurança, orientando a respeito das cores que devem ser usadas no canteiro de obras, de modo a evitar acidentes, identificar equipamento de segurança, entre outras atribuições.

NR-33 - Segurança e Saúde no Trabalho em Espaços Confinados: apresenta as condições de segurança para trabalho em ambientes confinados.

NR-35 - Trabalho em Altura: esta norma está voltada à segurança das atividades profissionais desenvolvidas nas alturas, para minimizar acidentes.

Fonte: MTE.

4.2.2 NORMAS BRASILEIRA REGULAMENTADA (NBR)

O Sistema Nacional de Metrologia e Qualidade Industrial (Sinmetro) foi criado em 1973, pela Lei Federal nº 5.966. Os objetivos do Sinmetro são a defesa do consumidor, a conquista e a manutenção do mercado externo e a racionalização da produção industrial, com a compatibilidade de todos os interesses. Fazem parte desse sistema:

- Conselho Nacional de Metrologia, Normalização e Qualidade Industrial (Conmetro).
- Instituto Nacional de Metrologia, Normalização e Qualidade Industrial (Inmetro).

Inicialmente, as normas da ABNT tinham as seguintes denominações:

- **CB - Normas de classificação:** finalidade de ordenar, distribuir ou subdividir conceitos ou objetos, bem como critérios a serem adotados.
- **EB - Normas de especificação:** fixam padrões mínimos de qualidade para os produtos.
- **MB - Normas de método de ensaio:** determinam a maneira de se verificar a qualidade das matérias-primas e dos produtos manufaturados.
- **NB - Normas de procedimento:** orientam a maneira correta de: empregar materiais e produtos, executar cálculos e projetos, instalar máquinas e equipamentos e realizar o controle dos produtos.
- **PB - Normas de padronização:** fixam formas, dimensões e tipos de produtos, como porcas, parafusos, rebites, pinos e engrenagens, que são utilizados com muita frequência na construção de máquinas, equipamentos e dispositivos mecânicos.

- **SB - Normas de simbologia:** estabelecem convenções gráficas para conceitos, grandezas, sistemas, ou parte de sistemas etc., com a finalidade de representar esquemas de montagem, circuitos, componentes de circuitos, fluxogramas etc.
- **TB - Normas de terminologia:** definem, com precisão, os termos técnicos aplicados a materiais, máquinas, peças e outros artigos.

A partir do ano de 1992, a ABNT e o Conmetro, juntamente com outras entidades colaborativas, criaram o Comitê Nacional de Normalização (CNN) e o Organismo de CNN Normalização Setorial (ONS). O CNN estrutura todo o sistema de normalização, enquanto cada ONS produz normas específicas em seus respectivos setores, desde que credenciados e supervisionados pela própria ABNT.

As normas elaboradas se classificam em sete tipos:

- classificação;
- especificação;
- método de ensaio;
- procedimento;
- padronização
- simbologia;
- terminologia.

Agora, essas normas, ao serem registradas no Inmetro, recebem a sigla NBR (Norma Brasileira Regulamentada).

As NBRs da construção civil são um conjunto de normas técnicas definidas por especialistas do segmento, com consentimento de profissionais da área. Por terem sido aprovadas por uma entidade privada sem fins lucrativos, nesse caso a ABNT, as NBR não têm, no geral, força de lei. Contudo, algumas delas requerem o cumprimento de NBRs, fazendo com que essas se tornem obrigatórias. Por isso, se a construtora optar por não seguir à risca as determinações das normas técnicas, é essencial conscientizar-se a respeito.

Quadro 4.2 • PRINCIPAIS NBRS APLICADAS NA CONSTRUÇÃO CIVIL

NBR 11706:2004: norma técnica que define padrões para vidros na construção civil.

NBR 13531:1995: trata sobre a elaboração de projetos de edificações.

NBR 13867:1997: fala sobre o revestimento interno de paredes e tetos com pasta de gesso.

NBR 14037:1998: diz respeito à operação, uso e manutenção de edificações.

NBR 15965-3:2014: define o sistema de classificação da informação da construção e processos da construção.

NBR 16280:2015: apresenta regras e condições para reformas em edificações.

NBR 16337:2014: fornece princípios e diretrizes gerais para o gerenciamento de riscos em projetos.

NBR 16366:2015: discorre sobre a qualificação e perfil de profissionais telhadistas para a construção civil.

NBR 5354:1977: estipula condições para instalações elétricas prediais.

NBR 5626:1988: está relacionada à hidráulica e diz respeito às instalações prediais de água fria.

NBR 5688:1999: também relacionada à hidráulica, versa sobre o sistema predial de água pluvial, esgoto sanitário e ventilação.

NBR 6118:1984: refere-se aos projetos de estruturas de concreto.

NBR 6122:1996: diz respeito ao projeto e à execução de fundações.

NBR 6135:1992: relacionada à segurança, trata de chuveiros automáticos para a extinção de incêndios.

NBR 7678:1983: oferece orientações para garantir a segurança dos trabalhadores em obras.

NBR 8953:2015: estabelece a classificação pela massa específica, por grupos de resistência e consistência de concreto para fins estruturais.

NBR 9050:2004: aborda a acessibilidade às edificações, aos mobiliários, equipamentos e espaços urbanos.

NBR 9077:2001: fornece orientações para saídas de emergência em edificações.

Fonte: ABNT.

Tanto as normas regulamentadoras quanto as normas técnicas são alteradas constantemente. Com frequência, elas são repensadas, atualizadas e republicadas pelas organizações responsáveis (MTE e ABNT, respectivamente). Dessa forma, de modo geral, as NRs e as NBRs indicam a maneira mais assertiva de se agir nos processos referentes a elas.

4.2.2.1 Normas de gestão

O gerenciamento de obras no Brasil é uma atribuição de arquitetos e engenheiros civis, regulamentada pela Lei nº 5.194/1966. Porém, na maioria das vezes, essa tarefa é preterida por arquitetos e abraçada pelos engenheiros. O distanciamento dos arquitetos do canteiro começa ainda na graduação, que costuma oferecer pouco conteúdo sobre administração de obras. A ideia preconcebida de que engenheiros são mais capazes de lidar com a mão de obra e com cronogramas e planilhas de orçamento também contribui para que esse trabalho não seja melhor explorado pelos arquitetos.

É papel do gestor da obra garantir que a construção seja realizada dentro do prazo estipulado, com respeito aos custos previstos e aos padrões de qualidade e desempenho desejados pelo cliente. Gerenciar uma obra significa administrar, simultaneamente, o cumprimento do cronograma e a previsão financeira, gerindo profissionais que têm formações e práticas diversas. Quem assume essa função deve dominar custos, contratos, prazos, ser organizado e um bom gestor de pessoas.

Quadro 4.3 • NORMAS DE GESTÃO

NBR 16280:2015: reforma em edificações - sistema de gestão de reformas - requisitos.

NBR ISO 9001:2015: sistemas de gestão da qualidade - requisitos.

NBR ISO 10001:2013: gestão da qualidade - satisfação do cliente - diretrizes para códigos de conduta para organizações.

NBR ISO 10004:2013: gestão da qualidade - satisfação do cliente - diretrizes para monitoramento e medição.

NBR ISO 10018:2013: gestão de qualidade - diretrizes para envolvimento das pessoas e suas competências.

NBR ISO 12006-2:2010: construção de edificação - organização de informação da construção - estrutura para classificação de informação.

NBR ISO 14001:2015: sistemas de gestão ambiental - requisitos com orientações para uso.

NBR ISO 14051:2011: gestão ambiental - contabilidade dos custos de fluxos de material - Estrutura geral.

NBR ISO 21500:2012: orientações sobre gerenciamento de projeto.

Fonte: ABNT.

4.2.2.2 Normas de desempenho

A indústria da construção brasileira está mudando seus parâmetros de qualidade. Trata-se de uma revolução conceitual sobre os requisitos mínimos de segurança para casas e edifícios residenciais. Desde julho de 2013, entrou em vigor a Norma de Desempenho de Edificações, da ABNT, que estabelece exigências de conforto e segurança em imóveis residenciais.

Pela primeira vez, uma norma brasileira associa a qualidade de produtos ao resultado que eles conferem ao consumidor, com instruções claras e transparentes de como fazer essa avaliação. As regras privilegiam os benefícios ao consumidor e dividem responsabilidades entre fabricantes, projetistas, construtores e usuários. A norma NBR 15575:2013 diz que níveis de segurança, conforto e resistência devem proporcionar cada um dos sistemas que compõem um imóvel: estrutura, pisos, vedações, coberturas e instalações. Passa-se a enxergar o edifício de uma forma sistêmica, olhando para o todo, e não só para as partes.

Quadro 4.4 • NORMAS DE DESEMPENHO

NBR 15575-1:2013: edificações habitacionais - desempenho - requisitos gerais.

NBR 15575-2:2013: edificações habitacionais - desempenho - requisitos para os sistemas estruturais.

NBR 15575-3:2013: edificações habitacionais - desempenho - requisitos para os sistemas de pisos.

NBR 15575-4:2013: edificações habitacionais - desempenho - requisitos para os sistemas de vedações verticais internas e externas (SVVIE).

NBR 15575-5:2013: edificações habitacionais - desempenho - requisitos para os sistemas de coberturas.

NBR 15575-6:2013: edificações habitacionais - desempenho - requisitos para os sistemas hidrossanitários.

Fonte: ABNT.

4.2.2.3 Normas de solos e fundações

O projetista de fundações necessita de informações para projetar e executar adequadamente as fundações e estruturas em solos. Os tópicos mais relevantes que devem ser entendidos por aqueles que desejam projetar fundações são a geotecnia e o cálculo estrutural. No cálculo estrutural, estão compreendidos a análise estrutural e o dimensionamento de estruturas em concreto armado, em aço e em madeira. Na geotecnia, estão englobados a geologia de engenharia, a mecânica dos solos e a mecânica das rochas. Toda empresa que executa sondagens a percussão deve seguir a norma NBR 6484:2001 - Solo - Sondagens de simples reconhecimento com SPT - Método de Ensaio. Toda empresa que projeta e executa fundações deve seguir a norma NBR 6122:1996 - Projeto e Execução de Fundações.

Toda empresa que executa ensaio para estimar a capacidade de percolação do solo (K) deve seguir a norma NBR 13969:1997 - Tanques sépticos - Unidades de tratamento complementar e disposição final dos efluentes líquidos - projeto, construção e operação. Anexo A: Procedimento para estimar a capacidade de percolação do solo (K) - (+ NBR 7229:1993: Projeto, construção e operação de sistemas de tanques sépticos).

Quadro 4.5 • NORMAS DE SOLOS E FUNDAÇÕES

NBR 6122:2010: projeto e execução de fundações.

NBR 6497:1983: levantamento geotécnico.

NBR 8044: 1983: projeto geotécnico - procedimento.

NBR 11682:2009: estabilidade de encostas.

NBR 13441:1995: rochas e solos - simbologia.

NBR 16258:2014: estacas pré-fabricadas de concreto - requisitos.

Fonte: ABNT.

4.2.2.4 Normas de estruturas

As estruturas de concreto são comuns em todos os países do mundo, caracterizando-se pela estrutura preponderante no Brasil. Comparada a estruturas com outros materiais, a disponibilidade dos materiais constituintes do concreto - cimento, agregados e água - e do aço e a facilidade de aplicação explicam a larga utilização das estruturas de concreto, nos mais variados tipos de construção, como edifícios de múltiplos pavimentos, pontes e viadutos, portos, reservatórios, barragens, pisos industriais, pavimentos rodoviários e de aeroportos, paredes de contenção etc.

Quadro 4.6 • NORMAS DE ESTRUTURAS

NBR 6120:2000: cargas para o cálculo de estruturas de edificações.

NBR 6123:2013: forças devidas ao vento em edificações.

NBR 7191:1982: execução de desenhos para obras de concreto simples ou armado.

NBR 7808:1983: símbolos gráficos para projetos de estruturas.

Fonte: ABNT.

4.2.2.5 Normas de concreto

Após a importante revisão de 2014, a ABNT NBR 6118:2014 - Projeto de estruturas de concreto - Procedimento - foi novamente atestada pela ISO como uma das normas técnicas que atendem exigências internacionais e, por isso, pode ser utilizada em qualquer local do mundo para projetos de **estruturas de concreto**. O reconhecimento ocorreu na reunião realizada em 28 de outubro de 2015, pelo ISO/TC71/SC4 (*Performance Requirements for Structural Concrete*), em Seul, na Coreia do Sul. A conquista, no entender de organismos que representam a construção civil nacional, vem reafirmar a capacidade da engenharia brasileira, bem como sua tradição na produção de concreto com qualidade.

Quadro 4.7 • NORMAS DE CONCRETO

NBR 6118:2014: projeto de estruturas de concreto - procedimento.

NBR 8953:2015: concreto para fins estruturais - classificação pela massa específica, por grupos de resistência e consistência.

NBR 9062:2007: projeto e execução de estruturas de concreto pré-moldado.

NBR 12653:2015: materiais pozolânicos - requisitos.

NBR 15200:2012: projeto de estruturas de concreto em situação de incêndio.

NBR 16416:2015: pavimentos permeáveis de concreto - requisitos e procedimentos.

NBR NM 2:2000: cimento, concreto e agregados - terminologia - lista de termos.

Fonte: ABNT.

4.2.2.6 Normas de alvenaria estrutural

A norma ABNT NBR 15812 estabelece requisitos para a utilização de blocos cerâmicos em alvenaria estrutural e regulamenta a execução e o controle desse tipo de construção. A expectativa da ABNT é que os projetos passem a ser concebidos com base em padronização mais clara e critérios mais rígidos, com base na realidade brasileira. Isso porque os parâmetros adotados até então eram provenientes de textos de normas estrangeiras.

Essa norma assegura que, além do próprio peso, as estruturas em alvenaria estrutural tenham plena capacidade de suportar sobrecargas. A alvenaria estrutural vem sendo cada vez mais utilizada como tecnologia segura, durável e econômica para construção de obras industriais, comerciais e habitacionais de múltiplos pavimentos.

Quadro 4.8 • NORMAS DE ALVENARIA ESTRUTURAL

NBR 15812-1:2010: alvenaria estrutural - blocos cerâmicos - projetos.

NBR 15961-1:2011: alvenaria estrutural - blocos de concreto - projeto.

Fonte: ABNT.

4.2.2.7 Normas de gesso acartonado - *drywall*

A tecnologia construtiva *drywall* cumpre todos os requisitos de acústica, resistência mecânica e comportamento ao fogo expressos na Norma de Desempenho de Edificações (ABNT NBR 15575:2013), em vigor desde 12 de maio de 2010. Essa norma traz um avanço: determina os índices de desempenho mínimo, intermediário e superior dos sistemas construtivos e seus componentes ao longo de sua vida útil, enquanto as normas anteriores apenas prescreviam as características de cada material.

Quadro 4.9 • NORMAS DE GESSO ACARTONADO - *DRYWALL*

NBR 15758-1:2009: sistemas construtivos em chapas de gesso para *drywall* - projeto e procedimentos executivos para montagem - requisitos para sistemas usados como paredes.

NBR 15758-2:2009: sistemas construtivos em chapas de gesso para *drywall* - projeto e procedimentos executivos para montagem - requisitos para sistemas usados como revestimentos.

NBR 15758-3:2009: sistemas construtivos em chapas de gesso para *drywall* - projeto e procedimentos executivos para montagem - requisitos para sistemas usados como paredes - requisitos para sistemas usados como revestimentos.

Fonte: ABNT.

4.2.2.8 Normas de alvenaria

Alvenarias de vedação são aquelas destinadas a compartimentar espaços, preenchendo os vãos de estruturas de concreto armado, aço ou outras estruturas. Assim sendo, devem suportar tão somente o peso próprio e cargas de utilização, como armários, rede de dormir e outros. Devem apresentar adequada resistência às cargas laterais estáticas e dinâmicas, advindas, por exemplo, da atuação do vento, impactos acidentais e outras.

Os projetos de arquitetura, e até mesmo alguns projetos de alvenaria, têm se restringido ao comportamento mecânico e à coordenação dimensional das paredes com outros elementos da obra, como caixilhos e vãos estruturais. Na realidade, as alvenarias devem ser enfocadas de forma mais ampla, considerando-se aspectos do desempenho termo acústico, resistência à ação do fogo, produtividade e outros. Sob o ponto de vista da isolação térmica ou da inércia térmica das fachadas, por exemplo, as paredes influenciam a necessidade ou não de condicionamento artificial dos ambientes internos, com repercussão no consumo de energia ao longo de toda a vida útil do edifício.

Quadro 4.10 • NORMAS DE ALVENARIA

NBR 6136:2014: blocos vazados de concreto simples para alvenaria - requisitos.

NBR 7170:1983: tijolo maciço cerâmico para alvenaria.

NBR 8041:1983: tijolo maciço cerâmico para alvenaria - forma e dimensões - padronização.

NBR 8491:2013: tijolo de solo-cimento - requisitos.

NBR 10834:2013: bloco de solo-cimento sem função estrutural - requisitos.

NBR 13553:2013: materiais para emprego em parede monolítica de solo-cimento sem função estrutural - requisitos.

NBR 14974-1:2003: bloco sílico-calcário para alvenaria - requisitos, dimensões e métodos de ensaio.

NBR 15270-1:2005: componentes cerâmicos - blocos cerâmicos para alvenaria de vedação - terminologia e requisitos.

NBR 15270-2:2005: componentes cerâmicos - blocos cerâmicos para alvenaria estrutural - terminologia e requisitos.

Fonte: ABNT.

4.2.2.9 Normas de cimento

O mercado nacional dispõe de 8 opções, que atendem com igual desempenho aos mais variados tipos de obras. O cimento Portland comum (CP I) é referência, por suas características e propriedades, aos 11 tipos básicos de cimento Portland disponíveis no mercado brasileiro. São eles:

1. Cimento Portland comum (CP I)
   a) CP I - Cimento Portland comum
   b) CP I-S - Cimento Portland comum com Adição
2. Cimento Portland composto (CP II)
   a) CP II-E - Cimento Portland composto com escória
   b) CP II-Z - Cimento Portland composto com pozolana
   c) CP II-F - Cimento Portland composto com fíler
3. Cimento Portland de alto-forno (CP III)
4. Cimento Portland pozolânico (CP IV)
5. Cimento Portland de alta resistência inicial (CP V-ARI)
6. Cimento Portland resistente a sulfatos (RS)
7. Cimento Portland de baixo calor de hidratação (BC)
8. Cimento Portland branco (CPB)

Esses tipos se diferenciam de acordo com a proporção de clínquer e sulfatos de cálcio, material carbonático e de adições, como escórias, pozolanas e calcário, acrescentadas no processo de moagem. Podem diferir também em função de propriedades intrínsecas, como alta resistência inicial, a cor branca etc.

O próprio cimento Portland comum (CP I) pode conter adição (CP I-S), nesse caso, de 1% a 5% de material pozolânico, escória ou fíler calcário e o restante de clínquer. O cimento Portland composto (CP II- E, CP II-Z e CP II-F) tem adições de escória, pozolana e filer, respectivamente, mas em proporções um pouco maiores que no CP I-S. Já o Cimento Portland de alto-forno (CP III) e o cimento Portland pozolânico (CP IV) contam com proporções maiores de adições: escória, de 35% a 70% (CP III), e pozolana de 15% a 50% (CP IV).

Quadro 4.11 • NORMAS DE CIMENTO

NBR 5732:1991: cimento Portland comum.
NBR 5733:1991: cimento Portland de alta resistência inicial.
NBR 5735:1991: cimento Portland de alto-forno.
NBR 5736:1999: cimento Portland pozolânico.
NBR 5737:1992: cimentos Portland resistentes a sulfatos.
NBR 5753:2010: cimento Portland - Ensaio de pozolanicidade para cimento Portland pozolânico.
NBR 5754:1992: cimento Portland - determinação do teor de escória granulada de alto-forno por microscopia.
NBR 7681-1:2013: calda de cimento para injeção - requisitos.
NBR 11578:1991: cimento Portland composto - especificação.
NBR 12989:1993: cimento Portland branco - especificação.
NBR 13116:1994: cimento Portland de baixo calor de hidratação - especificação.
NBR 13847:2012: cimento aluminoso para uso em materiais refratários.

Fonte: ABNT.

4.3 PRINCIPAIS ENTIDADES QUE EMITEM NORMAS TÉCNICAS

As normas técnicas são classificadas conforme o nível de normalização. *Nível de normalização* é o alcance geográfico, político ou econômico de envolvimento na normalização. A normalização pode ter as denominações:

- **Normalização empresarial:** são as normas que são elaboradas por uma empresa ou grupo de empresas com o objetivo de orientar as compras, a fabricação, as vendas e outras operações. Com exemplo, tem-se as normas de empresas como a Petrobras ou os procedimentos de gestão da qualidade, que são utilizadas por muitas empresas.
- **Normalização de empreendimentos:** este nível é composto por empresas, ou grupos de empresas que formam consórcios que elaboram normas para determinados tipos de empreendimentos.
- **Normalização de associações ou normas setoriais:** este nível é composto por entidades de classe, representativas de setores produtivos, que são válidas para o conjunto de empresas a elas associadas. Assim, são normas desenvolvidas

no âmbito de entidades associativas e técnicas para o uso de seus associados. Mas, também, chegam a ser utilizadas de forma mais ampla, podendo se tornar referências importantes no comércio em geral. Por exemplo, as normas da American Society of Testing and Materials (ASTM) e a American Petroleum Institute (API).

- **Normalização nacional:** são as normas que podem ser realizadas no âmbito de um país específico. São normas elaboradas pelas partes interessadas – governo, indústrias, consumidores e comunidade científica de um país – e emitidas por um organismo nacional de normalização, reconhecido como autoridade para torná-las públicas. Aplicam-se ao mercado de um país e, frequentemente, são reconhecidas pelo seu ordenamento jurídico como a referência para as transações comerciais. Normalmente são voluntárias, isto é, cabe aos agentes econômicos decidirem se as usam ou não como referência técnica para uma transação. Como exemplos, têm-se as normas da ABNT ou as normas da associação alemã DIN.
- **Normalização regional:** são as normas que podem ser realizadas em uma única região geográfica, econômica ou política do mundo. Elas são estabelecidas por uma organização regional ou sub-regional de normalização, para aplicação em um conjunto de países de uma região, como a Europa ou o Mercosul. São aplicáveis ao conjunto de países representados nessa organização regional. Como exemplo, tem-se as Normas da Associação Mercosul de Normalização (AMN) ou as normas do Comitê Europeu de Normalização (CEN). A AMN não é uma organização regional de normalização, pois o seu âmbito é o de um bloco econômico, ela é uma associação civil reconhecida como foro responsável pela gestão da normalização voluntária do Mercosul, sendo composta atualmente pelos organismos nacionais de normalização dos quatro países membros, que são IRAM (Argentina), ABNT (Brasil), INTN (Paraguai) e UNIT (Uruguai). As normas elaboradas nesse âmbito são identificadas com a sigla NM. Outro exemplo é a Pan American Standards Commission (Copant).
- **Normalização internacional:** São as normas que podem ser realizadas em vários países do mundo. Elas têm abrangência mundial, sendo estabelecidas por uma organização internacional de normalização. São aceitas pela Organização Mundial do Comércio (OMC) como base para o comércio internacional. Como exemplo, tem-se a ISO, International Electrotechnical Commission (IEC) e a International Telecommunication Union (ITU).

A normalização é executada de forma sistematizada por organismos, onde participam as partes interessadas no assunto objeto da normalização e que têm como principal função a elaboração, aprovação e divulgação de normas.

Os níveis da normalização podem ser representados por uma pirâmide, que tem em sua base a normalização realizada internamente pelas empresas, seguida da normalização de empreendimentos, da normalização de associações, normalização nacional e normalização regional, respectivamente, ficando no topo a normalização internacional (Figura 4.1).

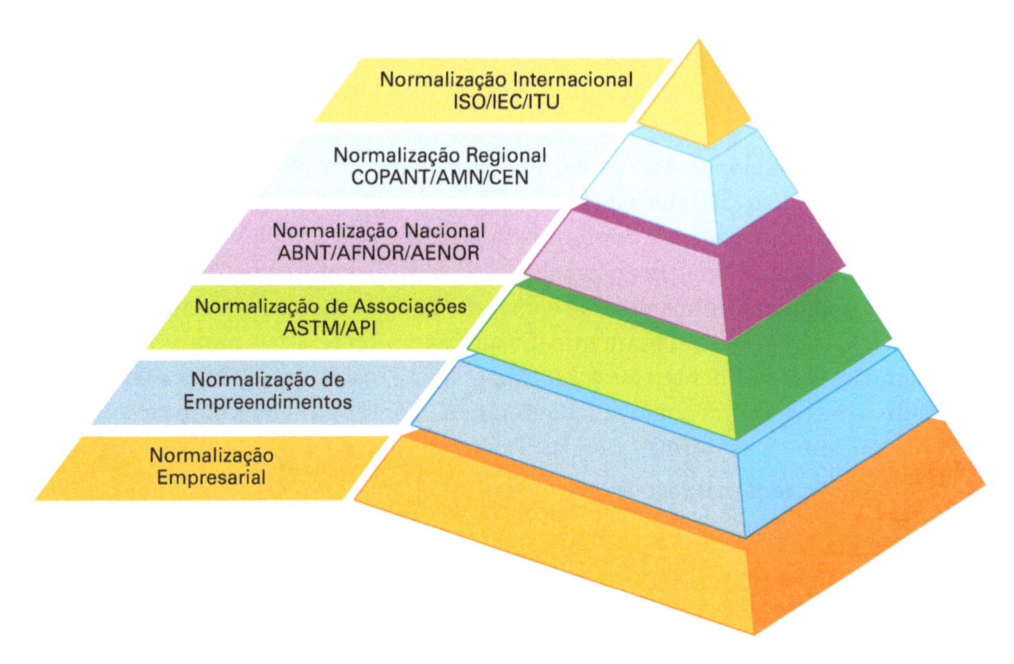

Figura 4.1 • **Pirâmide de normalização.**

Várias organizações internacionais de normalização conhecidas mundialmente são responsáveis pela elaboração, edição e revisão de importantes normas técnicas da qualidade, que são utilizadas em diferentes tipos de indústrias com a intenção de realizar a padronização e controle sustentável de complexos sistemas logísticos de produção.

As normas técnicas são definidas como documentos aprovados e reconhecidos por organizações da qualidade e que podem fazer parte de um abrangente sistema de gestão da qualidade (SGQ) de uma empresa. Grande parte dos países é comprometida com a questão da qualidade. As diferentes organizações normalizadoras de vários desses países podem estar diretamente ligadas a uma determinada instituição central, a qual define padrões de qualidade. É o caso, por exemplo, da ABNT, cujas normas da qualidade são relacionadas a diversos campos industriais e estão embasadas detalhadamente em diversas diretrizes e regulamentações da organização ISO - citando, como exemplo, a norma da qualidade ISO 9000.

A ABNT edita seis tipos diferentes de normas:

1. **Método de teste:** descreve os procedimentos para determinar uma propriedade de um material ou desempenho de um produto.
2. **Especificação:** é uma declaração concisa das exigências a serem satisfeitas por um produto, material ou processo.
3. **Prática:** procedimento ou instrução para auxiliar a especificação ou método de teste.

4. **Terminologia:** fornece as definições e descrições dos termos, explicações de símbolos, abreviações e acrósticos.
5. **Guia:** oferece uma série de opções, ou instruções, mas não recomenda um modo de ação específico.
6. **Classificação:** define os arranjos sistemáticos ou divisões de materiais ou produtos em grupos baseados em características similares.

A norma pode ter quatro níveis em função do grau de consenso necessário para seu desenvolvimento e uso:

- **Norma de companhia:** é o nível mais baixo, são normas usadas internamente para projeto, produção, compra ou controle de qualidade. O consenso é entre os empregados da companhia.
- **Norma da indústria:** desenvolvidas tipicamente por uma sociedade ou associação profissional. O consenso para essas normas se dá entre os membros da organização.
- **Norma governamental:** refletem muitos graus de consensos. Às vezes, o governo adota normas preparadas pela iniciativa privada, mas outras vezes elas podem ser escritas por um pequeno grupo.
- **Norma de consenso total:** desenvolvidas por todos os setores representativos, incluindo fabricantes, usuários, universidades, governo e consumidores.

Todos os materiais utilizados em obras devem ser de qualidade, bem como precisam atender aos seguintes documentos:

- Especificações e recomendações dos fabricantes de materiais e de empresas especializadas na aplicação de materiais e/ou execução de serviços.
- Normas e/ou Especificações da ABNT ou de organismos similares, inclusive órgãos estrangeiros.

Esses documentos, no geral, estabelecem quais características dos materiais precisam ser verificadas de forma rigorosa no ato do seu recebimento, antes de sua utilização. Se os materiais forem entregues diretamente na obra, por exemplo, eles precisam estar acompanhados de suas respectivas notas fiscais, assim como dos demais documentos necessários para a aplicação e/ou utilização desses – manuais, por exemplo. Esse procedimento é importante para que se realize a rastreabilidade de cada material, isso é, para que seja possível conhecer a sua origem (fábrica, lote, data de fabricação) e identificar suas possíveis não conformidades.

Os materiais recebidos em obras de construção civil devem ser afastados do contato direto com o solo (devido à ação da umidade do solo), de cortes de terreno (devido ao aumento de carga no topo do talude) ou de paredes de alvenaria (devido à ação da umidade do ar e à carga de empuxo dos materiais sobre a parede), mesmo quando fornecidos em embalagens. Os locais de armazenamento dos materiais necessitam ser previamente preparados pela construtora, sendo estabelecidos e/ou aprovados pela empresa contratante, e mantidos constantemente limpos, em perfeita e permanente arrumação. Os materiais precisam ser armazenados de forma a não prejudicar o trânsito de operários e a circulação desses materiais na obra, evitando obstruir portas e saídas de emergência e impedir o acesso aos equipamentos de combate a incêndios.

Os materiais fornecidos a granel - como areia, brita etc. - devem ser armazenados em montes ou pilhas, separados conforme sua espécie, tipo, qualidade ou outro fator que os diferencie. Essa separação é realizada por compartimentos de madeira, alvenaria ou em tambores, com distâncias suficientes para que se impeça a ação da natureza e/ou erosão e a mistura entre esses. Tais depósitos devem ser abrigados contra raios solares diretos, chuvas e vento.

Antes da aquisição dos materiais e/ou do início da execução de qualquer serviço da obra, é indicado haver o fornecimento de amostras para que se verifique se o material obedece aos requisitos técnicos. Nos serviços de movimentação de terra, fundações, estrutura, alvenaria, chapisco, emboço e reboco, a empresa construtora deverá fornecer à contratante, para exame de aprovação, conforme o tipo de material ou serviço, amostras ou protótipos. Tais amostras devem ser preparadas, executadas e fabricadas com os mesmos componentes, as mesmas características e detalhes discriminados para os serviços quando concluídos.

LEMBRE-SE!

A seguir, algumas siglas dos órgãos normalizadores internacionais:

- **AISC** - American Institute of Steel Construction (Instituto Americano de Construções em Aço).
- **AMCA** - Air Moving and Conditioning Association (Associação de Movimentação e Condicionamento de Ar).
- **ANSI** - American National Standard Institute (Instituto Nacional Americano de Padronização).
- **AHRI** - Air-Conditioning, Heating and Refrigeration Institute (EUA) (Instituto de Ar Condiconado, Aquecimento e Refrigeração).
- **ASHRAE** - American Society of Heating, Refrigerating and Air-Conditioning Engineers (Sociedade Americana de Engenheiros de Aquecimento, Refrigeração e Ar condicionado).
- **ASI** - Austrian Standards Institute (em alemão: Österreichisches Normungsinstitut) (Padronização Austríaca).
- **ASME** - American Society of Mechanical Engineers (Sociedade Americana de Engenheiros Mecânicos).
- **ASTM** - American Society for Testing and Materials (Sociedade Americana para Testes e Materiais).
- **AWS** - American Welding Society (Sociedade Americana de Soldagem).
- **DIN** - Deutsche Industrie Normen (Norma da Indústria Alemã).
- **IPQ** - Instituto Português da Qualidade.

- **NEC** - National Electrical Code (Código Nacional de Eletricidade).
- **OASIS** - Organization for the Advancement of Structured Information Standards (Organização para o Avanço da Padronização da Informação Estruturada).
- **SAC** - Standardization Administration of the People's Republic of China (Administração da Padronização da República Popular da China).
- **SAE** - Society of Automotive Engineers (Sociedade dos Engenheiros Automotivos).
- **SIS** - Sweriges Standardiserings Komission (Swedish Standards Institute) (Comissão de Padronização Sueca).
- **SMACNA** - Sheet Metal and Air Conditioning Contractor National Association (Associação Nacional de Contratação de Folhas de Metal e Ar Condicionado).
- **SSPC** - Steel Structures Painting Council Munsell Color Notation (Conselho de Pintura de Estruturas de Aço e Notação de cores Munsell).
- **UNI** - Unificazione Nazionale Italiana (Unificação Nacional Italiana).

4.4 ESPECIFICAÇÕES TÉCNICAS DE SERVIÇOS

Os serviços e as obras de construção civil devem ser realizados em rigorosa observância aos desenhos dos projetos e seus respectivos detalhes, bem como estrita obediência às prescrições e exigências contidas no memorial descritivo da obra. As eventuais modificações havidas no projeto durante a execução de serviços e obras precisam ser documentadas pela empresa de engenharia, a qual registrará as revisões e complementações dos elementos integrantes do projeto, incluindo os desenhos *como construído* (*as built*).

Algumas divergências, caso detectadas, exigem que a empresa construtora realize ações planejadas e sistemáticas durante a execução dos serviços e das obras, garantindo que os produtos, fornecimentos ou serviços atendam aos requisitos da qualidade estabelecidos no caderno de encargos. O *caderno de encargos* é um conjunto de documentos feitos pelo contratante com orientações para a uniformização de condutas para a realização do empreendimento. Ele deve ser seguido pelos projetistas, construtores e fiscais de obra.

As divergências mais comuns são:

- As cotas do desenho e suas dimensões estão diferentes das medidas em escala. Nesse caso, prevalecerão sempre as cotas do desenho e suas dimensões.
- Diferenças entre os desenhos de escalas diferentes. Nesse caso, prevalecerão sempre os desenhos de maior escala.

- O quadro resumo de esquadrias está diferente das localizações dessas nos desenhos. Nesse caso, prevalecerá sempre a localização das esquadrias nos desenhos.
- As especificações contidas nos projetos são diferentes das contidas no memorial descritivo. Nesse caso, deve-se consultar os autores dos projetos.
- As especificações contidas no caderno de encargos são diferentes dos desenhos dos projetos. Nesse caso, prevalecerá sempre o mais recente.
- Estão diferentes a interpretação dos projetos, das especificações contidas no caderno de encargos, das instruções de concorrência ou caderno de descritivo de acabamento. Nesse caso, deverá ser consultada a empresa de engenharia e/ou os autores dos projetos.

Durante a execução de serviços e obras, a construtora deve:

- Analisar o contrato de execução da obra, caderno de encargos e todos os demais documentos (projetos, memorial descritivo etc.).
- Controlar todos os documentos da obra, incluindo correspondências, atas de reuniões e demais documentos pertinentes à execução do contrato.
- Documentar a utilização dos elementos de projeto, inclusive de eventuais modificações que ocorrem no decorrer da obra.
- Controlar a execução dos serviços, as aquisições, os registros, manuseios e armazenamentos de materiais e equipamentos.
- Realizar o ensaio de controle de materiais e serviços.
- Atualizar o cronograma físico-financeiro da obra.

No caso da construção de edifícios, as principais atividades relacionadas ao caderno de encargos são as apresentadas na Figura 4.2.

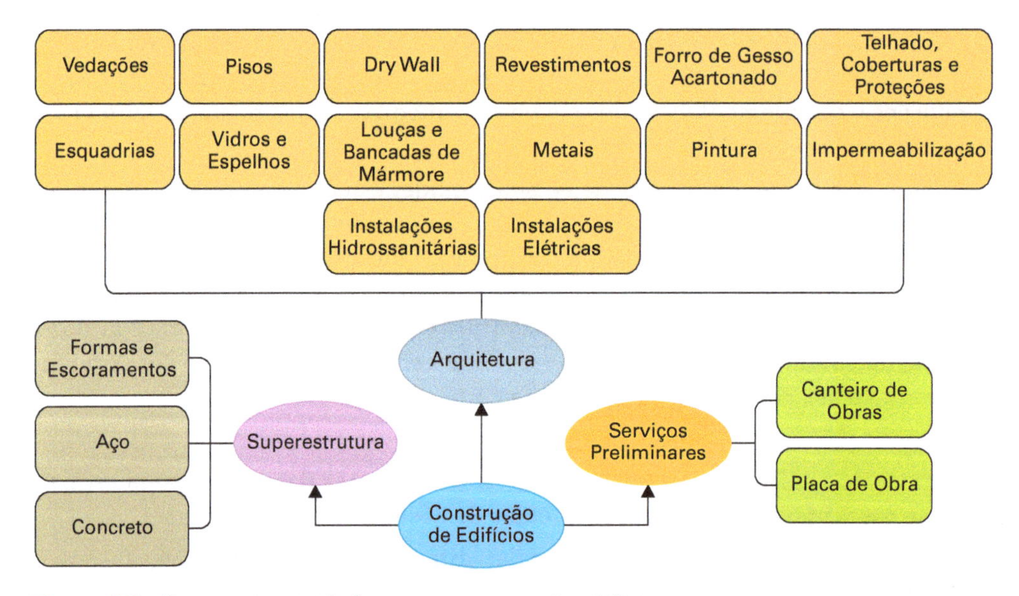

Figura 4.2 • **Principais atividades na construção de edifícios.**

4.4.1 SERVIÇOS PRELIMINARES

4.4.1.1 Canteiro de obras

Para o início da obra, a construtora precisa obter junto aos órgãos e às concessionárias locais as respectivas licenças e permissões. A construtora é responsável ainda pela guarda, vigia e segurança de todos os elementos do canteiro, garantindo seu perfeito fechamento e evitando a entrada de intrusos. Tanto o canteiro de obras como as demais instalações deverão atender às especificações contidas na NR-18, que trata das condições do meio ambiente de trabalho na indústria da construção civil (MTE), além das seguintes prescrições específicas:

- **Escritório de obra:** área mínima de 10 m^2.
- **Refeitório:** com instalações para cozinha/copa com área mínima de 25 m^2.
- **Depósito/almoxarifado:** área mínima de 20 m^2.
- **Vestiários:** masculino e feminino, conjugados a banheiros com área total mínima de 25 m^2 e contendo as instalações e os aparelhos necessários e suficientes para a quantidade de empregados na obra. Os vestiários e inerentes instalações deverão ter sua respectiva área e quantidades proporcionais ao número de funcionários masculinos e femininos, atendidos os critérios da NR-18.

4.4.1.2 Placa de obra

O artigo 16 da Lei Federal nº 5.194/1966 se refere a placas de obra que têm por finalidade a identificação do exercício profissional das pessoas físicas e jurídicas nas obras, instalações e nos serviços de engenharia e agronomia, públicos ou privados. Segundo a Resolução Confea nº 407/1996 art. 1º, sobre o uso de placas de identificação do exercício profissional, essas são obrigatórias e, de acordo com o art. 16 da Lei 5.194/1966, art. 2º, os infratores estão sujeitos a pagamento de multa prevista no art. 73, alínea *a*, da Lei nº 5.194/1966.

Essas placas de obra devem ser colocadas em local visível e legível do lado da via pública. São necessárias, como dito, em qualquer tipo de obra de engenharia e agronomia, para todo tipo de serviço técnico ali desenvolvido e precisam permanecer no local durante toda a sua execução. A placa de obra indicará quem são os responsáveis, por exemplo, das atividades de projeto, execução, gerenciamento, fiscalização em atividades como fundações, estruturas, instalações elétricas, instalações hidráulicas, elevadores, climatização etc.

As placas de identificação dos responsáveis técnicos deverão conter, no mínimo, as seguintes informações:

- nome do profissional;
- título profissional;
- número de registro no CREA ou CAU;
- atividade(s) pela(s) qual(is) é responsável técnico;

- nome da empresa que representa (se houver);
- número da(s) ART(s) correspondente(s);
- dados para contato.

A empresa construtora deve mandar confeccionar, e conservar na obra, a respectiva placa conforme exigida pela legislação. As dimensões e o material utilizado na confecção da placa ficam a critério do profissional, desde que garantam sua visibilidade e legibilidade do lado da via pública (sugestão de dimensões para placa: 3 m x 2 m).

4.4.2 FUNDAÇÕES

As fundações devem ser executadas conforme as disposições contidas no projeto estrutural de fundações, seguindo as normas da ABNT, bem como o manual de obras adotado pela empresa contratante ou consultoria especializada. Sempre que a fiscalização questionar a estabilidade dos elementos estruturais, ela poderá solicitar provas de carga para avaliar a qualidade da resistência estrutural das peças.

Para a execução das fundações, a construtora deverá fazer sondagens e elaborar o respectivo projeto. São considerados como parte integrante das fundações elementos como: blocos de coroamento (ou blocos sobre estacas); estacas; sapatas (corrida, isolada, associada e de divisa); ou outro elemento de infraestrutura (viga baldrame etc.).

As fundações iniciam com a locação de seus elementos constituintes. Na obra, os pontos de amarração devem ser mantidos em condições de conferir a locação das fundações a qualquer momento. Recomenda-se que, após a conclusão da marcação dos blocos de coroamento e estacas ou sapatas, sejam realizadas conferências tantas vezes até que uma marcação confirme a anterior.

Para locação da obra, deverão ser obedecidos os projetos de arquitetura e de estrutura, planta de locação das fundações, e deve-se dar atenção especial a interferências que possam acontecer em instalações existentes ou a serem executadas (elétricas, hidráulicas, telefonia etc.). Essa locação será realizada a partir de elementos perfeitamente identificáveis e executada a partir de métodos topográficos com auxílio de instrumentos de precisão como teodolito, nível, estação total etc. Devem ser criados eixos de referência e referências de nível, através de piquetes de madeira cravados no solo na posição vertical. Independentemente do uso de piquetes para a locação de fundações, será feito um gabarito em tábuas corridas ao redor da edificação, perfeitamente nivelado e fixo de modo a resistir aos esforços dos fios de marcação, sem oscilação e possibilidade de fuga da posição correta. A locação será feita sempre pelos eixos dos elementos construtivos, com marcação nas tábuas ou sarrafos do gabarito, com o uso de cortes na madeira e pregos.

O recebimento dos serviços de locação de obras será efetuado após a fiscalização realizar as verificações e aferições que julgar necessárias.

A execução das fundações terá início após as devidas conferências na locação das fundações. Caberá à empresa construtora investigar a ocorrência de águas agressivas no subsolo ou qualquer outra particularidade que possa ser prejudicial à obra, devendo ser imediatamente comunicadas à fiscalização.

Fora isso, a empresa responsável pela fabricação e pelo fornecimento dos materiais envolvidos na obra deve apresentar ART de projeto e de execução do serviço junto ao CREA.

LEMBRE-SE!

A execução de serviços de estruturas de concreto para a fundação deverá atender também às seguintes normas técnicas:

- **NBR 5732:1991**: cimento Portland comum - especificação.
- **NBR 5733:1991**: cimento Portland de alta resistência inicial - especificação.
- **NBR 6118:2014**: projeto de estruturas de concreto - procedimento.
- **NBR 6122:2010**: projeto e execução de fundações.
- **NBR 6153:1988:** produto metálico - ensaio de dobramento semi-guiado.
- **NBR 7211:2005:** agregado para concreto - especificação.
- **NBR 7480:2007:** aço destinado a armaduras para estruturas de concreto armado - especificação.
- **NBR 12655:2015**: concreto de cimento Portland - preparo, controle e recebimento - procedimento.
- **NBR 14931:2004**: execução de estruturas de concreto - procedimento.

4.4.3 SUPERESTRUTURA

A empresa construtora obedecerá rigorosamente ao projeto estrutural para a execução dos serviços estruturais. Os serviços em concreto armado devem ser executados em estrita observância às disposições do projeto estrutural e às normas técnicas da ABNT.

Nenhum elemento estrutural pode ser concretado sem a prévia e minuciosa verificação, por parte da empresa construtora e da fiscalização, das formas e armaduras, bem como do exame da correta colocação de tubulações elétricas, hidráulicas e outras que, eventualmente, sejam embutidas nos elementos de concreto armado. As passagens de tubulações com diâmetro nominal até 2 polegadas (50 mm), através de vigas e outros elementos estruturais, precisam obedecer aos projetos. Para tubulações com diâmetro superior a 2 polegadas (50 mm), que necessitarem atravessar elementos estruturais, deve-se consultar os autores dos projetos.

A calafetação das juntas dos elementos passantes nas formas deve ser verificada para que não ocorra vazamento da nata de cimento fresco. Sempre que a fiscalização tiver dúvida a respeito da estabilidade dos elementos estruturais, solicitará provas de carga para avaliar a qualidade da resistência das peças. O concreto a ser utilizado nas peças terá sua resistência característica (fck) indicada no projeto de estruturas de concreto armado. Deve ser dada especial atenção ao acabamento do concreto nas superfícies que receberão diretamente impermeabilização, para que não haja saliências, rebarbas ou imperfeições que possam danificar a impermeabilização.

4.4.3.1 Formas e escoramentos

As formas e os escoramentos para a execução dos elementos de concreto armado podem ser em madeira ou metálicos, conforme a disponibilidade de material na região da obra. Toda responsabilidade pela execução, estabilidade, qualidade, segurança e sucesso nas concretagens ficará a cargo da construtora. As formas e escoramentos deverão ser dimensionadas e construídas conforme as normas técnicas da ABNT.

As madeiras precisarão ser armazenadas em locais abrigados, com espaçamento adequado para as pilhas, a fim de prevenir a ocorrência de incêndios.

A execução das formas deverá atender às prescrições das seguintes normas técnicas:

- **NBR 6118:2014:** projeto de estruturas de concreto - procedimento.
- **NBR 14931:2004:** execução de estruturas de concreto - procedimento.
- **NBR 15696:2009:** formas e escoramentos para estruturas de concreto - projeto, dimensionamento e procedimentos executivos.

Será de exclusiva responsabilidade da construtora a elaboração do projeto da estrutura de sustentação e escoramento ou cimbramento das formas para a execução das estruturas de concreto armado. As formas e seus escoramentos deverão ter resistência suficiente para que as deformações, devido à ação das cargas atuantes e das variações de temperatura e umidade, sejam consideradas desprezíveis.

As formas dos elementos estruturais de concreto armado serão construídas de modo a respeitar dimensões, alinhamentos e contornos indicados no projeto de estruturas de concreto armado (planta de formas). Os painéis que constituem as formas necessitam ser perfeitamente limpos e receber aplicação de desmoldante - não sendo permitida a utilização de óleo como desmoldante.

A estanqueidade das formas deve ser garantida em todas as juntas dos painéis das formas, de modo a não permitir a fuga de nata de cimento fresco. Toda vedação dessas será garantida por meio de justaposição das peças, evitando o artifício da calafetagem com papéis, estopa e outros materiais.

A ferragem da armadura será mantida afastada das formas por meio de pastilhas de concreto ou espaçadores de polímero (plástico). As formas deverão ser providas de escoramento e travamento convenientemente dimensionados e dispostos de modo a evitar deformações e recalques na estrutura superiores a 5 mm. Devem ser obedecidas as prescrições contidas nas normas técnicas:

- **NBR 6118:2014:** projeto de estruturas de concreto – procedimento.
- **NBR 14931:2004:** execução de estruturas de concreto – procedimento.

A construção das formas e do escoramento será feita de modo a facilitar na retirada de seus diversos elementos, separadamente, caso necessário. Para que se possa fazer essa retirada sem choques, o escoramento deverá ser apoiado sobre cunhas, caixas de areia ou outros dispositivos apropriados para esse fim.

O escoramento das formas de concreto armado deve ser projetado de modo a não sofrer, sob a ação do seu peso próprio, com o peso da estrutura e das cargas acidentais que possam atuar durante a execução da obra, deformações prejudiciais à forma da estrutura ou que possam causar esforços no concreto na fase de endurecimento.

Devem ser tomadas precauções para evitar recalques prejudiciais à estrutura de concreto armado, provocados no solo ou na parte da estrutura que suporta o escoramento, pelas cargas por esse transmitidas. Se o escoramento for de madeira, cada pontalete só poderá ter uma emenda, a qual não deverá ser feita no terço médio do seu comprimento, ou seja, a emenda somente poderá ser feita até a distância de um terço de seu comprimento a partir da extremidade.

Antes do lançamento do concreto, as medidas e as posições das formas deverão ser conferidas com o objetivo de assegurar que a geometria da estrutura corresponde ao projeto de estruturas de concreto armado (planta de formas), com as tolerâncias previstas nas normas:

- **NBR 6118:2014:** projeto de estruturas de concreto – procedimento.
- **NBR 14931:2004:** execução de estruturas de concreto – procedimento.

As superfícies das formas que ficam em contato com o concreto precisam ser limpas, livres de incrustações de nata de cimento ou outros materiais estranhos e devidamente molhadas e calafetadas.

A limpeza do interior das formas e a vedação das juntas precisam ser realizadas de modo a evitar fuga da nata de cimento fresco. Nas formas de paredes armadas, pilares e vigas estreitas e altas, é fundamental deixar aberturas próximas ao fundo, para limpeza.

As formas absorventes deverão ser molhadas até a saturação, fazendo-se furos para o escoamento da água que estiver em excesso.

Nos casos em que as superfícies das formas precisem ser tratadas com produtos antiaderentes, destinados a facilitar a posterior desmoldagem, esse tratamento deverá ser feito antes da colocação das armaduras. Os produtos antiaderentes empregados não deverão deixar na superfície do concreto resíduos que sejam prejudiciais ou que possam dificultar a retomada da concretagem ou a aplicação do revestimento futuro.

As formas serão mantidas nos elementos de concreto armado até que o concreto tenha adquirido resistência para suportar com segurança o seu peso próprio e até que as superfícies tenham adquirido suficiente dureza, para não sofrer danos durante a desforma. A empresa construtora deverá providenciar a retirada das formas, obedecendo ao plano de desforma, de modo a não prejudicar as peças executadas ou a um cronograma acordado com a fiscalização, e às normas técnicas:

- **NBR 6118:2014:** projeto de estruturas de concreto – procedimento.
- **NBR 14931:2004:** execução de estruturas de concreto – procedimento.

As pequenas cavidades, falhas ou imperfeições que eventualmente aparecerem nas superfícies dos elementos estruturais em concreto armado serão reparadas de modo a restabelecer as características do concreto. Também se reparará as eventuais rebarbas e saliências. Aliás, todos os serviços de reparos devem ser inspecionados e aprovados pela fiscalização. Para o recebimento dos serviços, serão verificadas todas as etapas do processo executivo.

4.4.3.2 Aço

As barras de aço utilizadas para as armaduras das peças de concreto armado, bem como sua montagem, devem atender às normas técnicas brasileiras:

- **NBR 6118:2014:** projeto de estruturas de concreto – procedimento.
- **NBR 7480:2007:** aço destinado a armaduras para estruturas de concreto armado – especificação.
- **NBR 14931:2004:** execução de estruturas de concreto – procedimento.

De modo geral, as barras de aço devem apresentar suficiente homogeneidade quanto às suas características geométricas e não apresentar defeitos, como bolhas, fissuras, esfoliações e corrosão.

No canteiro de obras, as barras de aço necessitam ser armazenadas em áreas próprias, sobre travessas de madeira, de modo a evitar contato direto com o solo, óleos ou graxas. Elas precisam ainda ser agrupadas por categorias, por tipo e por lote. O critério de estocagem deve permitir a sua utilização em função da ordem cronológica de entrada no canteiro de obras.

A empresa construtora deve fornecer, cortar, dobrar e posicionar todas as armaduras de aço, incluindo estribos, fixadores, arames, amarrações e barras de ancoragem, travas, emendas por superposição ou solda, e tudo que for necessário à execução desses serviços, de acordo com as indicações do projeto estrutural de concreto armado.

Não poderão ser empregados na obra aços com qualidades diferentes das especificadas no projeto estrutural de concreto armado. As barras de aço devem ser convenientemente limpas de qualquer substância prejudicial à aderência, retirando-se as eventuais escamas causadas por oxidação. A limpeza da armação é feita fora das respectivas formas. O corte das barras será realizado sempre a frio, vedada a utilização de maçarico.

O dobramento das barras deve ser feito com os raios de curvatura previstos no projeto de estruturas de concreto armado, respeitados os mínimos estabelecidos nas normas técnicas:

- **NBR 6118:2014:** projeto de estruturas de concreto – procedimento.
- **NBR 14931:2004:** execução de estruturas de concreto – procedimento.

As barras de aço sempre serão dobradas a frio. As emendas de barras da armadura devem ser feitas de acordo com o previsto no projeto de estruturas de concreto armado. No caso de emendas de barras de aço não previstas no projeto, somente poderão ser localizadas e executadas conforme for indicado pelas normas técnicas.

A armadura deverá ser colocada no interior das formas, de modo que, durante o lançamento do concreto, mantenha-se na posição indicada no projeto, conservando inalteradas as distâncias das barras entre si e as faces internas das formas. Permite-se, para isso, o uso de arames e de tarugos ou tacos de concreto ou argamassa, ou espaçadores de polímero (plástico).

Qualquer armadura nunca deve ter cobrimento de concreto inferior às espessuras prescritas no projeto de estruturas de concreto armado e na NBR 6118:2014. Para garantia do cobrimento mínimo determinado em projeto, são utilizados distanciadores de polímero (plástico) ou pastilhas de concreto com espessuras iguais ao cobrimento previsto. A resistência do concreto das pastilhas deve ser igual ou superior à do concreto das peças às quais serão incorporadas e as pastilhas precisam ser providas de arames para fixação nas armaduras.

As barras de espera devem ser devidamente protegidas contra a oxidação. Quando for retomada a concretagem, precisam ser perfeitamente limpas, de modo a permitir boa aderência.

4.4.3.3 Concreto

O concreto a ser utilizado nas peças terá a resistência efetiva compatível com a resistência à compressão característica (fck) indicada no projeto de estruturas de concreto armado, atendendo aos critérios das normas técnicas.

A trabalhabilidade do concreto precisa ser compatível com as dimensões da peça a concretar, com a distribuição das armaduras e com os processos de lançamento e adensamento usados. Para isso, deve ser seguido o projeto de estruturas de concreto armado que determinará a relação água/cimento, as dimensões dos agregados e o abatimento do tronco de cone (*Slump test*).

O concreto preparado no canteiro, ou pré-misturado, precisa apresentar resistência característica (fck) compatível com a adotada no projeto. A dosagem do concreto deve obedecer às prescrições da NBR 12655:2006.

A composição de cada concreto a ser utilizado na obra será definida, em dosagem racional ou experimental, com a devida antecedência em relação ao início da concretagem da obra. O estudo de dosagem é realizado com os mesmos materiais e as condições semelhantes àquelas da obra, tendo em vista as prescrições do projeto e as condições de execução.

O cálculo da dosagem do concreto deve ser refeito cada vez que for prevista uma mudança de marca, tipo ou classe do cimento, na procedência e qualidade dos agregados e demais materiais. O cimento empregado no preparo do concreto precisa satisfazer às especificações e aos métodos de ensaio da ABNT.

O armazenamento do cimento no canteiro de obras é realizado em depósitos secos, à prova d'água, adequadamente ventilados e providos de assoalho, isolados do solo, de modo a eliminar a possibilidade de qualquer dano ao material, total ou parcial, ou ainda misturas de cimento de diversas procedências. Também devem ser observadas as normas técnicas:

- **NBR 5732:1991:** cimento Portland comum.
- **NBR 6118:2014:** projeto de estruturas de concreto - procedimento.

O controle de estocagem deve permitir a utilização do cimento seguindo a ordem cronológica de entrada no depósito do canteiro de obras.

Os agregados utilizados nos elementos estruturais de concreto armado, tanto graúdos quanto miúdos, devem atender às especificações do projeto de estruturas de concreto armado e às normas técnicas:

- **NBR 6118:2014:** projeto de estruturas de concreto - procedimento.
- **NBR 7211:1990:** agregados para concreto - especificação.

Agregado graúdo

Deve-se utilizar o pedregulho natural ou a pedra britada proveniente do britamento de rochas estáveis, isentas de substâncias nocivas ao seu emprego, como torrões de argila, material pulverulento, gravetos e outros materiais. O agregado graúdo será uniforme, com pequena incidência de fragmentos de forma lamelar, enquadrando-se, a sua composição granulométrica, na especificação da NBR 7211:1990.

Agregado miúdo

Deve ser utilizada a areia quartzosa ou artificial resultante de britagem de rochas estáveis, com uma granulometria prevista na NBR 7211:1990. Essa deve ser isenta de substâncias nocivas à sua utilização, como mica, materiais friáveis, gravetos e matéria orgânica, torrões de argila e outros materiais. O armazenamento da areia é realizado em lugar adequado, de modo a evitar sua contaminação.

Água

A água usada no amassamento do concreto deve ser limpa, isenta de siltes, sais, álcalis, ácidos, óleos, matéria orgânica ou qualquer outra substância prejudicial à mistura. Em princípio, essa água deve ser potável. Sempre que se suspeitar de que a água disponível possa conter substâncias prejudiciais, devem ser providenciadas análises físico-químicas, conforme prescrições da NBR 6118:2014.

Mistura e amassamento

Os agregados graúdos e miúdos empregados para a confecção de elementos de concreto armado devem ter qualidade uniforme e dimensões compatíveis com as peças a serem concretadas. A relação água/cimento (a/c) considera a resistência, a trabalhabilidade e a durabilidade do concreto, bem como as dimensões e o acabamento das peças estruturais. A proporção dos vários materiais usados na composição da mistura é determinada pela empresa contratada em função dos agregados, da granulometria mais adequada e da correta relação água-cimento, de modo a assegurar uma mistura plástica e trabalhável.

A quantidade de água usada no concreto será regulada para se ajustar às variações de umidade nos agregados, no momento de sua utilização na execução dos serviços. Os cimentos especiais, como os de alta resistência inicial, só podem ser utilizados com autorização da fiscalização, cabendo à empresa construtora apresentar a documentação e justificativa da utilização. Devem ser exigidos testes no caso de emprego de cimento de alto-forno e outros cimentos especiais. Todos os materiais recebidos na obra ou utilizados em usina serão previamente testados para comprovação de sua adequação ao traço adotado nos elementos estruturais de concreto armado.

Controle de resistência do concreto

A construtora fará, por meio de laboratório idôneo e aceito pela fiscalização, os ensaios tecnológicos de controle do concreto e seus componentes conforme as normas técnicas da ABNT e em atendimento às solicitações da fiscalização, antes e durante a execução das peças estruturais.

O controle da resistência do concreto obedecerá ao disposto nas normas técnicas:

- **NBR 6118:2014:** projeto de estruturas de concreto - procedimento.
- **NBR 12655:2006:** concreto de cimento Portland - preparo, controle e recebimento - procedimento.

O concreto estrutural a (j) dias deve apresentar resistência à compressão (fcj) correspondente à resistência característica (fck) (a 28 dias) indicada no projeto. Caso seja registrada resistência abaixo do valor previsto, o autor do projeto estrutural precisa ser consultado para, juntamente com a fiscalização, determinar os procedimentos executivos necessários para garantir a estabilidade da estrutura de concreto armado.

Quando ocorrer o amassamento manual do concreto, esse será realizado sobre um estrado ou superfície plana e resistente. No amassamento manual, mistura-se, primeiramente a seco, os agregados e o cimento de modo que se obtenha cor uniforme. Em seguida, a água é adicionada aos poucos, prosseguindo essa mistura até conseguir uma massa de aspecto uniforme. Não é permitido amassar manualmente, de uma única vez, um volume de concreto superior ou correspondente a 100 kg de cimento (2 sacos de cimento de 50 kg).

O concreto misturado mecanicamente no canteiro de obras deve ser misturado com equipamento adequado (betoneira) e ser convenientemente dimensionado em função das quantidades e de prazos estabelecidos para a execução dos serviços e obras. O amassamento mecânico durará, sem interrupção, o tempo necessário para permitir a homogeneização da mistura de todos os elementos, inclusive eventuais aditivos. Essa duração necessária para o amassamento mecânico do concreto aumenta com o volume de concreto amassado e será tanto maior quanto mais seco for o concreto. O tempo mínimo de amassamento está disposto nas normas técnicas:

- **NBR 6118:2014:** projeto de estruturas de concreto - procedimento.
- **NBR 14931:2004:** execução de estruturas de concreto - procedimento.

No caso de concreto produzido em usina, a mistura deverá ser acompanhada por técnicos especialmente designados pela construtora e pela fiscalização.

O concreto amassado será transportado do local do amassamento para o de lançamento de modo que não acarrete desagregação ou segregação de seus elementos, ou perda sensível de qualquer deles por vazamento ou evaporação. O sistema de transporte deve, sempre que possível, permitir o lançamento direto nas formas, evitando depósito intermediário. Se o depósito intermediário for necessário, precisam ser tomadas as precauções para evitar a segregação no manuseio do concreto amassado.

O tráfego de pessoas e equipamentos no local da concretagem será feito por meio de tábuas e passarelas. Nesse caso, precisa-se obedecer ao disposto nas normas técnicas:

- **NBR 6118:2014:** projeto de estruturas de concreto - procedimento.
- **NR-18:** condições e meio ambiente de trabalho na indústria da construção.

Lançamento do concreto

Todas as superfícies e peças embutidas que tenham sido incrustadas com argamassa proveniente de concretagem devem ser limpas antes que o concreto adjacente ou de envolvimento seja lançado. Necessita-se ainda ter cuidado na limpeza das formas, utilizando ar comprimido ou equipamentos manuais, especialmente em pontos baixos em que a fiscalização exige a abertura de furos ou janelas para remoção da sujeira.

O concreto precisa ser depositado nas formas diretamente em sua posição final, e ele não deve fluir de maneira a provocar sua segregação. O lançamento necessita ser contínuo, conduzido de forma a não haver interrupções superiores ao tempo de pega do concreto. Uma vez iniciada a concretagem, a operação será contínua e somente concluída nas juntas de concretagem preestabelecidas.

A operação de lançamento também será realizada de modo a minimizar o efeito de retração inicial do concreto. Cada camada de concreto é consolidada até o máximo praticável em termos de densidade. Evita-se vazios ou ninhos de tal forma que o concreto fique perfeitamente confinado junto às formas e peças embutidas.

A utilização de bombeamento do concreto somente será autorizada se a construtora comprovar previamente a disponibilidade de equipamentos e mão de obra suficientes para que haja perfeita compatibilidade e sincronização entre os tempos de lançamento, espalhamento e vibração do concreto.

O lançamento do concreto por meio de bombas deve ser efetuado de modo a não retardar a operação, evitando o acúmulo de depósitos de concreto em pontos localizados sem apressar ou atrasar a operação de adensamento. Durante e imediatamente após o lançamento, o concreto será vibrado ou socado contínua e energicamente, com equipamento adequado à sua trabalhabilidade. O adensamento deve ser realizado cuidadosamente para que ele preencha todos os cantos das formas.

Durante o adensamento, devem ser tomadas as precauções necessárias para que não formem ninhos ou haja segregação dos materiais. É preciso evitar a vibração da armadura para que não se formem vazios ao seu redor, com consequente prejuízo da aderência. No adensamento manual, as camadas de concreto não devem exceder 20 cm. Quando se utilizarem vibradores de imersão, a espessura da camada será aproximadamente igual a ¾ do comprimento da agulha do vibrador.

Quando o lançamento do concreto for interrompido e se formar assim uma junta de concretagem, devem ser tomadas precauções para garantir, no reinício do lançamento, a suficiente ligação do concreto lá endurecido com o do novo trecho. Antes de reiniciar o lançamento, então, deve-se remover a nata e limpar a superfície da junta.

A cura de todas as superfícies expostas será cuidadosamente executada, com o objetivo de impedir a perda de água destinada à hidratação do cimento. Durante o período de endurecimento do concreto, as superfícies deverão ser protegidas contra chuvas, secagem rápida, mudanças bruscas de temperatura, choques e vibrações que possam produzir fissuras ou prejudicar a aderência com a armadura.

Para impedir a secagem prematura, as superfícies de concreto são abundantemente umedecidas com água durante pelo menos três dias após o lançamento. Todo o concreto não protegido por formas e todo aquele já desformado deve ser curado imediatamente após ter endurecido o suficiente para evitar danos nas superfícies.

No caso de falhas nas peças concretadas, são providenciadas medidas corretivas, compreendendo demolição, remoção do material demolido e recomposição com emprego de materiais adequados. Caso sejam verificados graves defeitos, deve-se ser ouvido os autores do projeto de estruturas de concreto armado.

LEMBRE-SE!

A execução de serviços de estruturas de concreto para a superestrutura deve atender às seguintes normas técnicas:

- **NBR 5732:1991**: cimento Portland comum - especificação.
- **NBR 5733:1991**: cimento Portland de alta resistência inicial - especificação.
- **NBR 5739:1994**: concreto - ensaio de compressão de corpos-de-prova cilíndricos.
- **NBR 6118:2014**: projeto de estrutura de concreto - procedimento.
- **NBR 6153:1988**: produto metálico - ensaio de dobramento semiguiado.
- **NBR 7211:2009**: agregado para concreto - especificação.
- **NBR 7480:2007**: aço destinado a armaduras para estruturas de concreto armado - especificação.
- **NBR 12655:2006**: concreto de cimento Portland - preparo, controle e recebimento - procedimento.
- **NBR 14931:2004**: execução de estruturas de concreto - procedimento.

4.4.4 ARQUITETURA

4.4.4.1 Vedações (Paredes)

As paredes devem ser executadas obedecendo às dimensões, ao alinhamento e aos detalhes indicados no projeto de arquitetura, estando perfeitamente niveladas, aprumadas e em esquadro. A verticalidade das paredes precisa ser rigorosamente assegurada em sua execução. As fiadas das alvenarias devem ser individualmente niveladas com nível de bolhas (nível de mão ou nível de pedreiro) e as juntas entre os blocos com espessuras homogêneas.

As juntas verticais, tipo mata junta, devem ser aprumadas. Na execução das alvenarias, o travamento da parede contra a estrutura (encunhamento) precisa ser feito por meio de processo aprovado pela fiscalização da obra.

A amarração entre alvenarias deve ser realizada de maneira que os blocos de uma parede penetrem na outra alternadamente, de forma a se obter um perfeito engastamento, mesmo que uma parede atravesse a outra.

Todo elemento estrutural em contato com a alvenaria deve ser vinculado (amarrado) das seguintes maneiras:

- **Nas juntas horizontais inferiores:** o concreto deve ser apicoado e umedecido antes do assentamento da argamassa de rejunte.
- **Nas juntas verticais:** sobre as superfícies de concreto, limpas, molhadas, isentas de pó etc., deverá ser espalhado chapisco, argamassa de cimento e areia no traço 1:3, com consistência pastosa, não devendo haver uniformidade no chapisco.

Após a cura do chapisco, aproximadamente de 12 horas a 24 horas após o término da sua aplicação, deve-se aplicar a argamassa para fixação dos blocos com 10 mm de espessura.

Os cortes na alvenaria para colocação de tubulações, caixas e elementos de fixação em geral precisam ser executados, preferencialmente, com disco de corte para evitar danos e impactos que possam danificar a alvenaria.

Devem ser tomadas providências para que se evite a perda de resistência das paredes, devido à abertura de "rasgos" para embutir tubulações que cortem grande extensão horizontal de uma superfície de alvenaria. Nesse caso, deve-se consultar o calculista do projeto estrutural.

Todas as aberturas feitas na parede para fixação (chumbamento) de tubulação, caixas de passagens, tomadas etc. devem ser preenchidas posteriormente com argamassa de assentamento, pressionando-a firmemente de modo a ocupar todos os vazios. As alvenarias precisam ser revestidas conforme indicações existentes no projeto de arquitetura, até um mínimo de 10 cm acima do nível do forro de gesso, quando houver; caso contrário, até a parte inferior da laje de teto.

A construtora assentará os materiais utilizados nos locais apropriados, utilizando para aplicação dos mesmos somente profissionais especializados. Os locais onde são aplicadas as alvenarias e paredes estão indicados no projeto de arquitetura.

Todas as alvenarias devem ser executadas do piso até 10 cm acima do forro de gesso acartonado, salvo indicação contrária no projeto de arquitetura.

Todos os blocos precisam estar úmidos no instante de seus assentamentos. Para a mistura de argamassa de assentamento, pode-se utilizar tanto os misturadores mecânicos quanto os manuais. No caso de ser utilizado misturador mecânico, esse deve ser limpo constantemente da argamassa seca que nele se encontrar, de sujeiras ou materiais que possam comprometer a qualidade da mistura.

A argamassa de assentamento precisa recobrir inteiramente todas as superfícies de contato dos blocos e a primeira fiada ser assente com argamassa abundante, com espessura mínima de 2 cm. Os excessos de argamassa que saem das juntas devem ser removidos enquanto frescos.

As argamassas caídas no solo, ou retiradas da alvenaria, podem ser reaproveitadas, desde que haja recuperação dessas e que, após a recuperação, apresentem as mesmas características iniciais. Não deverá ser alterada a posição dos blocos depois do início da pega da argamassa. Em caso de necessidade de modificação da posição dos blocos, e eventualmente dos seus vizinhos, devem ser removidos limpos, umedecidos e recolocados com argamassa fresca. As paredes precisam estar perfeitamente alinhadas e perpendiculares com a laje de piso e teto. O alinhamento ou prumo das paredes pode ser verificado pela fiscalização, empregando a régua de alumínio com nível de bolha acoplado, nível laser ou qualquer outro equipamento devidamente calibrado e em condições de uso.

Juntas de assentamento

Todas as juntas devem ter a espessura constante em todas as direções. A espessura das juntas terminadas verticais e horizontais serão de 8 a 15 mm, exceto quando necessário para ajuste, porém constantes, devendo as rebarbas ser retiradas com a colher.

Após a conclusão dos trabalhos de revestimento de paredes, todos os furos deixados por pregos durante o alinhamento serão fechados. As juntas verticais devem ser amarradas (não alinhadas); as horizontais, mantidas em absoluto nivelamento (alinhadas), sendo que essa precisa ser retificado com frequência.

Reforços (cintas e pilaretes)

As cintas e pilaretes serão executadas conforme detalhes típicos constantes do projeto estrutural. Toda parede deverá ser executada com fixação (amarração) na laje de teto.

Rejuntamento

As juntas nas paredes de fechamento serão lisas.

Encunhamento das paredes

Todas as paredes devem atingir superiormente as lajes ou vigas e serem encunhadas com essas. A elevação das paredes, nesses vãos, deve ser interrompida a uma fiada abaixo da face inferior das lajes ou vigas. A alvenaria precisa, então, ser fixada por meio de cunhas de madeira e, somente 8 (oito) dias depois da construção de cada pano de parede, quando estiver terminada a retração da argamassa de assentamento e quando estiver concluída a construção das alvenarias correspondentes dos pavimentos superiores, deve-se colocar a última fiada dos blocos. A última fiada é executada com os blocos inclinados de forma a garantir o encunhamento da parede com laje ou viga superior. Caso a empresa de engenharia possua outra técnica de encunhamento (por exemplo, argamassa expansiva para encunhamento), essa pode aplicá-la, desde que autorizada pelo cliente.

Armação horizontal e vertical

Deverá ser prevista a armação horizontal conforme indicação nos desenhos de detalhes executivos do projeto estrutural. Para alocação e dimensionamento da armação vertical, é necessário consultar os desenhos de estrutura.

4.4.4.2 Pisos

A base de concreto sobre a qual é aplicado o piso precisa ter sido dimensionada e executada de modo a não sofrer deformações provenientes da sua utilização. A espessura de rebaixo em relação ao piso final acabado para colocação do revestimento também deve ser observada.

A superfície da base de concreto deve ser executada atendendo às indicações dos caimentos contidos nos desenhos de arquitetura, sendo que, na ausência desses, deve-se obedecer às seguintes declividades:

- Nos locais onde não houver manuseio com água nem lavagem, o caimento do piso será de 0,2% em direção às portas, escadas ou saídas.
- Nos locais sujeitos a lavação eventual, o caimento do piso será de 0,5% para ralos, portas, escadas ou saídas.
- Nos banheiros, o caimento do piso será de 1% para os ralos.
- Na copa/cozinha, o caimento do piso deverá ser 1% para as saídas.

O piso só deve ser executado depois de assentadas as canalizações que passarão por baixo dele e após a locação e o nivelamento dos ralos e das caixas, quando houver. Não deve haver também mais movimentação no local, devido à execução de outros serviços.

Todo o material a ser utilizado na execução de um mesmo piso deve proceder de um único fabricante, devendo ser, obrigatoriamente, de primeira qualidade, sem uso anterior. Por exemplo, a cerâmica do piso de revestimento cerâmico deve ser comprada de um único fabricante; o rejunte a ser empregado pode ou não ser comprado do mesmo fabricante, porém, o fabricante escolhido fornecerá todo o rejunte necessário para a execução do piso.

Ainda para a execução dos pisos, as recomendações dos fabricantes precisam ser consideradas ao que diz respeito ao contrapiso, cantos e reforços nos rodapés, penetração nos ralos, canaletas e nas passagens de tubulação, e essa execução somente poderá ser efetuada por profissionais especializados.

O contrapiso é executado com antecedência mínima de 7 dias em relação ao assentamento do piso cerâmico, com o objetivo de diminuir o efeito de retração da argamassa sobre a pavimentação. Com a finalidade de garantir a aderência do contrapiso à camada imediatamente inferior, essa última é umedecida e polvilhada com cimento Portland (formando uma pasta), lançando-se, em seguida, a argamassa que constitui o contrapiso. O acabamento da superfície do contrapiso é executado à medida que é lançada a argamassa, apresentando acabamento áspero, obtido por sarrafeamento ou rápido desempenamento da superfície.

O serviço de colocação do piso cerâmico somente pode ser iniciado após o término da marcação das alvenarias e de executadas e testadas todas as instalações elétricas e hidráulicas existentes no piso.

Após a aplicação das cerâmicas, as áreas são isoladas e somente liberadas ao trânsito leve após 48 horas de sua execução. A liberação para o tráfego de carrinhos e giricas só após 07 (sete) dias. O corte das peças, quando necessário, será feito manualmente com o uso de ferramentas adequadas, como brocas diamante, cortadores diamante, pinças, rodas para desgaste etc.

Quando for realizado o corte e assentamento do piso cerâmico, deve-se tomar o cuidado de eliminar as arestas cortantes do material cerâmico que ficarem expostas ao contato físico. Para isso, precisa-se proceder com um bisotamento chanfrado a 45 graus discreto de 2 mm nas arestas vivas. A limpeza de rotina deve ser feita somente com água e sabão, sem necessidade de utilizar ácidos ou outros produtos abrasivos.

4.4.4.3 Painéis de gesso acartonado para paredes (*drywall*)

Para a fixação dos painéis de gesso acartonado (*drywall*), deve-se inicialmente marcar no piso a espessura da parede, destacando a localização dos vãos de porta. Em seguida, fixar as guias, superior e inferior, a cada 60 cm, com pistola e bucha, prego de aço ou cola. Na junção das paredes em T ou L, deixar entre as guias um intervalo para a passagem das placas de fechamento de uma das paredes, no piso e no teto. Fixar os montantes de partida nas paredes laterais, a cada 60 cm no máximo.

Os montantes são cortados com 8 a 10 mm a menos que o pé direito medido e são encaixados nas guias. Deve-se verificar se todos os elementos de sustentação estão colocados e firmes, fornecendo fixação uniforme para parede, e realizar ainda os procedimentos:

- Cortar as placas na altura do teto/forro de gesso menos 1 cm.
- Fazer as aberturas nas placas de gesso para a fixação de caixas elétricas e outras instalações.

- Instalar as placas de gesso de acordo com as instruções do fabricante.
- Montar as placas de gesso na direção mais econômica (com menos recortes), com fixação sobre a estrutura de sustentação.
- Instalar os painéis de tal forma que as junções das placas coincidam com os montantes verticais da estrutura de sustentação.
- Tratar as arestas e os orifícios das placas de gesso com resistência à umidade através de composto para junções especificado.

A aplicação de fixadores deve ocorrer do centro do campo do painel em direção às extremidades e bordas, prevendo-se fixadores a 10 cm das extremidades e bordas dos painéis. Assim, colocam-se filetes de reforço nos cantos externos, usando o maior comprimento possível. Colocam-se ainda guarnições metálicas nos pontos em que as placas de gesso encontram materiais diferentes. Nas juntas das placas de gesso, aplica-se uma camada inicial de gesso (composto) com cerca de 8 cm de largura, apertando firmemente a fita contra o composto, limpando o excesso.

É preciso aplicar uma segunda camada de gesso (composto) com ferramentas de largura suficiente para estendê-lo além do centro da junção, a aproximadamente 10 cm. Espalha-se o composto, formando um plano liso e uniforme. Após a secagem ou consolidação, deve-se lixar ou esfregar as juntas, bordas e os cantos, eliminando pontos salientes e excesso de composto, de modo a produzir uma superfície de acabamento lisa. Tomar cuidado para não levantar felpas de papel ao lixar e, então, preparar para pintura. Fazer ranhuras no acabamento de superfícies adjacentes, de modo que as eventuais irregularidades não sejam maiores do que 1 mm em 30 cm.

No caso de tubulações de cobre, essas deverão ser isoladas dos perfis metálicos para evitar corrosão, inclusive quando passarem nos furos existentes nos montantes. No perímetro das paredes, entre o piso, laje, parede de alvenaria e perfis de alumínio serão utilizadas fitas de isolamento, banda acústica, indicada pelos fabricantes para esse uso, conforme os detalhamentos do projeto arquitetônico.

4.4.4.4 Revestimentos das paredes

Os revestimentos das paredes devem ser perfeitamente desempenados, aprumados, alinhados e nivelados, com as arestas vivas. Precisam ser fixadas mestras de madeira (taliscas) para garantir o desempenho perfeito dos revestimentos. As superfícies a serem revestidas necessitam ser limpas com escova seca, de modo a eliminar todas as impurezas, isentas de pó, gordura etc. Antes da aplicação do revestimento, as superfícies serão molhadas abundantemente, devendo permanecer úmidas. O revestimento só pode ser aplicado após 7 dias da conclusão da alvenaria e após a cura do concreto. A recomposição de qualquer revestimento não pode apresentar diferenças de descontinuidade.

O revestimento da parede só pode ser executado após colocadas e testadas todas as instalações hidráulicas e canalizações que passam por ela, bem como todas as esquadrias. Quando do corte e assentamento das peças, não serão aceitos revestimentos cerâmicos ou de porcelanato com faces expostas que não tenham acabamento de fábrica, ou seja, as peças que forem cortadas devem ser assentadas de forma que as faces talhadas fiquem protegidas. Caberá à construtora assentar os materiais nos locais apropriados, utilizando para aplicação dos mesmos somente profissionais especializados. As etapas de revestimento de emboço e reboco podem ser substituídas por massa única (emboço + reboco), industrializada ou misturada na obra.

Chapisco

É uma argamassa de cimento e areia grossa, no traço em volume 1:3, de consistência pastosa, com espessura máxima de 5 mm. O chapisco deverá ser aplicado sobre superfícies perfeitamente limpas e molhadas, isentas de pó, gordura etc., não devendo haver uniformidade nele. Ele precisa ser curado, mantendo-se úmido, pelo menos, durante as primeiras 12 horas. A aplicação de argamassa sobre o chapisco só pode ser iniciada 24 horas após o término da sua aplicação. Toda a alvenaria a ser revestida será chapiscada depois de convenientemente limpa. Serão também chapiscadas todas as superfícies lisas de concreto, como tetos, montantes, vergas e outros elementos da estrutura que ficarão em contato com a alvenaria, inclusive fundo de vigas.

Emboço/massa única

É uma argamassa mista de cimento, aditivo plastificante e areia, no traço em volume 1:2:8, com 15 mm de espessura. As etapas de revestimento de emboço e reboco podem ser substituídas por massa única (emboço + reboco), industrializada ou misturada na obra no traço em volume 1: 2: 8. Todas as alvenarias deverão ser emboçadas (massa única), inclusive as que se situarem acima do forro.

O emboço deve ser aplicado sobre superfície chapiscada depois da completa pega da argamassa das alvenarias e dos chapiscos. A argamassa de emboço precisa ser espalhada, sarrafeada e comprimida fortemente contra a superfície a revestir, devendo ficar perfeitamente nivelada, alinhada e respeitando a espessura indicada. Em seguida, a superfície deve ser regularizada com auxílio de régua de alumínio apoiada em guias e mestras, de maneira a corrigir eventuais depressões na superfície externa do emboço.

O tratamento final do emboço precisa ser feito com desempenadeira, de tal modo que a superfície seja áspera para facilitar a aderência dos revestimentos, como: reboco, revestimento cerâmicos de paredes e pisos etc.

Nas alvenarias em que o acabamento final estiver previsto em revestimento cerâmico, o emboço deve ter acabamento perfeito, sem defeitos para que os mesmos não sejam repassados para o revestimento. O emboço precisa permanecer devidamente úmido, pelo menos durante as primeiras 48 horas. As aplicações dos revestimentos sobre as superfícies emboçadas só poderão ser efetuadas 72 horas após o término da execução do emboço.

4.4.4.5 Forro de gesso acartonado

Esse tipo de forro é composto de placas de gesso acartonado que são parafusadas sob perfilados de aço galvanizado longitudinais canaletas C, espaçados a cada 60 cm, suspensos por presilha para canaleta C, reguláveis a cada 120 cm e interligadas por tirantes até o ponto de fixação na laje de concreto.

Os detalhes de tabicas de gesso (juntas de dilatação do forro) serão realizados em todos os locais onde houver forro de gesso acartonado.

A estrutura do forro de gesso é composta de perfilados de aço galvanizados longitudinais, sob os quais são fixadas as placas de gesso acartonado, gerando uma superfície capaz de receber o acabamento final.

Para a execução do forro de gesso, deve-se inicialmente marcar o nível do forro nas paredes de confronto com o ambiente a ser forrado. Marca-se, em seguida, o espaçamento dos tirantes, qualquer que seja o suporte, de modo a ter em um sentido, no máximo, 60 cm (espaço entre perfis) e, no outro sentido, no máximo, 120 cm (espaço entre pontos de fixação no mesmo perfil).

Sempre que se desejar que um forro de gesso continue um plano definido por uma argamassa, ela deverá ser interrompida por perfil de alumínio, conforme detalhe em projeto. Fixam-se os tirantes na laje. Após a fixação dos tirantes, inicia-se o processo de colocação das placas. As placas são colocadas perpendicularmente aos perfis, com juntas de topo desencontradas, em uma configuração de tijolinho.

O início do parafusamento deve ser feito pelo canto da placa encostada na alvenaria, ou nas placas já instaladas, evitando comprimir as placas no momento da parafusagem final.

O espaçamento dos parafusos é de 30 cm no máximo e com 1 cm da borda das placas. Nas juntas, deve-se aplicar uma camada inicial de gesso (composto) com cerca de 8 cm de largura, apertando firmemente a fita contra o gesso (composto), limpando o excesso.

Deve-se aplicar uma segunda camada de gesso (composto) com ferramentas de largura suficiente para estendê-lo além do centro da junção a aproximadamente 10 cm. Em seguida, deve-se espalhar o composto, formando um plano liso e uniforme. Nos encontros em 90 graus, deve-se utilizar cantoneira perfurada em aço galvanizado com dimensões de 2,3 × 2,3 cm e espessura de 0,50 mm colada. Sobre a cantoneira, deve-se aplicar massa de rejuntamento.

Após a secagem (consolidação), lixar ou esfregar as juntas, bordas e cantos, eliminando pontos salientes e excesso de composto, de modo a produzir uma superfície de acabamento lisa. Fazer ranhuras no acabamento de superfícies adjacentes, de modo que as eventuais irregularidades não sejam maiores do que 1 mm em 30 cm. Lixar após a segunda e a terceira aplicação do gesso (composto) para a junção. Tomar cuidado para não levantar felpas de papel ao lixar. Finalmente, preparar para pintura de acabamento.

4.4.4.6 Telhado, coberturas e proteções

Antes do início da execução dos serviços, deve-se verificar diretamente na obra, e sob responsabilidade da construtora, as condições técnicas, medidas, locais e posições do destino de cada cobertura ou proteção.

As telhas e os outros materiais de cobertura necessitam apresentar dimensões e formatos adequados à perfeita concordância, garantindo perfeita estanqueidade do conjunto.

É fundamental que todo material destinado à execução do serviço de telhado, cobertura e proteções, como chapas, fixações, calafetações etc. seja obrigatoriamente de primeira qualidade, sem uso anterior. Em caso de uma mesma cobertura, esses materiais devem proceder de um único fabricante. As peças devem apresentar superfícies uniformes, sem manchas, secas e isentas de quaisquer defeitos que comprometam sua aplicação, como: ranhuras, rachaduras, lascamentos, trincas, empenamentos etc.

Para emprego das telhas, acabamentos e outros elementos, segue-se rigorosamente o projeto de arquitetura; no entanto, a execução do serviço deve obedecer minuciosamente às instruções do fabricante e só pode ser executada por profissionais especializados. Qualquer dificuldade no cumprimento dessa especificação por parte da contratada ou dúvida decorrente de sua omissão deverão ser discutidas previamente com o projetista e aprovadas pela fiscalização da contratante.

As estruturas de madeira devem atender às normas técnicas:

- **NBR 7190:1997:** projeto de estruturas de madeira e as estruturas em aço.
- **NBR 8800:2008:** projeto de estruturas de aço e de estruturas mistas de aço e concreto de edifícios.

As telhas cerâmicas devem atender à norma técnica:

- **NBR 15310:2005:** componentes cerâmicos – telhas – terminologia, requisitos e métodos de ensaio.

Para as telhas de fibrocimento, deve-se ter como parâmetro:

- **NBR 7196:2014:** execução de coberturas e fechamentos laterais – procedimento.

Para as telhas de aço, por fim, deve-se ser seguida a:

- **NBR 14514:2008:** telhas de aço revestido de seção trapezoidal – requisitos.

4.4.4.7 Esquadrias

O fabricante de esquadrias somente pode iniciar a manufatura após a aprovação dos desenhos de detalhamento pela empresa contratante e após serem prévia e rigorosamente verificadas na obra as dimensões dos respectivos vãos onde as mesmas serão instaladas.

Toda esquadria entregue na obra está sujeita à inspeção da fiscalização quanto à exatidão de dimensões, precisão de esquadro, ajustes, cortes, ausência de rebarbas e defeitos de laminação, rigidez das peças e todos os aspectos de interesse para que a qualidade final da esquadria não seja prejudicada, tanto no bom aspecto quanto em seu perfeito funcionamento. Nenhum perfil ou chapa pode ser emendado no sentido de seus comprimentos, exceto quando o comprimento da peça for maior do que o tamanho do perfil encontrado no mercado.

Todas as ferragens de esquadrias e caixilhos devem ser completamente limpas e livres de marcas e resíduos de construção, sendo devidamente lubrificadas as suas partes móveis, apresentando os movimentos completamente livres. As peças só podem ser assentadas depois de aprovadas pela empresa contratante e os protótipos de cada tipo assentados na obra.

A instalação dos caixilhos deve obedecer ao posicionamento na alvenaria ou no concreto, conforme indicado nos desenhos de detalhamento de arquitetura e serem perfeitamente alinhados e aprumados.

Os caixilhos devem ser assentados perfeitamente sobre contramarcos. Após o assentamento, todas as esquadrias precisam estar perfeitamente aprumadas e niveladas. Após a fixação das esquadrias, precisa-se prever elementos de vedação que garantam a perfeita estanqueidade do conjunto. No caso de esquadrias com justaposição da folha com as guarnições, além da estanqueidade às águas de chuva, não deve haver frestas que permitam a passagem de corrente de ar. Entre as folhas e as guarnições, são deixadas folgas necessárias de modo que, ressalvada a vedação, seja possível o funcionamento da esquadria sem esforços demasiados e nem ruídos produzidos pelo atrito. As bordas das folhas móveis devem justapor-se perfeitamente entre si e com as guarnições, por sistemas de mata juntas.

A colocação das ferragens deve ser feita de maneira cuidadosa. Os rebaixos ou encaixes para dobradiças, fechaduras de embutir etc. apresentam a forma das ferragens, não sendo toleradas folgas que exijam emendas, calções etc.

A localização das ferragens nas esquadrias, bem como o assentamento das peças nos devidos lugares, precisa ser medida com precisão, de modo a se evitar discrepâncias de posição ou quaisquer outras imperfeições perceptíveis à vista. Todos os vãos expostos às intempéries devem ser submetidos à prova de estanqueidade por meio de jato de mangueira d'água sobre pressão, ou será feito o teste de estanqueidade, conforme indicado na NBR 6486:2000. Se a água penetrar, a empresa construtora deve providenciar as medidas corretivas ou até trocar as esquadrias, sem ônus para o contratante.

Toda a madeira a ser empregada nas esquadrias precisa estar seca e isenta de defeitos, como: rachaduras, nós, escoriações, falhas, empenamentos etc., os quais possam comprometer a sua durabilidade e o perfeito acabamento das peças. Todos os serviços de marcenaria devem ser executados obedecendo às dimensões, ao alinhamento e aos detalhes indicados no projeto de arquitetura. Todas as peças necessitam estar perfeitamente niveladas, alinhadas e em esquadro. O perfeito estado de cada peça precisa ser minuciosamente verificado antes de sua colocação. Todo o serviço de marcenaria entregue na obra está sujeito à inspeção da fiscalização quanto à exatidão de dimensões, precisão de esquadro, cortes, ausência de rebarbas, rigidez e todos os demais aspectos de interesse para que a qualidade final do serviço em questão não seja prejudicada, tanto quanto ao bom aspecto ou ao perfeito funcionamento.

Para a execução de esquadrias, devem ser seguidas as normas técnicas:

- **NBR 10821-1:2011:** esquadrias externas para edificações - requisitos e classificação.
- **NBR 10821-2:2011:** esquadrias externas para edificações - terminologia.
- **NBR 14925:2003:** unidades envidraçadas resistentes ao fogo para uso em edificações.
- **NBR 15930-1:2011:** portas de madeira para edificação - terminologia e simbologia.
- **NBR 15930-2:2011:** portas de madeira para edificação - requisitos.

4.4.4.8 Vidros e espelhos

Os tipos e as espessuras dos vidros estão definidos no projeto de arquitetura. Os vidros devem ser de procedência conhecida e idônea, de características adequadas ao fim a que se destinam, sem empenamentos, manchas, bolhas e de espessura uniforme.

O transporte e armazenamento dos vidros precisa ser realizado de modo a evitar quebras e trincas, utilizando-se embalagens adequadas e evitando-se estocagem em pilhas. Os componentes da vidraçaria e materiais de vedação devem ser recebidos em recipientes hermeticamente lacrados, contendo a etiqueta do fabricante. Os vidros permanecem com as etiquetas de fábrica até a instalação e inspeção da fiscalização.

Os vidros são entregues nas dimensões previamente determinadas, obtidas através de medidas realizadas pelo fornecedor nas esquadrias já instaladas, de modo a evitar cortes e ajustes durante a colocação. As placas de vidro devem ser cuidadosamente cortadas, com contornos nítidos, sem folga excessiva com relação ao requadro de encaixe, nem conter defeitos, como extremidades lascadas, pontas salientes e cantos quebrados. As bordas dos cortes devem ser esmerilhadas, de modo a se tornarem lisas e sem irregularidades.

Os vidros precisam seguir as normas técnicas:

- **NBR 7199:1989:** projeto, execução e aplicação de vidros na construção civil.
- **NBR 14697:2001:** vidro laminado.
- **NBR 14698:2001:** vidro temperado.

4.4.4.9 Louças e bancadas de mármore

Somente podem ser instaladas peças idênticas às indicadas nas especificações do projeto de arquitetura e seus detalhes, exceto quando previamente aprovadas pelo fiscal da obra. O perfeito estado de cada aparelho deve ser minuciosamente verificado antes de sua colocação. Para o local de aplicação do material, deve-se consultar o projeto de arquitetura. Para a definição da bitola a ser utilizada em cada material (depende do local de aplicação do mesmo), consulta-se o projeto de instalações hidráulicas.

As louças precisam ser fornecidas com todos os parafusos e demais acessórios necessários para sua instalação.

4.4.4.10 Metais

Todos os metais entregues na obra estão sujeitos à inspeção da fiscalização, devendo ter todos os requisitos da qualidade para um bom funcionamento e aspecto. Só é permitido instalar peças idênticas às indicadas nas especificações do projeto de arquitetura, quando previamente aprovadas pelo fiscal da obra.

Todas as peças e os acessórios são colocados com o máximo cuidado, obedecendo às indicações dos desenhos do projeto de arquitetura. Para o local de aplicação do material descrito, deve-se ser consultado o projeto de arquitetura.

Para a definição da bitola a ser utilizada em cada material, a qual depende do local de aplicação do mesmo, consulta-se o projeto de instalações hidráulicas.

A construtora deve assentar os materiais nos locais apropriados e ter a responsabilidade quanto aos materiais empregados. Todos os metais e acessórios a serem utilizados devem estar especificados no projeto de arquitetura e na planilha de quantificação e especificações de materiais.

Os metais precisam ser fornecidos com todos os parafusos e demais acessórios necessários para a sua instalação.

4.4.4.11 Pintura

Devem ser utilizadas tintas de fundo e acabamento de um mesmo fabricante para cada esquema de pintura. Superfícies destinadas para pintura devem ser cuidadosamente limpas e convenientemente preparadas para o tipo de pintura a que se destinarem. Caso tenham vestígios de óleo, gordura ou graxa nas superfícies, esses são removidos de acordo com orientação do fabricante da tinta a ser aplicada, para que não haja problema com a pintura sobre essas superfícies.

Após o lixamento e antes de qualquer demão de tinta, as superfícies devem ser convenientemente limpas com escovas e panos secos. A poeira precisa ser totalmente eliminada; contudo, deve-se tomar precauções especiais contra o levantamento de pó durante os trabalhos, até que as tintas sequem inteiramente. As superfícies só podem ser pintadas quando perfeitamente secas, para que a umidade não prejudique a aderência e nem cause a formação de bolhas, soltando a pintura.

Cada demão de tinta só pode ser aplicada quando a precedente estiver perfeitamente seca, observando-se um intervalo de 24 horas, no mínimo, entre demãos sucessivas, salvo quando indicado de outra forma. Já a demão de massa somente pode ser aplicada quando a precedente estiver perfeitamente seca, observando-se um intervalo mínimo de 48 horas, após cada demão de massa, salvo quando indicado de outra forma.

Os trabalhos de pintura em locais que não são totalmente abrigados são suspensos em dias chuvosos ou quando da ocorrência de ventos fortes que possam transportar poeira ou partículas em suspensão no ar.

As superfícies pintadas devem ser manuseadas apenas depois de decorrido o tempo limite de secagem estabelecido pelo fabricante. Salvo autorização expressa da fiscalização, emprega-se, exclusivamente, somente tintas já preparadas em fábrica, entregues na obra com sua embalagem original intacta.

A fiscalização deve realizar inspeção e controle de qualidade das tintas especificadas, antes de sua aplicação. Durante a aplicação, as tintas serão mantidas homogeneizadas com consistência uniforme. A mistura, homogeneização e aplicação da tinta precisam estar de acordo com as instruções do fabricante. Todo serviço deve ser efetuado de maneira cuidadosa, de modo que as superfícies acabadas fiquem isentas de escorrimentos, respingos, ondas, recobrimentos e marcas de pincel.

A superfície acabada deve apresentar, depois de pronta, textura completamente uniforme, tonalidade e brilho homogêneos. Cabe à empresa construtora executar o serviço de pintura, nos locais conforme indicações no projeto de arquitetura, utilizando para a execução do mesmo somente profissionais especializados.

Todas as superfícies a se pintar devem receber inicialmente chapisco, emboço e reboco, exceto divisórias de gesso acartonado e/ou indicação contrária.

Devem ser utilizadas as normas técnicas:

- **NBR 11702:2011:** tintas para construção civil – tintas para edificações não industriais – classificação.
- **NBR 12554:2013:** tintas para edificações não industriais – terminologia.
- **NBR 15079:2011:** tintas para construção civil – especificação dos requisitos mínimos de desempenho de tintas para edificações não industriais – tinta látex nas cores claras.
- **NBR 15348:2006:** tintas para construção civil – massa niveladora monocomponentes à base de dispersão aquosa para alvenaria – requisitos.
- **NBR 15:380:2006:** tintas para construção civil – método para avaliação de desempenho de tintas para edificações não industriais – resistência à radiação UV/condensação de água por ensaio acelerado.
- **NBR 15381:2006:** tintas para construção civil – edificações não industriais – determinação do grau de empolamento.
- **NBR 15494:2010:** tintas para construção civil – tinta brilhante à base de solvente com secagem oxidativa – requisitos de desempenho de tintas para edificações não industriais.
- **NBR 16211:2013:** tintas para construção civil – verniz brilhante a base de solvente – requisitos de desempenho de tintas para edificações não industriais.

4.4.4.12 Impermeabilização

O projeto executivo de impermeabilização é o conjunto de informações gráficas, baseado no projeto básico de impermeabilização, que detalha e especifica integralmente todos os sistemas de impermeabilização a serem empregados. O projeto de impermeabilização apresentado pela empresa contratada deverá estar de acordo com a norma técnica NBR 9575:2010.

4.4.4.13 Instalações hidrossanitárias

As instalações hidrossanitárias devem seguir os pontos previstos no projeto de arquitetura e no projeto de instalações hidráulicas. Devem ser observadas as bitolas de condutores, calhas, caixas de passagem e caixas de areia.

Só podem ser instaladas peças idênticas às indicadas nas especificações do projeto de arquitetura quando previamente aprovadas pela empresa contratante. Todas as peças e acessórios são colocados com o máximo de cuidado, obedecendo às indicações dos desenhos do projeto de arquitetura. Para o local de aplicação do material descrito, consulta-se o projeto de arquitetura.

Devem ser seguidas as determinações das normas técnicas:

- **NBR 7198:1993:** projeto e execução de instalações prediais de água quente.
- **NBR 7367:1988:** projeto e assentamento de tubulações de PVC rígido para sistemas de esgoto sanitário.
- **NBR 8160:1999:** sistemas prediais de esgoto sanitário - projeto e execução.
- **NBR 15527:2007:** água de chuva - aproveitamento de coberturas em áreas urbanas para fins não potáveis - requisitos.
- **NBR 15939-2:2011:** sistemas de tubulações plásticas para instalações prediais de água quente e fria - polietileno reticulado (PE-X) - procedimentos para projeto.
- **NBR 16057:2012:** sistema de aquecimento de água a gás (SAAG) - projeto e instalação.

4.4.4.14 Instalações Elétricas

As instalações elétricas devem seguir os pontos previstos nos projetos de arquitetura e instalações elétricas, observando-se as bitolas dos eletrodutos, fios e cabos.

Só podem ser instaladas peças idênticas às indicadas nas especificações do projeto de arquitetura e pelo projeto de instalações elétricas, quando previamente aprovadas pelo fiscal da obra. Todas as peças e acessórios devem ser colocados com o máximo cuidado, obedecendo às indicações dos desenhos do projeto de arquitetura e de instalações elétricas.

Segue-se aqui as determinações das normas técnicas:

- **NBR 5410:1997:** instalações elétricas de baixa tensão.
- **NBR 5444:1989:** símbolos gráficos para instalações elétricas prediais.

4.5 PROJETO BASE E PROJETO EXECUTIVO

O termo *projeto* (relacionado a planejar, a programar, a empreender) não pode ser confundido com projeto básico, assim como ambos não podem ser confundidos com projeto arquitetônico, projeto de pavimentação ou projeto de saneamento, entre outros – esses fazem parte do projeto básico. Por isso, a administração deve ter especial atenção quando providenciar a contratação desses tipos de produtos.

4.5.1 PROJETO

Concebido como plano, conforme o *Project Management Body of Knowledge* (PMBOK), que traz um conjunto de conhecimentos de gestão de projetos, esse é um esforço temporário empreendido para criar um produto, seja bem ou serviço, ou resultado exclusivo. Também pode ser definido como um empreendimento planejado que consiste em um conjunto de atividades inter-relacionadas e coordenadas, com o fim de alcançar objetivos específicos dentro dos limites de um orçamento e de um período de tempo dados.

4.5.2 ANTEPROJETO

É o esboço ou rascunho de um projeto, que é desenvolvido a partir de estudos técnicos preliminares e das determinações do demandante, objetivando a melhor solução técnica, definindo as diretrizes e estabelecendo as características a serem adotadas na elaboração do projeto básico.

Deve ser precedido pelo programa de necessidades e estudos de viabilidade e preceder a elaboração do projeto básico.

Nessa fase, são apresentadas as plantas baixas, cortes, planta de cobertura, planta de situação, elevações e definição do padrão de acabamento, mas não existe grande detalhamento.

4.5.3 PROJETO DE ENGENHARIA

Envolve os projetos arquitetônicos; instalações prediais; estruturas; impermeabilização; pavimentação; saneamento; complementares etc.

São as representações gráficas do objeto a ser executado (desenhos técnicos), elaborada de modo a permitir sua visualização em escala adequada, demonstrando formas, dimensões, funcionamento e especificações, perfeitamente definida em plantas, cortes, elevações, esquemas e detalhes, obedecendo às normas técnicas pertinentes, e apresentadas em pranchas. Também podem ser chamados de Desenhos Técnicos.

4.5.4 PROJETO BÁSICO

De acordo com a Lei das Licitações (Lei nº 8.666/1993, inciso IX), projeto básico é o conjunto de elementos necessários e suficientes, com nível de precisão adequado, para caracterizar a obra ou serviço, ou complexo de obras ou serviços objeto da licitação, elaborado com base nas indicações dos estudos técnicos preliminares, que assegurem a viabilidade técnica e o adequado tratamento do impacto ambiental do empreendimento, e que possibilite a avaliação do custo da obra e a definição dos métodos e do prazo de execução.

A Resolução Confea nº 361/91 (arts. 1º e 2º) prevê que o projeto básico é o conjunto de elementos que define a obra, o serviço ou o complexo de obras e serviços que compõem o empreendimento, de tal modo que suas características básicas e desempenho almejados estejam perfeitamente definidos, possibilitando a estimativa de seu custo e prazo de execução. Esse é uma fase perfeitamente definida de um conjunto mais abrangente de estudos e projetos, precedido por estudos preliminares, anteprojeto, estudos de viabilidade técnica, econômica e avaliação de impacto ambiental, e sucedido pela fase de projeto executivo.

4.5.5 PROJETO EXECUTIVO

A Lei das Licitações (inciso X) diz que o projeto executivo é o conjunto dos elementos necessários e suficientes à execução completa da obra, de acordo com as normas pertinentes à ABNT.

Sua elaboração pode ser providenciada antes da licitação, mas após a aprovação do projeto básico, ou concomitantemente à realização física do objeto, ou seja, durante a execução da obra ou do serviço. Importante destacar que o projeto executivo não é um novo projeto, e sim o melhor detalhamento do projeto básico.

No caso de sua elaboração ser concomitante com a execução do empreendimento, ele não pode descaracterizar o objeto e, por conseguinte, seu projeto básico.

SÍNTESE

A utilização de normas técnicas em obras e serviços na indústria da construção civil e sua importância foram descritas aqui. Tratou-se das principais entidades que emitem normas técnicas, apresentando as normas que parametrizam as ações mais corriqueiras do trabalho na obra, assim como foram abordados procedimentos específicos a serem executados junto aos materiais mais corriqueiros em um processo de construção, bem como as normas que regulam e orientam o trabalho junto a esses. Por fim, especificaram-se os conceitos relacionados a projetos.

CAPÍTULO

5 TÉCNICAS DE ORÇAMENTAÇÃO DE OBRAS E SERVIÇOS DE CONSTRUÇÃO CIVIL

INTRODUÇÃO

O presente capítulo destaca os conceitos básicos pertinentes às técnicas de orçamentação e as tecnologias digitais relacionadas para obras e serviços na indústria da construção civil. Apresenta e detalha o memorial descritivo e as especificações, bem como a seleção de fornecedores. Aborda também a depreciação de equipamentos, planilhas de custos unitários, planilhas orçamentárias e preços de venda, procurando mostrar como essas máquinas interagem com o ser humano e podem melhorar a qualidade de vida da sociedade de modo geral.

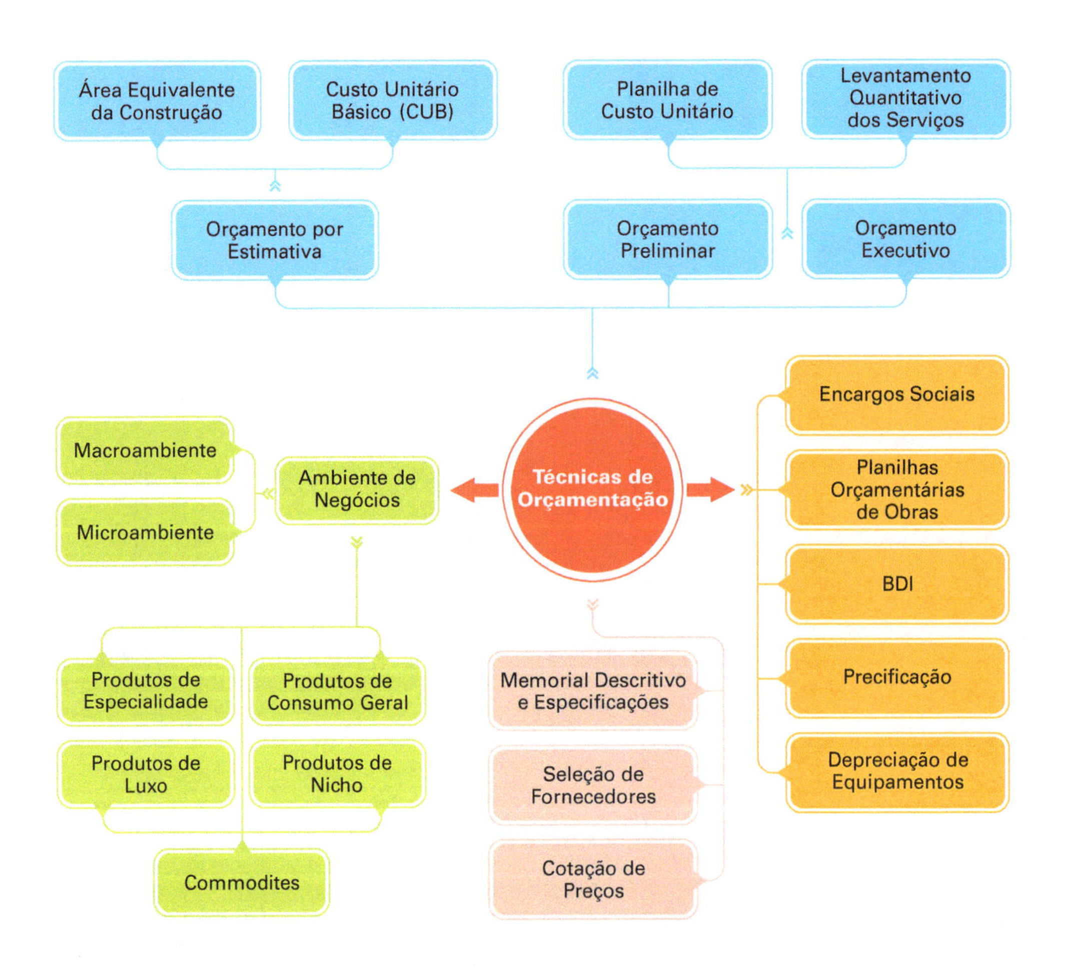

5.1 TÉCNICAS DE ORÇAMENTAÇÃO

O orçamento de uma obra é considerado um dos componentes principais para o sucesso de qualquer empreendimento. O orçamento apresenta a previsão de custos envolvidos para a realização da obra, a partir de variáveis identificadas na etapa de planejamento do empreendimento. Assim, o orçamento deve quantificar os insumos necessários para a realização da obra - elementos essenciais para a produção, como a mão de obra, materiais, máquinas, ferramentas e equipamentos, energia elétrica, água, telefone, recursos financeiros -, seus custos e o tempo que serão utilizados na execução de cada serviço.

O orçamento pode ser classificado conforme sua precisão em (Figura 5.1):

- **Orçamento por estimativa**: realizado para estudar a viabilidade de empreendimentos. Ele é realizado com base no projeto preliminar de arquitetura. O projeto preliminar de arquitetura é também chamado de anteprojeto. O anteprojeto é a forma final da solução de arquitetura proposta para a obra, considerando todas as exigências contidas no programa de necessidades e no estudo preliminar aprovado pelo cliente. Esse tipo de orçamento tem margem de erro de cerca de 20%.
- **Orçamento preliminar**: realizado para o planejamento inicial da obra que será realizada. Ele é feito com base nos projetos preliminares de arquitetura, de estruturas, de instalações elétricas e de instalações hidráulicas, bem como utiliza os memoriais descritivos (documentos que descrevem detalhadamente todas as fases e materiais utilizados no projeto), que também estão em fase preliminar. Esse tipo de orçamento tem margem de erro de cerca de 10%.
- **Orçamento executivo**: realizado para o planejamento inicial da obra. É elaborado com base em todos os projetos e respectivos memoriais descritivos de acabamentos completos. Esse tipo de orçamento tem margem de erro de cerca de 5%.

O *orçamento por estimativa* é obtido por meio de cálculo realizado pela multiplicação de dois fatores:

- **Área equivalente da construção:** uma área virtual cujo custo de construção é equivalente ao custo da respectiva área real. Ela é utilizada quando este custo é diferente do custo unitário básico da construção adotado como referência. Conforme o caso, pode ser maior ou menor que a área a área real correspondente. A área equivalente da construção é a somatória das áreas equivalentes de todos os pavimentos da obra. Para transformar áreas reais de padrões diferentes em áreas equivalentes correspondente a um mesmo padrão deve ser utilizada a NBR 12721:2006 - Critérios para avaliação de custos de construção para incorporação imobiliária e outras disposições para condomínios edilícios - Procedimento, da ABNT.
- **Custo unitário do metro quadrado de construção**: custo unitário por metro quadrado, calculado mensalmente pelos sindicatos da indústria da construção civil de todo o Brasil, denominado Custo Unitário Básico (CUB).

O *orçamento preliminar* e o *orçamento executivo* são obtidos através de cálculo realizado pela multiplicação de dois fatores:

- **Planilha de custo unitário**: são planilhas orçamentárias que indicam o valor de custo unitário de cada serviço, através de apropriação dos insumos utilizados (mão de obra, materiais, máquinas e equipamentos).
- **Levantamento quantitativo dos serviços**: é a quantidade de serviços necessários para a execução da obra, obtida com base nos projetos e memoriais descritivos da obra.

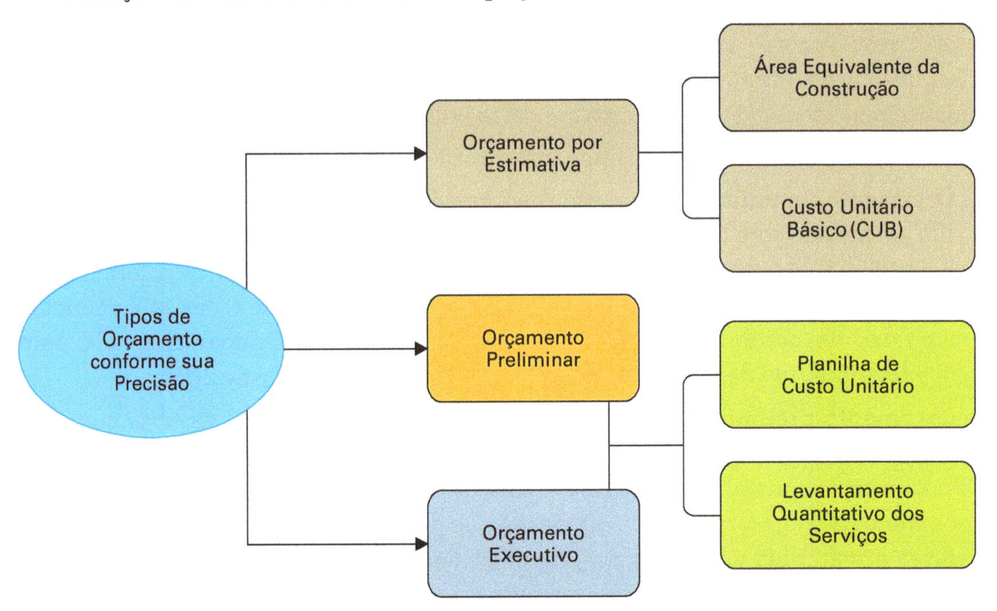

Figura 5.1 • **Tipos de orçamento conforme sua precisão.**

A Figura 5.2 apresenta profissionais de construção civil analisando o orçamento de um empreendimento. A planilha de custo unitário e o levantamento quantitativo dos serviços são itens sempre verificados no estudo de viabilidade de empreendimentos.

Figura 5.2 • **Profissionais analisando um orçamento.**

A precisão na elaboração de orçamento e o aumento da velocidade na obtenção dos resultados é possível com o uso da tecnologia da informação no departamento de orçamento. A utilização de planilhas eletrônicas e *softwares* especializados, inclusive *on-line*, têm proporcionado condições de trabalho compatíveis com a importância do trabalho de orçamentação para o sucesso dos empreendimentos.

5.2 LEVANTAMENTO QUANTITATIVO DE SERVIÇOS DE OBRAS

O levantamento quantitativo de serviços de obras tem como objetivo determinar as quantidades de serviços que existirão na obra. Os serviços a serem executados em uma obra variam, conforme o tipo e porte de cada obra.

Para a construção de uma edificação, os serviços estão descritos de forma genérica na Tabela 5.1 e especificamente para a construção de uma ponte ou viaduto na Tabela 5.2.

Tabela 5.1 • **Exemplo de serviços em obras de edificações**

Ordem	Etapa	Serviço
1	Estudo de viabilidade	Orçamento
		Planejamento
2	Projetos e aprovações	Memoriais descritivos
		Memoriais executivos
		Projeto de arquitetura
		Projeto de fundações
		Projeto de estruturas
		Projeto de instalações hidráulicas
		Projeto de instalações elétricas
		Projeto de instalações especiais

Ordem	Etapa	Serviço
3	Canteiro de obras	Limpeza e destocamento
		Locação topográfica
		Fechamento da obra
		Execução dos barracões de obra
		Execução de depósitos de materiais
		Execução de oficinas de obra
		Instalações hidráulicas provisórias
		Instalações elétricas provisórias
4	Serviços complementares	Conforme cada tipo de obra (exemplo: demolição de construções existentes)
5	Movimento de terra	Nivelamento do terreno
6	Fundações/arrimos	Fundações
		Muros de arrimo
7	Estruturas	Estrutura de concreto armado
		Estrutura de concreto protendido
		Estrutura de aço
		Estrutura de alumínio
		Estrutura de madeira
8	Alvenarias	Alvenaria de fechamento
		Alvenaria armada
9	Revestimentos	Parede - chapisco
		Parede - emboço
		Parede - reboco
		Parede - massa corrida
		Parede - cerâmica
		Piso - nivelamento
		Piso - contrapiso
		Piso - cerâmica
		Piso - pedra
		Piso - madeira

Ordem	Etapa	Serviço
10	Esquadrias e ferragens	Esquadria de aço
		Esquadria de alumínio
		Esquadria de madeira
		Esquadria de plástico
		Ferragem
11	Vidros	Vidros
12	Aparelhos sanitários e metais	Aparelhos sanitários
		Metais sanitários
13	Pinturas	Tinta acrílica
		Tinta látex
		Tinta óleo
		Tinta epóxi
		Verniz
		Laca
14	Impermeabilizações	Impermeabilização de paredes
		Impermeabilização de lajes
		Impermeabilização de caixas de água
15	Instalação elétrica	Instalação elétrica
16	Instalação hidráulica	Instalação hidráulica
17	Instalações especiais	Conforme cada tipo de obra
18	Elevadores	Elevadores
19	Limpeza	Limpeza
20	Desmobilização	Desmonte do canteiro de obras
		Transporte de materiais e equipamentos

Tabela 5.2 • Exemplo de serviços em obras de pontes e viadutos

Ordem	Etapa	Serviço
1	Estudo de viabilidade	Orçamento
		Planejamento
2	Projetos e aprovações	Memoriais descritivos
		Memoriais executivos
		Projeto de arquitetura
		Projeto de fundações
		Projeto de estruturas
		Projeto de instalações hidráulicas
		Projeto de instalações elétricas
		Projeto de instalações especiais
3	Canteiro de obras	Limpeza e destocamento
		Locação topográfica
		Fechamento da obra
		Execução dos barracões de obra
		Execução de depósitos de materiais
		Execução de oficinas de obra
		Instalações hidráulicas provisórias
		Instalações elétricas provisórias
4	Serviços complementares	Conforme cada tipo de obra (exemplo: demolição de construções existentes)
5	Movimento de terra	Nivelamento do terreno
6	Fundações/arrimos	Fundações
		Muros de arrimo
7	Estruturas	Estrutura de concreto armado
		Estrutura de concreto protendido
		Estrutura de aço
8	Elementos específicos	Aparelhos de apoio
		Defensas
		Guarda-rodas
		Guarda-corpo
		Sinalização refletiva

Ordem	Etapa	Serviço
9	Alvenarias	Alvenaria de fechamento
		Alvenaria armada
10	Revestimentos	Parede - chapisco
		Parede - emboço
		Parede - reboco
		Piso - nivelamento
		Piso - contrapiso
		Pavimento
11	Pinturas	Tinta acrílica
		Tinta látex
		Tinta óleo
12	Impermeabilizações	Impermeabilização de paredes
		Impermeabilização de lajes
13	Instalação elétrica	Instalação elétrica
14	Instalação hidráulica	Instalação hidráulica
15	Instalações especiais	Conforme cada tipo de obra
16	Limpeza	Limpeza
17	Desmobilização	Desmonte do canteiro de obras
		Transporte de materiais e equipamentos

DICA

O sucesso de um empreendimento depende da realização de seu orçamento correto. Muitas empresas não conseguem terminar suas obras no prazo de contrato, ou mesmo abandonam a construção da obra, porque não fizeram seus orçamentos de forma correta. Para o sucesso na realização da obra, além de outros fatores, é importante apropriar corretamente todos os serviços envolvidos em sua execução, bem como saber seus preços de mercado.

5.3 ENCARGOS SOCIAIS SOBRE A MÃO DE OBRA

Para fazer um orçamento de uma obra, é necessário saber quanto custará a mão de obra que será utilizada nos serviços a serem executados. O custo obtido para essa mão de obra deverá ser acrescido de um valor denominado de encargos sociais.

Os *encargos sociais* são pagamentos obrigatórios, exigidos pelas leis trabalhistas e previdenciárias, ou resultante de acordos sindicais, que são adicionados aos salários dos trabalhadores.

Os encargos sociais são divididos em três níveis:

- Encargos sociais básicos e obrigatórios.
- Encargos sociais incidentes e reincidentes.
- Encargos sociais complementares.

Os encargos sociais básicos são apresentados na Tabela 5.3.

Tabela 5.3 • **Demonstrativo dos encargos sociais básicos**

Descrição		Horista (%)	Mensalista (%)
A1	Previdência Social	20,00	20,00
A2	Fundo de Garantia por Tempo de Serviço (FGTS)	8,00	8,00
A3	Salário-Educação	2,50	2,50
A4	Serviço Social da Indústria (SESI)	1,50	1,50
A5	Serviço Nacional de Aprendizagem Industrial (SENAI)	1,00	1,00
A6	Serviço de Apoio à Pequena e Média Empresa (SEBRAE)	0,60	0,60
A7	Instituto Nacional de Colonização e Reforma Agrária (INCRA)	0,20	0,20
A8	Seguro Contra Acidentes de Trabalho (INSS)	3,00	3,00
A9	Serviço Social da Indústria da Construção e Mobiliário (SECONCI)	1,00	1,00
A	**Total de encargos sociais básicos**	**37,80**	**37,80**

Os encargos sociais que recebem incidências dos encargos sociais básicos são apresentados na Tabela 5.4.

Tabela 5.4 • **Demonstrativo dos encargos sociais que recebem Incidências dos encargos sociais básicos**

Descrição		Horista (%)	Mensalista (%)
B1	Repouso Semanal e Feriados	22,90	-
B2	Auxílio-enfermidade	0,79	-
B3	Licença-paternidade	0,34	-
B4	13º Salário	10,57	8,22
B5	Dias de chuva/ falta justificada/ acidente de trabalho	4,57	-
B	Total dos encargos socais que recebem incidências de A	39,17	8,22

Os encargos sociais que não recebem incidências dos encargos sociais básicos são apresentados na Tabela 5.5.

Tabela 5.5 • **Demonstrativo dos encargos sociais que não recebem incidências dos encargos sociais básicos**

Descrição		Horista (%)	Mensalista (%)
C1	Depósito por despedida injusta 50% sobre [A2 + (A2 + B)]	5,57	4,33
C2	Férias (indenizadas)	14,06	10,93
C3	Aviso-Prévio (indenizado)	13,12	10,20
C	Total dos encargos socais que não recebem incidências de A	**32,74**	**25,46**

O demonstrativo das taxas das reincidências é apresentado na Tabela 5.6.

Tabela 5.6 • **Demonstrativo das taxas das reincidências**

Descrição		Horista (%)	Mensalista (%)
D1	Reincidência de A sobre B	14,81	3,11
D2	Reincidência de A2 sobre C3	1,05	0,82
D	**Total das taxas das reincidências**	**15,86**	**3,92**

O demonstrativo do subtotal dos encargos sociais básicos e encargos sociais incidentes e reincidentes é apresentado na Tabela 5.7.

Tabela 5.7 • **Demonstrativo do subtotal dos encargos sociais básicos e encargos sociais incidentes e reincidentes**

Descrição		Horista (%)	Mensalista (%)
A	Total dos encargos sociais básicos	37,80	37,80
B	Total dos encargos socais que recebem incidências de A	39,17	8,22
C	Total dos encargos socais que não recebem incidências de A	32,74	25,46
D	Total das taxas das reincidências	15,86	3,92
	Subtotal	**125,58**	**75,40**

No caso dos custos da mão de obra utilizada nas obras, além das leis sociais básicas, as incidências e reincidências, devem ser acrescidos os encargos sociais complementares, que são diretamente relacionados à mão de obra a ser utilizada.

Os encargos sociais complementares são compostos pelo custo do transporte dos trabalhadores (Lei nº 7.418/85), fornecimento gratuito de Equipamento de Proteção Individual (EPI), conforme NR-6, pelo fornecimento de alimentação e demais ações aprovadas nos dissídios coletivos da categoria nas áreas de atuação da empresa.

A Tabela 5.8 apresenta os valores dos encargos sociais complementares, com valores obtidos para a cidade de São Paulo, no ano de 2014.

Tabela 5.8 • **Encargos sociais complementares**

Descrição		Horista (%)	Mensalista (%)
E1	Vale transporte (observação 1)	4,40	4,40
E2	Refeição mínima - café da manhã (observação 2)	3,48	3,48
E3	Refeição - Almoço (observação 3)	29,64	29,64
E4	Refeição - Jantar (observação 4)	-	-
E5	Equipamento de Proteção Individual (EPI) (observação 5)	2,00	2,00
E6	Ferramentas Manuais (observação 6)	1,00	1,00
E	**Total das taxas complementares**	**40,52**	**40,52**

Observação 1: Vale Transporte (VT)

Base Legal: Lei nº 7.418/85 e Decreto 95.247/87

Tarifa média por viagem - C_1 = R$ 3,00

Número de dias trabalhados/mês - N = 26 dias

Salário médio do trabalhador - S = R$ 1.500,00

A Equação 5.1 apresenta o cálculo percentual do vale transporte (VT).

$$VT = \left[\frac{(2 \times C_1 \times N - 0{,}06 \times S)}{S}\right] \times 100 \quad \textbf{(Eq. 5.1)}$$

$$VT = \left[\frac{(2 \times 3{,}00 \times 26 - 0{,}06 \times 1.500{,}00)}{1.500{,}00}\right] \times 100 = 4{,}40\%$$

Observação 2: Refeição Mínima (VC)

Base Legal: Acordo Coletivo de Trabalho - Sinduscon SP

Custo do café da manhã - C_2= R$ 2,50

Número de dias trabalhados/mês - N = 26 dias

Salário médio do trabalhador - S = R$ 1.500,00

A Equação 5.2 apresenta o cálculo percentual da refeição mínima (VC).

$$VC = \left[\frac{(C_2 \times N - 0{,}033 \times S \times N \times 0{,}01)}{S}\right] \times 100 \quad \textbf{(Eq. 5.2)}$$

$$VC = \left[\frac{(2{,}50 \times 26 - 0{,}033 \times 1.500{,}00 \times 26 \times 0{,}01)}{1.500{,}00}\right] \times 100 = 3{,}48\%$$

Observação 3: Refeição - Almoço (VR)

Base Legal: Acordo Coletivo de Trabalho - Sinduscon SP

Custo do almoço - Vale Refeição - C_3 = R$ 18,00

Número de dias trabalhados/mês - N = 26 dias

Salário médio do trabalhador - S = R$ 1.500,00

A Equação 5.3 apresenta o cálculo percentual do almoço (VR).

$$VR = \left[\frac{(C_3 \times N \times 0{,}95)}{S}\right] \times 100 \quad \textbf{(Eq. 5.3)}$$

$$VR = \left[\frac{(18{,}00 \times 26 \times 0{,}95)}{1.500{,}00}\right] \times 100 = 29{,}64\%$$

Observação 4: Refeição - Jantar (VR)

Idêntico à observação 3 para os trabalhadores que dormem na obra.

Observação 5: Equipamento de Proteção Individual (EPI)

Base Legal: Art. 166 da CLT e NR-18 da Lei nº 6.514/77

Custo de cada um dos EPI - P

Fator de utilização do EPI - F

Número de trabalhadores na obra - N

Salário médio do trabalhador - S = R$ 1.500,00

Tempo de permanência do EPI à disposição da obra em meses - t

Vida útil do EPI em meses - VU

A Equação 5.4 apresenta o cálculo do fator de utilização do Equipamento de Proteção Individual. A Equação 5.5 apresenta o cálculo percentual do Equipamento de Proteção Individual (EPI).

$$F = \frac{t}{VU} \quad \textbf{(Eq. 5.4)}$$

$$EPI = \left[\frac{\frac{P_1F_1 + P_2F_2 + ... + P_nF_n}{N}}{S} \right] \times 100 \quad \textbf{(Eq. 5.5)}$$

Será adotado o custo médio mensal estimado por operário $-\frac{(\sum PF)}{N} =$ R$ 30,00

$$EPI = \left[\frac{30{,}00}{1.500{,}00} \right] \times 100 = 2{,}00\%$$

Observação 6: Ferramentas Manuais (FM)

Base Legal: é obrigatório para a empresa fornecer as ferramentas manuais necessárias para execução dos serviços.

Custo de cada uma das ferramentas manuais - P

Fator de utilização das ferramentas manuais - F

Número de trabalhadores na obra - N

Salário médio do trabalhador - S = R$ 1.500,00

Tempo de permanência da ferramenta à disposição da obra em meses - t

Vida útil da ferramenta manual em meses - VU

A Equação 5.6 apresenta o cálculo percentual das ferramentas manuais (FM).

$$F = \frac{t}{VU} \quad \textbf{(Eq. 5.6)}$$

$$FM = \left[\frac{\frac{P_1F_1 + P_2F_2 + ... + P_nF_n}{N}}{S} \right] \times 100 \quad \textbf{(Eq. 5.7)}$$

Será adotado o custo médio mensal estimado por operário $-\frac{(\sum PF)}{N} =$ R$ 15,00

$$FM = \left[\frac{15{,}00}{1.500{,}00} \right] \times 100 = 1{,}00\% \quad \textbf{(Eq. 5.8)}$$

Assim, o total dos encargos sociais é apresentado na Tabela 5.9.

Tabela 5.9 • **Demonstrativo do total dos encargos sociais**

Descrição		Horista (%)	Mensalista (%)
A	Total dos encargos sociais básicos	37,80	37,80
B	Total dos encargos socais que recebem incidências de A	39,17	8,22
C	Total dos encargos socais que não recebem incidências de A	32,74	25,46
D	Total das taxas das reincidências	15,86	3,92
E	Total das taxas complementares	40,52	40,52
	Total de encargos sociais	**166,09**	**115,92**

5.4 PLANILHA DE CUSTO UNITÁRIO

Para realizar o orçamento de uma obra, é necessário conhecer o orçamento de cada serviço a ser executado. O custo de cada serviço é composto por sua quantificação, que é relacionada aos custos da mão de obra, dos insumos e equipamentos necessários para a sua execução.

Assim, o custo de cada serviço (CS) é determinado pela Equação 5.9.

$$CS = \sum (MO + MT + EQ) \quad \textbf{(Eq. 5.9)}$$

Em que: MO: Custo da mão de obra

MT: Custo dos insumos

EQ: Custo dos equipamentos

A *planilha de custo unitário* apresenta o custo de cada serviço por unidade de sua apropriação. A unidade de apropriação de um determinado serviço pode ser: comprimento (m); área (m^2); volume (m^3); peso (kgf); unidade (peça; conjunto), valor (verba); tempo (hora; semana; mês).

Para a determinação dos custos unitários de produção do serviço, deve-se conhecer a produtividade média da mão de obra e dos equipamentos, bem como a composição dos insumos que serão utilizados em cada serviço a ser realizado.

A base de dados relativos à produtividade da mão de obra, ao consumo de materiais e ao uso de equipamentos é muito importante para a atividade de orçamentação.

Para obter índices de produtividade próprios, deve-se realizar apontamentos durante o desenvolvimento dos serviços *in loco* e, posteriormente, fazer um tratamento estatístico. Com isso, é possível ter sob controle o processo orçamentário real da construtora.

Quando a empresa atua em diversas regiões, onde o clima e a cultura regional não são iguais, podem surgir índices de produtividade diferentes para cada uma delas.

Caso a construtora não possua índices de produtividade próprios, pode-se utilizar valores médios de produtividade, como os apresentados nas Tabelas de Composições de Preços para Orçamentos (TCPO), da editora PINI.

A produtividade (P) é a relação entre a quantidade de serviço realizada (QS) e o tempo (T) necessário para realiza-lo (Equação 5.10).

$$P = \frac{QS}{T} \quad \textbf{(Eq. 5.10)}$$

Exemplo 5.1 • **CÁLCULO DE PRODUTIVIDADE EM OBRA**

Para executar uma parede de alvenaria de vedação com blocos cerâmicos furados 9 x 19 x 19 cm (furos horizontais), juntas de 12 mm, com argamassa mista de cimento, cal hidratada e areia sem peneirar traço 1:2:8, com espessura de 19 cm, altura de 2,80 m e comprimento de 7 m, um pedreiro demorou 13 horas.

Sendo: Produtividade = Quantidade de serviço / Tempo

Neste caso, a produtividade do pedreiro para a execução dessa parede foi:

P = (2,80 m x 7,00 m) / 13 horas = 1,5 m^2/h

A composição de custo unitário de serviços geralmente tem os seguintes itens:

- Índice de aplicação de materiais: consumo de cada material utilizado na unidade do serviço.
- Índice de produção da mão de obra: quantas horas de mão de obra são utilizadas na unidade do serviço.
- Índice de aplicação de equipamentos: quantas horas de equipamento são utilizadas na unidade do serviço.
- **Custos unitários dos materiais**: preço do material na unidade do índice de aplicação.
- **Custos unitários da mão de obra**: preço da mão de obra por hora.
- **Custos horários de equipamentos**: preço do equipamento por hora.
- **Taxas de encargos sociais**: aplicadas sobre a mão de obra.

Composição do custo unitário da mão de obra

O custo unitário da mão de obra $CU_{(MO)}$ é feito em função da produtividade (P) do operário envolvido na execução do serviço e de seu custo horário $CH_{(MO)}$ (Equação 5.11).

$$CU_{(MO)} = P \times CH_{(MO)} \quad \textbf{(Eq. 5.11)}$$

Composição do custo unitário de materiais

A composição do custo unitário dos materiais está relacionada com a unidade do serviço.

Composição do custo unitário de equipamentos

A composição do custo unitário dos equipamentos está relacionada à sua finalidade:

- Pequenos equipamentos ou ferramentas.
- Máquinas operatrizes.
- Equipamentos de transporte.

As planilhas de custo unitário são instrumentos muito importantes para o orçamento de uma obra, elas apresentam todos os custos unitários envolvidos com:

- mão de obra;
- materiais;
- equipamentos.

Um exemplo de planilha de custo unitário é apresentado na Tabela 5.10.

Tabela 5.10 • **Exemplo de Planilha de Custo Unitário**

Planilha de Custo Unitário					
Alvenaria de vedação com blocos cerâmicos furados 9 x 19 x 19 cm furos horizontais), juntas de 12 mm com argamassa mista de cimento, cal hidratada e areia sem peneirar traço 1:2:8, espessura de 19 cm.					unidade: m²
Componente	**Unidade**	**Consumo**	**Custo unitário (R$)**		**Custo (R$)**
			Material	**MDO**	
Pedreiro	h	1,50	-	8,00	12,00
Servente	h	1,92	-	6,00	11,95
				Subtotal	23,52
Leis Sociais	166,09%				39,06
				(A) TOTAL MDO	**62,58**
Bloco cerâmico	unidade	51	0,56	-	28,56
Areia lavada tipo média	m³	0,051	74,00	-	3,77
Cal hidratada	kg	7,644	0,48	-	3,67
Cimento Portland CP II-E-32	kg	7,644	0,44	-	3,36
				(B) TOTAL MAT	**39,36**
				TOTAL (A + B)	**101,94**

OBSERVAÇÃO

- Na planilha de custo unitário para a execução de alvenaria de vedação, deve-se considerar o custo do material e da mão de obra para preparo da argamassa, marcação e execução da alvenaria. Nessa planilha não estão inclusos os serviços de fixação (encunhamento) da alvenaria nos elementos de concreto armado (viga superior ou pilares).
- Perda média adotada para os blocos cerâmicos: 5%.
- Perda média considerada para a argamassa: 30%.

5.5 CUSTO UNITÁRIO BÁSICO DA CONSTRUÇÃO CIVIL (CUB)

Como dito anteriormente, o custo unitário básico (CUB) é o principal indicador do setor da construção civil no Brasil. Ele é calculado mensalmente pelos sindicatos da indústria da construção civil de todo o Brasil, que devem divulgá-lo até o dia 5 de cada mês.

O CUB determina o custo global da obra, para fins de cumprimento do estabelecido na lei de incorporação de edificações habitacionais em condomínio, Lei 4.591, de 16 de dezembro de 1964, que assegura aos compradores em potencial um parâmetro de comparação com a realidade dos custos.

A finalidade do CUB é determinar o custo global da obra para fins de cumprimento do estabelecido na lei de incorporação de edificações habitacionais em condomínio. É importante destacar que o CUB é um custo/m^2 que serve apenas de orientação para o setor da construção civil, não é, nunca, o custo real da obra, pois esse só é obtido através de um orçamento completo com todas as especificações de cada projeto em estudo ou análise. No início de século XXI, sua variação percentual mensal tem servido como mecanismo de reajuste de preços em contratos de compra de apartamentos em construção e até mesmo como índice do setor da construção civil.

Unkas Photo\Shutterstock.com

Figura 5.3 • **Edifício em construção.**

A Figura 5.3 apresenta um prédio em construção. O custo por metro quadrado é uma referência importante para o cliente que deseja comprar um apartamento e para quem deseja vender. Um erro, mesmo que pequeno, na determinação desse valor, em função da grande área, pode causar desvantagem para uma das partes envolvidas.

O valores do CUB são calculados com base nos diversos projetos padrão representativos residenciais (R1, PP4, R8, PIS, R16), comerciais (CAL8, CSL8 e CSL16), galpão industrial (GI) e residência popular (RP1Q), levando-se em consideração os lotes de insumos (materiais e mão de obra), despesas administrativas e equipamento e com os seus respectivos pesos constantes nos quadros da NBR 12721:2006, sobre critérios para a avaliação de custos de construção para incorporação imobiliária e outras disposições para condomínios edilícios e seus procedimentos, da ABNT.

A Tabela 5.11 apresenta os projetos padrão utilizados para o cálculo do CUB.

Tabela 5.11 • **Projetos padrão utilizados para o cálculo do CUB**

<table>
<tr><th>Sigla</th><th>Tipo</th><th>Sigla</th><th>Tipo</th><th>Pavimentos</th></tr>
<tr><td rowspan="6">R</td><td rowspan="4">Residencial
Padrão de acabamento: baixo, normal e alto</td><td>R-1</td><td>Residência Unifamiliar</td><td>1</td></tr>
<tr><td>PP-4</td><td>Prédio Popular</td><td>4</td></tr>
<tr><td>R-8</td><td>Residência Multifamiliar</td><td>8</td></tr>
<tr><td>R-16</td><td>Residência Multifamiliar</td><td>16</td></tr>
<tr><td>Residencial
Padrão de acabamento: Baixo</td><td>PIS</td><td>Projeto de Interesse Social</td><td>1</td></tr>
<tr><td>Residência popular
1 quarto</td><td>RPQ1</td><td>Residência Popular</td><td>1</td></tr>
<tr><td rowspan="3">C</td><td rowspan="3">Comercial Padrão de acabamento: normal e alto</td><td>CAL8</td><td>Comercial Andares Livres</td><td>8</td></tr>
<tr><td>CSL8</td><td>Comercial Salas e Lojas</td><td>8</td></tr>
<tr><td>CSL16</td><td>Comercial Salas e Lojas</td><td>16</td></tr>
<tr><td>GI</td><td>Galpão Industrial</td><td>GI</td><td>Galpão Industrial</td><td>1</td></tr>
</table>

Fonte: adaptado da NBR 12721:2006

Assim, os tipos de CUB residencial previstos na norma técnica atingem onze (11) especificações. O lote básico de cada projeto é composto de vinte e nove (29) insumos: vinte e cinco (25) para materiais, dois (2) para mão de obra, um (1) para despesa administrativa (engenheiro) e um (1) para equipamentos (betoneira).

A metodologia de cálculo do CUB inicia com a coleta de dados. Os salários e preços de materiais e mão de obra, despesa administrativas e equipamentos previstos na NBR 12721:2006 são obtidos por meio do levantamento de informações junto a uma amostra de cerca de quarenta (40) empresas da construção civil. Agindo dessa maneira, o universo da pesquisa ocorre sob o ponto de vista do comprador, eliminando uma série de distorções em relação ao fornecimento de dados. Como o indicador a ser calculado refere-se a custo e não a preço, é mais correta a pesquisa junto ao comprador, que no caso são as construtoras, e não junto aos distribuidores ou vendedores.

O resultado obtido pela coleta de dados passa por um tratamento matemático estatístico para pequenas amostras, utilizando a tabela estatística de Student.

Assim, o cálculo do custo unitário de construção por metro quadrado é a somatória das combinações - preços x pesos dos insumos, para cada especificação. As especificações são classificadas por padrão de acabamento e número de pavimentos.

5.6 PLANILHAS ORÇAMENTÁRIAS DE OBRAS

As *planilhas orçamentárias de obras* são planilhas com todos os levantamentos de serviços e seus respectivos custos, para a execução de determinado empreendimento, que pode ser uma construção, reforma ou outros serviços de engenharia.

O levantamento quantitativo dos serviços é feito com base nos projetos executivos (arquitetura, estrutura, fundações, instalações elétricas, instalações hidráulicas e instalações especiais) e respectivos memoriais descritivos e executivos. Os custos dos serviços devem ser determinados através das planilhas de custos unitários.

Um exemplo de planilha orçamentária, discriminação orçamentária ou plano de contas de construção é apresentado na Tabela 5.12.

Tabela 5.12 • **Exemplo de planilha orçamentária**

Planilha orçamentária						
Item	**Código**	**Descrição dos serviços**	**Unid.**	**Quant.**	**Preço unitário (R$)**	**Preço total (R$)**
1		**Serviços preliminares**				**662.500,00**
	1.1	Instalação do Canteiro de Obras	cj	1,00	18.000,00	18.000,00
	1.2	Limpeza e Destocamento do Terreno	m²	500	15,00	7.500,00
	1.3	Administração local da Obra - Despesas Fixas	cj	1,00	11.000,00	11.000,00
	1.4	Administração local da Obra - Despesas Diversas	mês	12,00	16.000,00	192.000,00
	1.5	Administração local da Obra - Pessoal	mês	12,00	36.000,00	432.000,00
	1.6	Placas da Obra	m²	10	200,00	2.000,00

Planilha orçamentária

2		Movimentação de terra				**645.000,00**
	2.1	Escavação	m³	32.000,00	10,00	320.000,00
	2.2	Transporte	m³	32.000,00	5,00	160.000,00
	2.3	Compactação	m³	32.000,00	5,00	160.000,00
	2.4	Regularização	m³	5.000,00	1,00	5.000,00
3		**Contenções**				**398.000,00**
	3.1	Alvenaria de Bloco Estrutural	m²	1.000,00	100,00	100.000,00
	3.2	Concreto Estrutural	m³	400,00	340,00	136.000,00
	3.3	Forma de Madeira	m²	1.000,00	60,00	60.000,00
	3.4	Armadura	kgf	17.000,00	6,00	102.000,00
4		**Drenagem**				**240.000,00**
	4.1	Escavação	m³	2.000,00	12,00	24.000,00
	4.2	Caixas	und	15	2.000,00	30.000,00
	4.3	Tubulação PVC	m	600	100,00	60.000,00
	4.4	Lastro de Brita	m³	100	85,00	8.500,00
	4.5	Meio fio de concreto	m	1.500,00	35,00	52.500,00
	4.6	Sarjeta de concreto	m	100,00	650,00	65.000,00
5		**Fundações**				**804.000,00**
	5.1	Estaca	m	2.000,00	300,00	600.000,00
	5.2	Escavação	m³	160,00	40,00	6.400,00
	5.3	Apiloamento do Solo	m²	80,00	15,00	1.200,00
	5.4	Forma do Bloco	m²	400,00	75,00	30.000,00
	5.5	Ferragem do Bloco	kgf	3.000,00	8,00	24.000,00
	5.6	Lastro de Concreto Magro	m³	80,00	300,00	24.000,00
	5.7	Concreto Estrutural	m³	200,00	500,00	100.000,00
	5.8	Transporte, Lançamento e Adensamento de Concreto	m³	160,00	35,00	5.600,00
	5.9	Desforma do Bloco	m²	400,00	25,00	10.000,00
	5.10	Reaterro	m³	80,00	35,00	2.800,00

Planilha orçamentária

6		**Estrutura de concreto**				**1.835.350,00**
	6.1	Forma	m^2	2.000,00	60,00	120.000,00
	6.2	Cimbramento tubular desmontável	m	4.000,00	50,00	200.000,00
	6.3	Armadura	kgf	50.000,00	8,00	400.000,00
	6.4	Concreto Estrutural	m^3	650,00	500,00	325.000,00
	6.5	Transporte, Lançamento, Adensamento	m^3	650,00	35,00	22.750,00
	6.6	Desforma	m^2	2.000,00	30,00	60.000,00
	6.7	Retirada do Cimbramento	m	4.000,00	25,00	100.000,00
7		**Estrutura metálica**				**38.850,00**
	7.1	Estrutura	kgf	450,00	13,00	5.850,00
	7.2	Telhas	m^2	200,00	125,00	25.000,00
	7.3	Calhas	m	50,00	160,00	8.000,00
8		**Impermeabilização**				**62.650,00**
	8.1	Subsolo	m^2	2.500,00	20,00	50.000,00
	8.2	Muros de Arrimo	m^2	800,00	10,00	8.000,00
	8.3	Vigas Baldrames	m^2	150,00	31,00	4.650,00
9		**Alvenarias**				**207.500,00**
	9.1	Alvenaria de Blocos Cerâmicos	m^2	4.000,00	50,00	200.000,00
	9.2	Vergas	m^3	5,00	1.500,00	7.500,00
10		**Revestimento interno e externo**				**880.000,00**
	10.1	Chapisco	m^2	10.000,00	5,00	50.000,00
	10.2	Emboço	m^2	10.000,00	20,00	200.000,00
	10.3	Reboco	m^2	10.000,00	25,00	250.000,00
	10.4	Massa Corrida	m^2	8.000,00	25,00	200.000,00
	10.5	Revestimento Cerâmico	m^2	2.000,00	90,00	180.000,00
11		**Tetos e forros**				**48.000,00**
	11.1	Chapisco	m^2	600,00	10,00	6.000,00
	11.2	Emboço	m^2	600,00	20,00	12.000,00
	11.3	Reboco	m^2	600,00	25,00	15.000,00
	11.4	Massa Corrida	m^2	600,00	25,00	15.000,00

Planilha orçamentária						
12		**Pisos internos**				**897.500,00**
	12.1	Contrapiso de concreto	m²	5.000,00	30,00	150.000,00
	12.2	Piso de Concreto	m²	1.000,00	120,00	120.000,00
	12.3	Argamassa de regularização	m²	4.000,00	25,00	100.000,00
	12.4	Piso cerâmico	m²	1.500,00	130,00	195.000,00
	12.5	Rodapé cerâmico	m	1.000,00	30,00	30.000,00
	12.6	Piso de carpete	m²	2.000,00	130,00	260.000,00
	12.7	Cordão de arremate	m	500,00	5,00	2.500,00
	12.8	Piso de pedra	m²	500,00	80,00	40.000,00
13		**Esquadrias de madeira**				**110.000,00**
	13.1	Porta com batente	und	200,00	300,00	60.000,00
	13.2	Fechadura	und	200,00	100,00	20.000,00
	13.3	Dobradiças	und	600,00	50,00	30.000,00
14		**Esquadrias de alumínio**				**25.000,00**
	14.1	Porta	und	10,00	1.500,00	15.000,00
	14.2	Janela	und	20,00	500,00	10.000,00
15		**Esquadrias de ferro**				**137.500,00**
	15.1	Gradil	m²	50,00	250,00	12.500,00
	15.2	Guarda corpo	m²	500,00	250,00	125.000,00
16		**Pintura**				**167.000,00**
	16.1	Muros, paredes e tetos - látex/acrílica	m²	5.000,00	15,00	75.000,00
	16.2	Esquadrias de ferro - tinta óleo	m²	4.000,00	23,00	92.000,00
17		**Vidros**				**107.500,00**
	17.1	Jateado	m²	5,00	100,00	500,00
	17.2	Temperado	m²	200,00	350,00	70.000,00
	17.3	Laminado	m²	100,00	370,00	37.000,00
18		**Aparelhos sanitários/metais**				**94.500,00**
	18.1	Lavatórios	und	50,00	550,00	27.500,00
	18.2	Bacia Sanitária	und	50,00	400,00	20.000,00
	18.3	Torneiras	und	100,00	300,00	30.000,00
	18.4	Válvulas	und	100,00	170,00	17.000,00
19		**Instalações elétricas**				**450.000,00**
	19.1	Materiais e mão de obra	und	1,0	450.000,00	450.000,00
20		**Instalações hidráulicas**				**500.000,00**
	20.1	Materiais e mão de obra	und	1,0	500.000,00	500.000,00

Planilha orçamentária						
21		**Instalações contra incêndio**				**100.000,00**
	21.1	Materiais e mão de obra	und	1,0	100.000,00	100.000,00
22		**Instalações de ar condicionado/ ventilação/exaustão**				**200.000,00**
	22.1	Materiais e mão de obra	und	1,0	200.000,00	200.000,00
23		**Elevadores**				**800.000,00**
	23.1	Fornecimento e instalação de elevadores	cj	4,0	200.000,00	800.000,00
24		**Diversos**				**110.000,00**
	24.1	Paisagismo e jardinagem	cj	1,0	30.000,00	30.000,00
	24.2	Quadra esportiva	cj	1,0	80.000,00	80.000,00
25		**Limpeza**				**90.000,00**
	25.1	Limpeza final	m²	15.000,00	6,00	90.000,00
					TOTAL	**9.610.850,00**

* Valores médios de fevereiro de 2014. 5.200 m², prédio com 10 pavimentos, 4 elevadores e construção realizada em 12 meses.

A Tabela 5.13 apresenta um exemplo de valores percentuais de custo de cada serviço em obra de edificação.

Tabela 5.13 • **Valores percentuais de custo de cada serviço em obra de edificação no exemplo da Tabela 5.12**

Item	Serviço	Custo (R$)	Porcentagem do total
1	Serviços Preliminares	662.500,00	6,89
2	Movimentação de Terra	645.000,00	6,71
3	Contenções	398.000,00	4,14
4	Drenagem	240.000,00	2,50
5	Fundações	804.000,00	8,37
6	Estrutura de Concreto	1.835.350,00	19,10
7	Estrutura Metálica	38.850,00	0,40
8	Impermeabilização	62.650,00	0,65
9	Alvenarias	207.500,00	2,16
10	Revestimentos	880.000,00	9,16
11	Teto e Forros	48.000,00	0,50
12	Pisos Internos	897.500,00	9,34

Item	Serviço	Custo (R$)	Porcentagem do total
13	Esquadrias de Madeira	110.000,00	1,14
14	Esquadrias de Alumínio	25.000,00	0,26
15	Esquadrias de Ferro	137.500,00	1,43
16	Pintura	167.000,00	1,74
17	Vidros	107.500,00	1,12
18	Aparelhos Sanitários	94.500,00	0,98
19	Instalações Elétricas	450.000,00	4,68
20	Instalações Hidráulicas	500.000,00	5,20
21	Incêndio	100.000,00	1,04
22	Ar Condicionado	200.000,00	2,08
23	Elevadores	800.000,00	8,32
24	Diversos	110.000,00	1,14
25	Limpeza	90.000,00	0,94
TOTAL		9.610.850,00	100,00

Custo/m^2 = R$ 9.610.850,00/5.200 m^2 = R$ 1.848,24/m^2.

A Figura 5.4 apresenta diferentes esquadrias, itens que podem ser verificados nas Tabelas 5.12 e 5.13. Pode-se perceber uma grande diferença de valores financeiros entre elas.

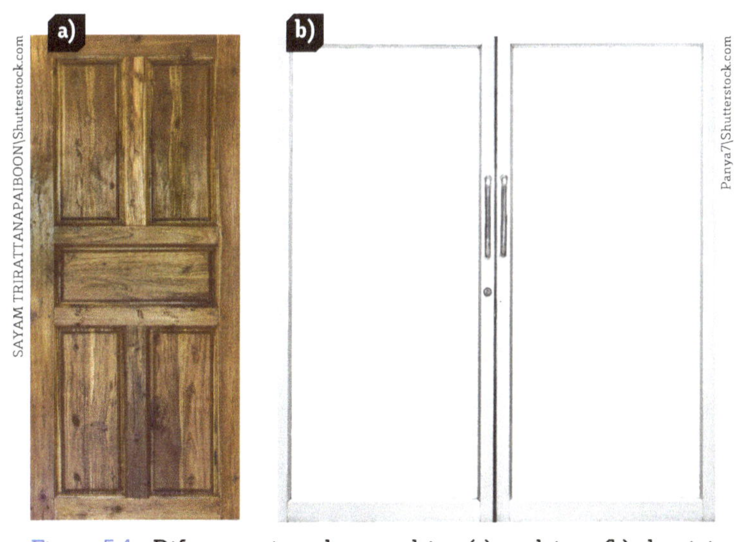

Figura 5.4 • Diferentes tipos de esquadrias: (a) madeira e (b) alumínio.

5.7 BENEFÍCIO E DESPESAS INDIRETAS (BDI)

A sigla BDI significa benefício (ou bônus) e despesas indiretas, isto é:

- **Benefício**: é o lucro do construtor na execução da obra.
- **Despesas indiretas**: são as despesas indiretas do construtor com a execução da obra (encargos financeiros e tributos públicos).

Portanto, o BDI é uma taxa que deve ser adicionada ao custo de uma obra, para cobrir as despesas indiretas que tem o construtor, mais o risco do empreendimento, as despesas financeiras envolvidas, os tributos incidentes nas operações, eventuais despesas de comercialização e o lucro do empreendimento.

Para melhor compreender a composição do BDI, é necessário que se apresente algumas definições importantes:

- **Custos diretos**: todos os gastos envolvidos na produção do empreendimento, isto é, são todos os gastos envolvidos diretamente na execução dos serviços da obra:
  - Insumos (mão de obra, materiais e equipamentos).
  - Infraestrutura para a produção (canteiro de obras, administração local etc.).
- **Despesas indiretas**: são todos os gastos feitos para a comercialização do produto:
  - Administração central da construtora (diretoria, corpo técnico e administrativos; material de papelaria, mobiliário, energias, água, telefone, aluguéis etc.).
  - Gastos financeiros, como juros.
  - Pagamentos de tributos, como taxas e licenças.
  - Gastos de comercialização, como viagens, propostas técnicas, material publicitário etc.

Assim, como visto anteriormente, os insumos presentes nos custos diretos são obtidos através de apontamentos da produtividade da mão de obra.

O levantamento dos gastos com a infraestrutura para a produção que, também, estão presentes nos custos diretos, é feito da seguinte maneira:

- **Instalação e desmobilização do canteiro de obras**: este item depende do porte de cada obra e como será sua execução. São itens como:
  - Limpeza e destocamento do terreno: atividade importante que deve ser realizada logo no início das atividades da obra.
  - Fechamento da obra (tapume): item obrigatório por legislação e uma questão de segurança patrimonial.
  - Edificações provisória (escritórios da obra, almoxarifados, sanitários, vestiários etc.): é a construção das edificações provisórias de obra.

- Locação da obra: atividade importante para a determinação dos pontos de lançamento da obra.
- Placas da obra: item obrigatório por legislação. Deve indicar os responsáveis técnicos pela execução da obra, bem com o alvará de autorização da prefeitura para o início da obra.

- **Administração local da obra - pessoal**: são despesas com a mão de obra que não está em um único serviço específico. A quantidade e a formação de cada uma das pessoas, depende do porte e tipo de cada obra. Para a redução desse custo, os profissionais como o engenheiro civil e o tecnólogo de edifícios podem ser contabilizados como sendo utilizada uma hora por dia na obra. Essa mão de obra pode ocupar postos na obra como:
  - chefia de obra: engenheiro civil, tecnólogo de edifícios, técnico de edificações, técnico de segurança do trabalho, mestre de obras, estagiários;
  - encarregados;
  - pessoal de manutenção de equipamentos;
  - pessoal de manutenção do canteiro de obras;
  - almoxarife e kardexista;
  - apontadores;
  - vigias da obra;
  - administrativos do escritório da obra.
- **Administração local da obra - despesas fixas**: ocorrem apenas uma vez ao longo da duração da obra. São itens como seguro de obra e de terceiros e a Anotação de Responsabilidade Técnica (ART) feita junto ao Conselho Regional de Engenharia e Agronomia (CREA).
- **Administração local da obra - despesas diversas**: ocorrem mensalmente no tempo de duração da obra. Elas são os gastos com:
  - energia, água, telefone;
  - manutenção de equipamentos;
  - manutenção do canteiro de obras.

O BDI é calculado por meio da Equação 5.12.

$$BDI(\%) = \left(\frac{DI + B}{CD} \right) \times 100 \quad \textbf{(Eq. 5.12)}$$

Em que: DI: Despesas indiretas

B: Benefício ou lucro

CD: Custos diretos

O benefício, bônus ou lucro são calculados como sendo uma porcentagem (P) sobre todos os gastos realizados na obra (Equações 5.13, 5.14 e 5.15).

B = P(%) [CD + DI]

$$P(\%)=\frac{B}{[CD+DI]}\times 100 \quad \textbf{(Eq. 5.13)}$$

Com (5.12):

B = [BDI (%) x CD] - DI **(Eq. 5.14)**

Com (5.13) em (5.14):

$$P(\%)=\frac{[BDI(\%)\times CD]-DI}{[CD+DI]}\times 100 \quad \textbf{(Eq. 5.15)}$$

O preço de venda do empreendimento é o custo direto da obra acrescido do BDI, sendo dado pela Equação 5.18.

Com (5.14):

B + DI = [BDI (%) x CD] **(Eq. 5.16)**

Sendo:

PV = CD + B + DI **(Eq. 5.17)**

Com (5.16) em (5.17):

PV = CD + [BDI (%) x CD]

PV = CD [1 + BDI (%)] **(Eq. 5.18)**

Em que: PV: Preço de venda do empreendimento

CD: Custo direto da obra

BDI: Benefício e despesas indiretas

Exemplo 5.2 • **CÁLCULO DO PREÇO DE VENDA DE UM EMPREENDIMENTO**

Dados:

Custos Diretos (CD) = R$ 6.000.000,00

Despesas Indiretas (DI) = R$ 1.000.000,00

Lucro (B) = 6% dos gastos totais

Solução

Gastos Totais (GT) = CD + DI = R$ 6.000.000,00 + R$ 1.000.000,00 = R$ 7.000.000,00) = 6% (GT) = 6% x R$ 7.000.000,00 = R$ 420.000,00

BDI = 100 x (DI + B) / CD = 100 x (R$ 1.000.000,00 + R$ 420.000,00) / R$ 6.000.000,00 = 23,67%

Preço de Venda (PV) = CD [1 + BDI(%)] = R$ 6.000.00,00 [1 + 23,67%] = R$ 7.420.200,00

OBSERVAÇÃO

O BDI não é um valor fixo e deve ser calculado para cada obra.

A ordem de grandeza porcentual das despesas indiretas e do lucro em relação aos custos diretos (CD) é:

1) Administração central da construtora: 5% a 10%.
2) Despesas financeiras: 2% a 20%.
3) Comercialização: 5% a 15%.
4) Lucro: 6% a 12%.

5.8 PRECIFICAÇÃO

O preço é um dos elementos importantes do composto mercadológico que indica a percepção dos consumidores sobre o produto que uma empresa comercializa. Ele é um componente intrínseco ao processo de negócios e por isso a preocupação com a sua administração, uma vez que os resultados financeiros da empresa dependem diretamente dos preços praticados nos mercados onde atua.

No comércio em geral, para a precificação na fase de venda de um produto, é utilizada a margem de lucro. A *margem de lucro* é uma porcentagem que é acrescida ao valor de um produto já acabado, ou seja, ela é uma porcentagem adicionada aos custos totais de um produto, formando o preço final da comercialização.

A margem de lucro tem como principal função gerar lucro para a empresa, otimizando as vendas do produto. Sua intenção é formar preços que cubram os custos e que estejam dentro dos valores que o mercado esteja disposto a pagar. Deve cobrir todos os gastos, como: aluguel do escritório central, comercialização do produto, energia, água, telefone, pessoal, tributos etc.; bem como envolver o lucro.

A margem de lucro é conceitualmente composta por definições importantes como custos, preços de venda e lucro:

- **Custos:** são os valores investidos na construção ou compra do produto que será vendido. Entre os custos, estão os impostos de fretes e demais gastos financeiros que ocorrem em função do produto.
- **Preços de venda:** o estabelecimento do preço justo sobre o produto é feito através do cálculo dos custos de compra e produção e, simultaneamente, a realização de pesquisa sobre o valor que os consumidores estão dispostos a pagar. O preço ideal para o mercado é o resultado dessas duas informações.
- **Lucro:** é o percentual que é recebido sobre a venda do produto. É o retorno de um investimento realizado.

Na construção civil, em geral, o produto a ser comercializado ainda não foi produzido, isto é, não é um *produto de prateleira*, que está pronto para ser vendido. Por isso, sua precificação é feita com base nos custos diretos e na utilização do BDI.

Assim, embora seja possível construir dois prédios idênticos, os gastos envolvidos nessas construções podem ser diferentes e, consequentemente, seus preços de venda poderão também se diferenciar. Quando o prédio estiver pronto, as unidades de apartamento que ainda não foram vendidas podem ser tratadas como produtos de prateleira, tendo seus preços de venda variados conforme situações de prestígio - como apartamentos de frente ou de fundos, ou andares mais baixos e andares mais altos. Também é possível ter preços variando por conta da localização geográfica do edifício na cidade.

O preço dos empreendimentos pode ser afetado por fatores presentes no macroambiente de negócios e/ou no microambiente de negócios (Figura 5.5).

1. **Macroambiente:** fatores presentes no ambiente de negócios que a empresa não tem controle como:
   - social (demográfico e cultural);
   - econômico;
   - tecnológico;
   - político/legal;
   - natural.
2. **Microambiente:** fatores presentes no ambiente de negócios que a empresa consegue controlar:
   - empresa (produto, financeiro, comercial, recursos humanos, marketing);
   - mercado (fornecedores, intermediários, clientes, concorrentes, público).

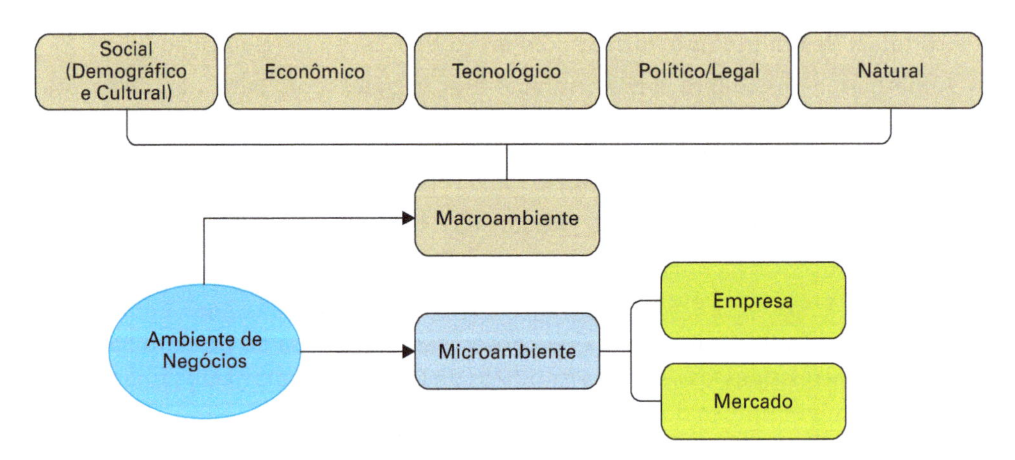

Figura 5.5 • **Ambientes de negócios.**

O macroambiente e o microambiente de negócios podem influenciar o preço dos produtos de maneira única ou simultânea, em itens como:

- custos diretos da obra;
- despesas indiretas da construtora;

- estabilização econômica do país;
- legislação envolvida;
- tecnologias construtivas;
- demografia dos consumidores;
- aspectos políticos locais e nacionais;
- aspectos culturais dos consumidores;
- concorrência.

As edificações podem ter seus preços variando em função das características do público-alvo da construção. Para cada público-alvo da construção civil são elaborados produtos que podem ser classificados em (Figura 5.6):

- **Produtos de consumo em geral:** edificações destinadas aos públicos que fazem *compra comparada* com relação ao custo e benefícios de cada empreendimento. Seus preços são relativos à renda dos compradores.
- **Produtos de especialidade:** edificações construídas sob demanda, isto é, para públicos específicos. São construções únicas, como prédios com selo verde. Seus preços são mais elevados em função das especialidades de cada uma.
- **Produtos de luxo:** edificações destinadas às pessoas que estão preocupadas com *status* e demonstração de poder econômico. Têm preços elevados e materiais com alta qualidade de acabamento.
- **Produtos de nicho:** edificações destinadas a grupos pequenos de compradores. Elas apresentam características adequadas à cultura e às características de convívio social dos compradores. Os preços dessas edificações tendem a ser altos.
- **Commodities:** edificações não diferenciadas, com preços baixos e qualidade razoavelmente aceitável. Neste grupo, estão as edificações de interesse social.

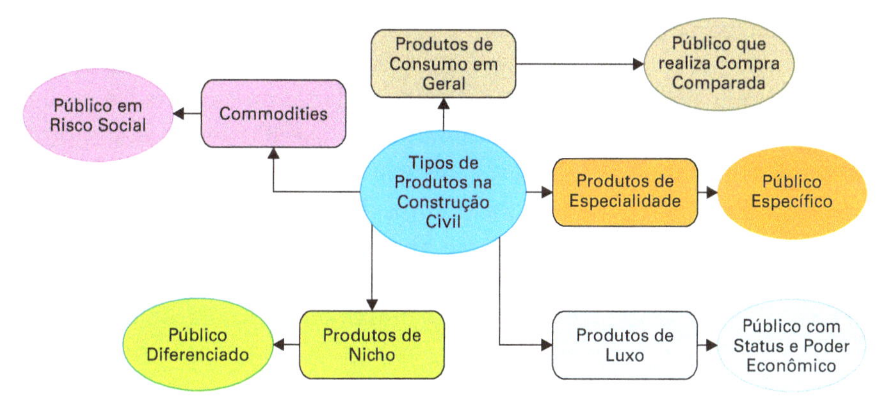

Figura 5.6 • **Tipos de produtos da construção civil.**

Em termos mercadológicos, *cliente* é a pessoa que compra e *consumidor* a pessoa que utilizará. Assim, o cliente, seja ele consumidor ou comprador, desempenha um forte e decisivo papel na formação dos preços dos empreendimentos, principalmente em mercados competitivos.

Assim, é muito importante que seja feita uma análise detalhada de seu comportamento, de seus valores e de suas atitudes para a compreensão dos níveis possíveis de preços a serem praticados pela construtora.

OBSERVAÇÃO

O BDI deve ser sempre calculado para cada obra. Deve ser esperado que empresas de grande porte possam ter valores de BDI maiores do que as de empresas de pequeno porte. Assim, devido a altas despesas indiretas, torna-se financeiramente inviável para as empresas de grande porte realizarem pequenas construções.

5.9 DEPRECIAÇÃO DE EQUIPAMENTOS

Cada equipamento, máquinas ou ferramentas utilizadas para a construção de um empreendimento demandam custos que vão além da energia para funcionar (combustível ou energia elétrica), da manutenção e da mão de obra para sua operação. Com o passar do tempo, os aparelhos sofrem desgastes que conduzem à perda de seu valor de venda. O desgaste faz com que seu preço seja diminuído no mercado, independentemente da tarefa executada pelo aparelho. Essa desvalorização é chamada de *depreciação*.

A depreciação tem impacto significativo no orçamento de uma obra. Por isso, é importante determinar o valor da depreciação no uso de aparelhos na construção civil. Ela é o método utilizado para contabilizar o desgaste de bens físicos durante um determinado período. A perda de valor desses bens é resultado do uso desses ao longo do tempo, obsolescência tecnológica ou danos operacionais que comprometam a vida útil dos aparelhos. Portanto, mesmo que não tenha sido utilizado, o bem será depreciado no mercado, perdendo seu valor de venda.

Cada aparelho tem uma vida útil própria. Em geral, o fabricante fornece o tempo máximo de funcionamento desse aparelho. A Instrução Normativa SRF nº 162/1998, alterada pela Instrução Normativa de Receita Federal do Ministério da Fazenda SRF nº 130/1999, determina no máximo 10 anos de vida útil para cada instrumento usado na construção civil - ou seja, a depreciação pode acontecer antes, mas nunca passará do tempo estabelecido por lei.

A vida útil é o prazo de duração de um bem durante o qual existe a possibilidade de sua utilização. A vida útil de um bem pode ser:

- **Vida útil real:** prazo real de duração de um bem até o efetivo desgaste.
- **Vida útil contábil:** duração de um bem até ser alcançado o prazo resultante de regulamentação oficial.

Um conceito importante é a vida de serviço de um bem:

- **Vida de serviço:** prazo durante o qual um determinado bem será utilizado, podendo ser menor ou maior que a vida útil.

DICA

Para realizar o cálculo da taxa de depreciação, conforme as normas, a qual é bem simples, basta subtrair o percentual anual sobre o valor de compra da propriedade. Por exemplo, se a máquina custar R$ 50.000,00, e a taxa de depreciação é de 10%, pode ser descontado R$ 5.000,00 em um ano.

Existem formas diferenciadas para calcular o valor depreciado de um equipamento, trataremos delas a seguir.

5.9.1 MÉTODO DA DEPRECIAÇÃO HORÁRIA

Esse método de apropriação de depreciação calcula a desvalorização do equipamento por hora de utilização (hora de operação). Nesse cálculo, é considerado o valor total do equipamento, já com o desconto do percentual de depreciação e dividido pela quantidade total de horas trabalhadas (vida útil).

O cálculo do valor de depreciação horária é dado pela Equação 5.19.

$$VDH = \frac{TD(\%) \times VT}{HT} \quad \textbf{(Eq. 5.19)}$$

Em que: VDH: valor de depreciação horária (R$/h)

TD(%): porcentagem de depreciação do equipamento

VT: valor total do equipamento (R$)

HT: total de horas trabalhadas (vida útil) (h)

A vantagem dessa metodologia é calcular detalhadamente a depreciação do produto. Calcula-se a desvalorização por cada operação, ou seja, por hora, facilitando a contabilidade fechar de forma mais precisa os valores depreciados e acompanhar a vida útil de cada máquina de acordo com seu desempenho.

5.9.2 MÉTODO DA DEPRECIAÇÃO LINEAR

A depreciação linear consiste em calcular um valor fixo anual, ou mensal, para a depreciação de um bem em função de sua vida útil estimada. Ou seja, o custo é a razão entre o valor a ser depreciado e a vida útil definida. Por ser um método simples e funcional de calcular a depreciação, é um dos mais usados nesse início de século XXI.

O cálculo do valor de depreciação anual é dado pela Equação 5.20.

$$VDA = VT - \frac{TD(\%) \times VT}{n} \quad \text{(Eq. 5.20)}$$

Em que: VDA: valor de depreciação anual (R$/ano)

VT: valor total do equipamento (R$)

TD(%): porcentagem de depreciação do equipamento

n: vida útil (anos)

5.9.3 MÉTODO ACELERADO DA DEPRECIAÇÃO

Nesse método, a depreciação do equipamento é maior nos primeiros anos de vida útil, diminuindo o valor de perda ao longo do ano. A vantagem aqui é contabilizar rapidamente o pagamento do produto, reduzindo o custo de propriedade do equipamento quando se encontra em idade avançada. A taxa de depreciação varia de acordo com os anos. Primeiro, somam-se os anos de vida útil; depois, criam-se razões dos números do período em ordem decrescente e o total de cada ano.

Tal método é muito utilizado pelos orçamentistas, por não se saber muitas vezes, previamente, qual o equipamento a ser utilizado, nem o tempo de uso específico do mesmo. Nessa metodologia, à medida que o custo da propriedade é reduzido, a despesa de manutenção aumenta devido ao tempo de uso. Na prática, esse método compensa o linear, pois, no final das contas, os resultados serão os mesmos.

A Tabela 5.14 apresenta valores de depreciação de alguns bens.

Tabela 5.14 • **Valores de depreciação de bens conforme legislação da Receita Federal do Brasil**

Bem	Taxa anual de depreciação	Vida útil (anos)
Edifícios	4%	25
Máquinas e equipamentos	10%	10
Instalações	10%	10
Móveis e utensílios	10%	10
Veículos	20%	5
Computadores e periféricos	20%	5
Ferramentas	15%	5

Fonte: adaptado da Receita Federal (2018).

A Tabela 5.15 apresenta períodos de vida útil de alguns equipamentos.

Tabela 5.15 • **Períodos de vida útil de alguns equipamentos**

Bem	Período (anos)
Elevador	5
Escavadeira	5
Betoneira	3
Ferramentas elétricas	3
Martelete	3
Tratores até 50 Hp	5
Veículos utilitários	3
Vibradores	3

Fonte: adaptado da Receita Federal (2018).

5.10 MEMORIAL DESCRITIVO E ESPECIFICAÇÕES

Para realizar o levantamento dos serviços a serem executados em uma obra, é necessário observar os projetos executivos, o memorial descritivo e as especificações de cada serviço. O memorial descritivo apresenta os elementos construtivos e seus componentes, conforme NBR 13532:1995, a qual normatiza a elaboração de projetos de edificações em Arquitetura, da ABNT.

Para melhor compreensão desse assunto, a seguir é apresentado um exemplo de memorial descritivo para a execução de uma obra referente a uma casa de dois pavimentos (Figura 5.7).

Exemplo 5.3 • **MEMORIAL DESCRITIVO**

Este Memorial Descritivo estabelece as normas e os parâmetros para a realização da construção contratada, bem como caracteriza as tecnologias e os materiais que nela serão empregados, bem com os padrões de acabamento.

A construtora poderá utilizar materiais similares aos descritos neste memorial, sempre mantendo o mesmo padrão de qualidade contratado. Essa situação pode ocorrer em função das oportunidades de negociação e/ou da disponibilidade do produto no mercado no momento da aquisição e/ou da melhor adequação do material similar ao projeto da construção contratada.

Caso necessário, a construtora poderá fazer pequenos ajustes no projeto arquitetônico até a data da assinatura do contrato de construção pelo Cliente, bem como os projetos complementares poderão sofrer alterações na ocasião da aprovação nos órgãos competentes.

LOCALIZAÇÃO DO EMPREENDIMENTO DA OBRA

O terreno está localizado na rua ___________, quadra ________ do loteamento _______, no bairro ________, do município de _________, estado de ___________, CEP ___________, Brasil.

O local do terreno é plano, com pequeno declive para sua frente, já estando destocado e limpo, bem como é isento de construções anteriores.

O terreno tem área total de ________m, medindo ________m de frente e ________m de frente a fundos.

PROJETOS EXECUTIVOS

O projeto deste memorial refere-se à uma edificação isolada, constituída de dois (2) pavimentos (sobrado), no estilo neoclássico, com pergolado em ambas as laterais da edificação e muro de fechamento, em todo perímetro do terreno.

A edificação será construída de acordo com os projetos aprovados pelos órgãos da Prefeitura Municipal e pelos demais órgãos prestadores de serviços.

A construção seguirá rigorosamente as especificações dos projetos: arquitetônico, estrutural, instalações elétricas, instalações hidráulicas, TV, internet e telefônico, bem como este memorial descritivo e os detalhes construtivos.

SERVIÇOS TECNICOS DE ARQUITETURA E ENGENHARIA

O projeto arquitetônico da edificação será aprovado junto a Prefeitura Municipal, bem como será solicitado o Licenciamento da Obra.

Durante a execução da obra a Construtora fará a contínua Fiscalização da Construção e, por ocasião de seu término, será realizada a Vistoria Final da Edificação juntamente com o Cliente.

Todos os projetos da obra conterão cópias suficientes para o atendimento à legislação e para a sua execução.

Os projetos da edificação serão desenhados eletronicamente em CAD, cujos originais ficarão em posse de seus respectivos autores.

O projeto arquitetônico é de autoria e responsabilidade do Arquiteto ______________ - CAU: ________.

Os projetos de instalações elétricas, instalações hidráulicas, TV, internet e telefônico são de autoria e responsabilidade do Engenheiro Civil ______________ - CREA: ________.

O projeto estrutural é de autoria e responsabilidade do Engenheiro Civil ______________ - CREA: ______________.

A execução da obra é de responsabilidade do Engenheiro Civil e de Segurança do Trabalho ___________ - CREA: ___________.

PLANEJAMENTO E CONTROLE DE OBRAS

O cronograma da obra será feito após a assinatura do contrato. A obra será executada no prazo previsto contratualmente, a contar da data de início dos serviços, salvo atrasos decorrentes de casos fortuitos, ou de força maior.

Ficará restrito a Construtora o acompanhamento fotográfico das etapas de execução da obra.

O agendamento de visitas no canteiro de obras deverá ser tratado com a Construtora e, por questão de segurança, serão em momentos que não se encontrem com o período de trabalho da obra.

CANTEIRO DE OBRAS

Durante o período de execução da obra a Construtora realizará instalações provisórias como escritório técnico e administrativo, guarita, áreas de vivência e depósito de materiais e equipamentos. Essas instalações serão desmobilizadas ao final da obra.

Conforme necessidades operacionais, as instalações do canteiro de obras podem sofrer mudanças durante a execução da obra.

Será solicitada a instalação provisória de energia e água, conforme as normas estabelecidas pelas respectivas companhias fornecedoras.

Serão fornecidos aos operários da obra, próprios ou terceirizados, todos os equipamentos e ferramentas adequadas à cada tipo de serviço, de modo a garantir sua segurança e o bom desempenho da obra.

MÃO DE OBRA E SEGURANÇA NA OBRA

Todos os operários contratados pela Construtora, prestadores de serviço de mão de obra terceirizada, bem como visitantes de qualquer ordem, deverão utilizar os devidos EPIs adequados (Equipamento de Proteção Individual - NR-6).

Todas as empresas prestadoras de serviços de mão de obra deverão manter na obra as respectivas cópias atualizadas dos laudos do PCMSO (Programa de Controle Médico de Saúde Ocupacional - NR-7), do LTCAT (Laudo Técnico das Condições Ambientais do Trabalho - Lei nº 8.213/1991) e do PPRA (Programa de Prevenção de Riscos Ambientais - NR-9), comprovando estar em dia com as normas de segurança e higiene do trabalho exigidas pelo Ministério do Trabalho (MT).

MOVIMENTO DE TERRA

No terreno será executado movimento de terra necessário, com o objetivo de ajustar o terreno às cotas de nível previstas pelos projetos executivos.

Serão tomadas todas as medidas de segurança necessárias, para que o movimento de terra de corte ou de aterro não provoque danos às edificações existentes no entorno do terreno, e/ou transtornos nas vias de circulação do entorno ao terreno.

FUNDAÇÕES

As fundações da edificação serão do tipo estaca broca, executadas em concreto armado moldado *in loco*, com comprimentos de aproximadamente 4,00 m, com diâmetros de 25 cm, sob blocos de coroamento que são interligados por vigas baldrames.

As fundações são apropriadas para a execução de edificação dois (2) pavimentos (sobrado), conforme orientação do engenheiro estrutural contratado pela Construtora.

Todos os elementos estruturais serão dimensionados e detalhados em projetos específicos, conforme as normas técnicas relacionadas.

A resistência do solo do terreno deverá ser confirmada através de sondagens e as fundações dimensionadas e executadas, conforme as normas da ABNT: NBR 6484:2001 - Sondagens de simples reconhecimento com SPT - Método de ensaio; NBR 6122:1996 - Projeto e execução de fundações - Procedimento; NBR 6118:2014 - Projeto de estruturas de concreto - Procedimento.

ESTRUTURAS EM CONCRETO ARMADO

Toda a estrutura será executada, em concreto armado convencional com fck 25 MPa, sendo sua densidade e slump determinados em projeto estrutural. O concreto será preparado e bombeado por empresa misturadora de concreto especializada, conforme as características e detalhes previstos no projeto estrutural da edificação.

O controle tecnológico da execução dos componentes das estruturas de concreto armado será realizado através da retirada de corpos de prova de cada um dos tipos estruturais: fundações, pilares, paredes armadas, vigas e lajes. Os corpos de prova de concreto serão rompidos por empresa especializada, que emitirá laudos técnicos comprobatórios de cada ensaio realizado, quanto à qualidade do concreto empregado na obra.

As lajes e as vigas serão executadas *in loco*, concretadas em conjunto e após os pilares e as paredes armadas.

Todos os elementos estruturais serão executados nas dimensões e as normas estabelecidas no projeto estrutural, sendo consideradas as definições gerais estabelecidas pelas normas técnicas específicas.

As armaduras das lajes serão executadas de acordo com o projeto estrutural em telas eletrossoldadas conforme dimensionamento especificado em projeto estrutural e engastadas as paredes, através das próprias telas. As armaduras serão posicionadas corretamente dentro das fôrmas, garantindo o espaçamento mínimo de 20 mm exigidos em norma técnica.

Nas lajes estarão embutidas as instalações elétricas. As instalações hidráulicas, TV, internet e telefônica, estão previstas para serem realizadas sobre a laje do segundo pavimento.

As instalações de esgoto dos banheiros do pavimento superior ficarão suspensas abaixo da laje do primeiro pavimento. Para dar acabamento às tubulações, será colocado forro de gesso monolítico.

O pergolado será construído em vigas de concreto armado, sendo executado conforme o projeto e nas dimensões especificadas.

A estrutura em concreto armado deverá obedecer às determinações das normas da ABNT - NBR 6018:2014 - Projeto de estruturas de concreto - Procedimento; NBR 14931:2004 - Execução de estruturas de concreto - Procedimento.

As paredes armadas serão executadas com armaduras embutidas nas mesmas com a utilização de gabaritos metálicos de acordo com o especificado no projeto estrutural. As paredes armadas obedecerão às espessuras, alturas e posição dos peitoris estabelecidos no projeto arquitetônico.

As armaduras das paredes armadas serão executadas, de acordo com o projeto estrutural, em telas eletrossoldadas sendo reforçados os cantos verticais, no encontro das paredes, com telas dobradas, nas duas direções, em todos os cantos. As aberturas receberão reforço estrutural sobre as vergas e contra vergas de forma a reduzir os esforços localizados de tensão. Serão utilizados meios adequados para correto posicionamento das armaduras dentro das fôrmas, garantindo o espaçamento mínimo exigido em norma técnica.

Estarão embutidos nas paredes armadas as instalações elétricas e esperas adequadas para TV, internet e telefônica.

A execução de paredes de concreto armado deve seguir a norma da ABNT - NBR 16055:2012 - Parede de concreto moldada no local para a construção de edificações - Requisitos e procedimentos.

IMPERMEABILIZAÇÕES DIVERSAS

Os blocos de coroamento das fundações e as vigas baldrames serão impermeabilizadas em seus perímetros.

Nos banheiros, as paredes do box receberão impermeabilização até a altura de 1,90 m. O restante do perímetro de cada banheiro terá as paredes impermeabilizadas até altura de 0,30 m. Nos banheiros, os cantos de pisos/paredes e pontos de esgoto terão reforço de tela especifica, para a sua perfeita impermeabilização.

O lavabo terá as paredes impermeabilizadas até altura de 0,30 m, sendo os cantos de pisos/paredes e pontos de esgoto terão reforço de tela específica para a sua perfeita impermeabilização.

As impermeabilizações da edificação devem seguir a norma da ABNT - NBR 9575:2010 - Impermeabilização - Seleção e Projeto.

LAJE DO PISO TÉRREO E CALÇADAS

Será executada uma calçada no perímetro da edificação, entre ela e o portão de acesso de pedestres (calçada interna) e no passeio público (calçada externa).

As calçadas e a laje de piso do andar térreo serão executadas em concreto armado na espessura de 10 cm em média, sob as paredes, com armaduras embutidas nas mesmas com a utilização de gabaritos metálicos de acordo com o especificado no projeto estrutural.

As calçadas (interna e externa) e a laje de piso do andar térreo serão executadas com a colocação de manta plástica abaixo dessas lajes, para sua impermeabilização, sendo sua superfície devidamente regularizada em toda a sua área com contrapiso de cimento e areia, no traço 1:3.

As calçadas internas terão 50 cm de largura por 10 cm de espessura, em concreto armado com tela de aço, de acordo com o especificado no projeto estrutural, formando um único plano, com diferença de nível de 3 cm com relação ao piso interno.

A calçada externa (passeio público) terá a largura de 3,00 m por 10 cm de espessura, em concreto armado com tela de aço, de acordo como o especificado no projeto estrutural, formando um único plano, com diferença de nível de 3 cm com relação ao piso da calçada interna, com comprimento igual à frente do terreno.

REVESTIMENTOS DOS PISOS E LAJES

As lajes internas e calçadas (interna e externa) receberão tratamento superficial em massa lisa, de forma uniformizada e com acabamento em bom padrão em ambas.

Todos os pisos serão revestidos com porcelanato liso, exceto o piso do banheiro e da calçada interna que serão cerâmicas de superfície mais rugosa e antiderrapante, e a calçada externa que será em pedra.

As dimensões das cerâmicas para os pisos serão escolhidas de acordo com as disponíveis no mercado, no ato da compra, dentro dos padrões de qualidade e exigências de uso e do local.

Os rodapés deverão ser do mesmo porcelanato a ser colocado no piso, tendo altura, conforme tipo e dimensão da cerâmica escolhida.

Na entrada de veículos da edificação será constituído um caminho, composto em placas de concreto, espaçadas 10 cm uma das outras. O espaçamento entre as placas de concreto será preenchido com grama. As demais áreas externas da edificação ficarão descobertas com plantio de grama.

A calçada externa (passeio público) será revestida de pedra Miracema para atender as exigências feita pelo loteamento e o projeto urbanístico.

PAREDES DE FECHAMENTO EXTERNAS E INTERNAS

As paredes de fechamento (não estruturais) em geral serão executadas em blocos cerâmicos, assentados com juntas de 1 cm. As paredes de fechamento, exceto nas áreas úmidas, serão revestidas com argamassa de cimento, cal e areia no traço 1:2:4. Seu tratamento superficial será em massa corrida internamente e externamente, de forma uniformizada e com acabamento em bom padrão.

Nas áreas úmidas como banheiros, lavabo e cozinha, o acabamento será em azulejo esmaltado. A parede da cozinha na face do balcão da pia será revestida com azulejo esmaltado até 1,60 m, sendo os banheiros e lavabos revestidos em todas as paredes na medida do pé direito. Na lavanderia haverá revestimento cerâmico na parede do tanque até 1,60 m.

A parede que fará o fechamento interno da sala íntima e do closet da suíte do pavimento superior será em gesso acartonado, com acabamento em massa corrida.

PINTURAS

Todas as paredes internas, externas e a parte inferior das lajes do piso do primeiro pavimento e da cobertura serão preparadas para a pintura. Todas as superfícies receberão duas demãos de tinta, as superfícies externas de Tinta Acrílica e as superfícies internas de PVA látex.

Ambas as tintas serão do mesmo fabricante, para ocorrer a compatibilização de materiais além de obter resultados duradouro e eficazes.

ESCADA

Conforme o projeto arquitetônico, ela será executada em estrutura metálica, com degraus preenchidos em concreto estrutural e revestido com piso de granito e arremates em mármore, com revestimento na face inferior da escada em gesso. Os corrimãos serão metálicos, pintados com tinta esmalte sintético, com acabamento de bom padrão. Os corrimãos terão fechamento em vidro laminado.

A escada obedecerá às espessuras e normas estabelecidas nos projetos arquitetônico e estrutural, bem como consideradas as definições gerais estabelecidas pela norma técnica específica - NBR 8800:2008 - Projeto de estruturas de aço e de estruturas mistas de aço e concreto de edifícios - Procedimento.

ESQUADRIAS

Todas as esquadrias da edificação obedecerão às especificações determinadas em projeto.

As portas internas terão folhas, batentes e guarnições, em madeira, com pintura a óleo ou esmalte, com fechadura de embutir tipo gorge, nos dormitórios e do tipo tranqueta nos banheiros e lavabos, das marcas Papaiz, Pado, La Fonte ou de outro fabricante similar.

A porta externa será em madeira Angelim ou outra similar, de bom padrão e resistente às intempéries, sendo tanto a folha, quanto o batente e guarnições, pintadas com óleo ou esmalte, na cor branca. A fechadura externa será do tipo cilindro das marcas Papaiz, Pado, La Fonte ou outra similar. Na face superior da porta, acima de 2,15 m será colocada bandeira fixa com vidro até a laje do teto.

Todas as portas e janelas da edificação terão soleira e peitoris em granito.

As janelas e porta-janelas serão em alumínio com pintura eletrostática, na cor branca, do tipo basculante ou maxi - ar nos banheiros e lavabos; de correr, duas folhas, sem persiana, na sala e cozinha e de correr, duas folhas, com persiana nos quartos.

Todas as aberturas externas de alumínio serão vedadas externamente contra a ação dos ventos, com velcro, apropriado para este fim.

Os vidros serão de 4 mm para todas as aberturas, sendo jateados ou canelados, nos banheiros e lavabo, e liso transparente nos demais ambientes.

INSTALAÇÕES ELÉTRICAS

A edificação terá uma entrada geral de energia trifásica de 24.000 kW. O medidor de energia elétrica estará situado no poste de entrada e a caixa de distribuição estará localizada no corredor de circulação interna situado no piso térreo.

As instalações elétricas serão executadas conforme normas técnicas e projetos específicos, com eventuais deslocamentos de pontos de utilização. Em sua execução serão tomadas as medidas de segurança com relação as cargas dos pontos de utilização, capacidade dos condutores, isoladores e circuitos. As tubulações serão de eletroduto flexível de PVC, embutidas nas paredes e lajes, sendo de eletroduto rígido de PVC do poste até a caixa de distribuição.

Os fios e cabos serão isolados e dimensionados segundo as cargas previstas. Todos os materiais elétricos utilizados deverão possuir selo de conformidade do INMETRO.

O poste de medição e caixa de entrada são de responsabilidade da Construtora, sendo o pedido de ligação definitiva da residência, bem como os materiais, mão de obra e fiação externa de responsabilidade do Cliente.

O quadro de distribuição será de embutir e terá espaço para receber até doze (12) disjuntores unipolares.

As tomadas, interruptores, disjuntores e fiação serão colocados na edificação pela Construtora, sendo as luminárias de responsabilidade do Cliente.

Está prevista espera sem fiação para aparelho de ar condicionado, sendo considerado um (01) aparelho para cada dormitório, mais um (01) aparelho na sala do andar térreo, sendo essas instalações posteriormente feitas pelo Cliente.

Na lavanderia estão previstas duas (02) tomadas de uso especial de 300 W e na cozinha uma (01) tomada de uso especial de 200 W, uma (01) de 300 W e uma (01) de 600 W.

Serão deixadas apenas esperas com fiação para chuveiros elétricos, ficando o aparelho e a sua instalação por conta do Cliente.

As instalações elétricas devem seguir a norma da ABNT - NBR 5410:2010 - Instalações elétricas de baixa tensão

INSTALAÇÕES HIDRÁULICAS

A edificação será abastecida por um hidrômetro padrão SABESP com entrada de diâmetro de 25 mm, com abrigo para o cavalete e hidrômetro.

A água será armazenada em um reservatório de capacidade mínima de 500 litros. O reservatório estará localizado acima da laje do banheiro do primeiro pavimento, em compartimento fechado com acesso interno por alçapão metálico e externo por portinhola metálica junto ao telhado.

A água subirá até o reservatório sem necessidade de utilização de bomba de recalque, visto que existe pressão suficiente na rede de abastecimento pública para levar a água da rede pública ao reservatório.

As instalações hidráulicas de água fria serão executadas com tubos e conexões de PVC soldável, das marcas Amanco, Tigre ou similar, conforme dimensões indicadas em projeto e serão executadas sobre a laje da cobertura e distribuída através de prumadas, que estarão embutidas nas paredes de alvenaria de fechamento.

As instalações de espera de água quente dos chuveiros e lavatórios serão executadas com tubos e conexões CPVC, da marca Tigre ou similar. O aquecedor e a ligação deste às esperas de água quente será de responsabilidade do Cliente.

O esgoto sanitário será lançado em caixas de inspeção e ligada pela empresa Concessionária à rede pública sanitária existente na rua. As instalações serão executadas com tubos e conexões de PVC esgoto, nas dimensões indicadas em projeto de instalações hidráulicas.

As bacias sanitárias serão colocadas com caixa acoplada, da marca Deca ou similar e modelo disponível no ato da compra.

A saída da água da máquina de lavar roupas será feita externamente para melhor adaptar aos tipos e modelos de máquinas existentes no mercado.

Nos banheiros, terão shafts apropriados para colocação da tubulação de ventilação e descida de águas pluviais.

As águas pluviais serão coletadas por calhas instaladas na cobertura, sendo conduzidas por condutores em PVC, para esgotar as águas da chuva proveniente da cobertura da edificação, conforme detalhamento existente no projeto de águas pluviais. Os condutores irão despejar as águas pluviais em caixas de areia, situadas no pavimento térreo da edificação e se ligarão através de condutores de PVC, enterrados superficialmente no solo, ao coletor público.

As instalações hidráulicas devem seguir as normas da ABNT - NBR 5626:1998 - Instalação predial de água fria e NBR 8160:1999 - Sistemas prediais de esgoto sanitário - Projeto e execução.

APARELHOS SANITÁRIOS, METAIS E COMPLEMENTOS

A bacia sanitária será colocada com caixa acoplada, marca Deca ou similar e modelo disponível no ato da compra.

Os demais itens de banheiro, como: lavatório, papeleira, saboneteira, porta toalhas, e outros mais que se achem necessário, bem como pia da cozinha e tanques deverão ser fornecidos e colocados pelo Cliente, juntamente com seus acessórios, mão de obra e futuras adaptações.

Quanto aos registros, estes serão de PVC Tigre ou similar, de fácil reparo e acabamento cromado.

Não serão colocadas torneiras, deixando a cargo do Cliente a colocação de acordo com sua escolha. No ponto destinado às torneiras, será colocada conexão plug para fazer o fechamento da água.

Nos pontos destinados para o ar condicionado e arandelas, serão colocados espelhos cegos para cobrir as caixas do ponto, sendo de responsabilidade do Cliente as ligações.

INSTALAÇÕES DE TV, INTERNET E TELEFONIA

Estão previstas esperas para TV, internet e telefonia no mesmo eletroduto. A ligação será feita de forma subterrânea. Nos demais pontos, serão deixados uma (01) espera, na laje, sendo essas ligações posteriormente feitas sobre a laje e realizadas pelo Cliente.

Nos pontos destinados para TV, internet e telefonia, serão colocados espelhos cegos para cobrir as caixas dos pontos, sendo de responsabilidade do Cliente as ligações.

INSTALAÇÕES DE GÁS

Está previsto uma (01) passagem, em cano PVC, da cozinha até a parede externa da lavanderia, sendo a cargo do Cliente a ligação definitiva juntamente com sua mão de obra e material.

COBERTURA

Os telhados serão estruturados com barras de madeira e utilizadas telhas cerâmicas tipo romana, com calhas em chapa galvanizada em todos os beirais da cobertura, com espessura própria a esse fim.

Nas fachadas frontal, posterior e laterais, acima da laje, será executada platibanda com concreto e revestidos com massa lisa, devidamente pintada, conforme previsto nas demais pinturas de paredes externas.

MURO DE FECHAMENTO E PORTÕES DE ACESSO

O perímetro da edificação junto às divisas contará com muro de fechamento. Ele será executado com painel pré-moldado de concreto nos fundos e laterais com altura de 2,00 m em toda sua extensão. No recuo lateral frontal à altura será de 1,00 m.

Os portões de acessos de veículos e pessoas junto ao passeio público serão de responsabilidade do Cliente e deverão ser de acordo com as restrições edilícias do loteamento e posturas municipais.

LIMPEZA FINAL

Após a conclusão de todos os serviços, será executada a limpeza final da obra por pessoal especializado, utilizando-se produtos específicos e adequados para esse fim, sendo a obra entregue perfeitamente limpa ao Cliente.

REVISÕES E MANUTENÇÕES DA OBRA

Ao final da obra, será entregue ao Cliente cópia de todos os projetos atualizados de acordo com o que foi efetivamente construído "as built".

Serão feitas revisões e manutenções das instalações como um todo até a entrega da obra ao Cliente.

GARANTIAS DA EXECUÇÃO DA OBRA

Toda e qualquer modificação feita na edificação somente deverá ser realizada após consulta e resposta por e-mail, junto à Construtora. Quaisquer alterações sem anuência da Construtora acarretarão em perda de garantia original.

As garantias seguem o Código Civil (Lei nº 10.416 de 2002) de 5 anos, pela solidez e segurança do trabalho (estrutura) e de 180 dias em vícios nos imóveis (acabamentos e demais componentes).

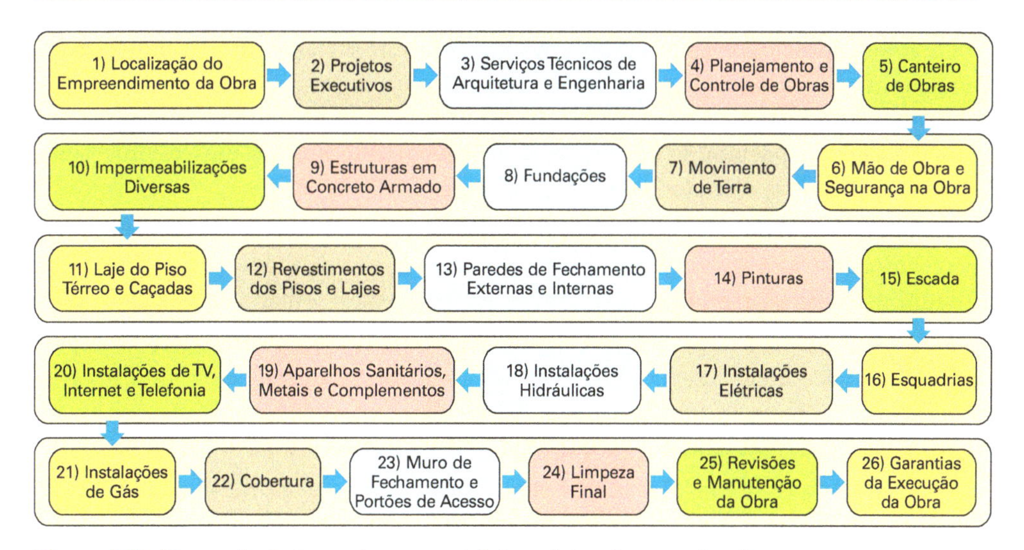

Figura 5.7 • **Exemplo de itens do memorial descritivo de um sobrado.**

5.11 SELEÇÃO DE FORNECEDORES

As empresas enfrentam concorrências cada vez mais intensas e agressivas, principalmente depois do início do século XXI. Para alcançar vantagens competitivas, é necessário o desenvolvimento de ferramentas e métodos de gestão direcionados ao aperfeiçoamento e à melhoria contínua do seu nível de desempenho. Para isso, as empresas precisam reavaliar seus conceitos relacionados ao sistema de gestão e necessitam rever a forma na qual estão realizando seus negócios.

O desenvolvimento de novas práticas de gestão está associado à busca de parcerias estratégicas, principalmente com fornecedores, já que o mercado globalizado exige cada vez mais qualidade dos bens e serviços oferecidos. A função de compras numa organização tem cada vez mais um papel estratégico devido ao volume de recursos utilizados nesse processo empresarial.

Para atender às exigências do mercado, um dos itens relevantes é a relação com fornecedores. Busca-se o estabelecimento de relações de longo prazo, visando colaboração mútua e a busca por melhoria continua da qualidade dos produtos.

Baseado na teoria de Pareto, estima-se que as empresas consomem cerca de 80% do orçamento com 20% dos fornecedores. Os ganhos em termos de produtividade na área de compras acabam tendo uma grande repercussão nos lucros da empresa. Assim, é necessário que se tenha um processo de avaliação de fornecedores eficiente e que ele seja capaz de gerar informações, para que os gestores possam tomar a melhor decisão referente à gestão de seus fornecedores.

O desempenho dos fornecedores deve ser avaliado em uma estrutura baseada em vários critérios (multicriterial) de mensurações. Um método eficiente para medir o desempenho dos fornecedores é a utilização de indicadores de desempenho.

Os indicadores de desempenho individuais fazem parte de um conjunto maior que pode ser chamado de dimensões de desempenho, e que por sua vez, são divididos em qualidade, tempo e flexibilidade. É a informação sobre o desempenho dos fornecedores que possibilita a tomada de ações e estratégias. Os indicadores são a realimentação entre a competição e a estratégia.

Um dos mais conhecidos sistemas de indicadores de desempenho é o *Balanced Scorecard*, que é baseado no princípio de que um sistema de medição deve fornecer aos administradores respostas a algumas perguntas para tomada de decisão.

Para avaliar um desempenho, seja de uma parte isolada, seja de um arranjo complexo, deve-se concentrar as medições em um conjunto administrável de indicadores que, eventualmente, produzam um índice final combinado. É possível haver incertezas quanto ao desempenho, pois algumas vezes não se sabe exatamente o que deve ser medido.

O desempenho pode ser visto como sendo a informação quantificada do resultado dos processos. Essa informação pode ser comparada com metas, resultados passados e outros processos. Um sistema de medição de desempenho pode ser organizado como uma estrutura hierarquizada de variáveis de estado, cada uma com sua metodologia específica de cálculo. Esse tipo de estrutura pode permitir a comparação de desempenhos de várias estratégias para os mesmos objetivos de negócios.

É importante que os sistemas de medição de desempenho que contemplem não apenas indicadores financeiros. Assim, é necessário que cada empresa utilize medidas as quais são relevantes para sua própria organização. É importante que o sistema de indicadores de desempenho adotado contenha dados para monitorar o passado e planejar o futuro.

5.11.1 SELEÇÃO DE FORNECEDORES PARA EMPRESAS PRIVADAS

O objetivo da função compras nas empresas privadas é conseguir ao mesmo tempo: qualidade, quantidade, prazo de entrega e preço. Quando for tomada a decisão sobre o que comprar, é muito importante identificar o fornecedor certo. O fornecedor considerado certo é aquele que tem a tecnologia para fabricar o produto na qualidade exigida, tem a capacidade de produzir as quantidades necessárias e pode administrar seu negócio com eficiência suficiente para ter lucros e ainda assim vender um produto a preços competitivos.

Para a seleção de fornecedores em empresas privadas, além de critérios básicos de seleção – como o preço por que o fornecedor oferece o produto, a qualidade do produto, que deveria atender à especificação mínima requerida pela empresa, e a velocidade de entrega do produto pelo fornecedor –, podem ser utilizados outros critérios mais específicos como:

- **Custo total de aquisição:** considera todos os custos associados à aquisição do produto.
- **Qualidade total oferecida pelo fornecedor:** considera não somente a qualidade mínima exigida.
- **Serviço prestado pelo fornecedor:** além da velocidade de entrega, passou-se a considerar a confiabilidade, o custo de transporte, a consistência e frequência de entregas e a flexibilidade do fornecedor.
- **Capacidade tecnológica e de processo do fornecedor:** condição de executar o produto solicitado.
- **Condição financeira do fornecedor:** condição financeira para atender a demanda de produção e entrega.
- **Estrutura e estratégia organizacional do fornecedor:** capacidade fabril e logística para a execução do produto.

Outros fatores específicos que influenciam na seleção de um fornecedor podem ser:

- **Habilidade técnica:** a habilidade técnica do fornecedor para produzir ou fornecer o produto desejado.
- **Capacidade produtiva:** a produção deve ser capaz de satisfazer às especificações do produto adequadamente, ao mesmo tempo produzindo o menor número possível de defeitos.

- **Confiabilidade:** o fornecedor deve ser confiável, reputado e financeiramente sólido.
- **Pós-venda:** serviço de atendimento de pós-venda do fornecedor, para o atendimento de peças de reposição ou apoio técnico.
- **Localização do fornecedor:** a proximidade física do fornecedor do comprador para melhor acompanhamento do processo de produção e entrega de encomendas.
- **Preço:** o fornecedor deve ser capaz de oferecer preços competitivos, não significando necessariamente o menor preço.

A definição da quantidade e quais fornecedores a empresa irá trabalhar faz parte da estratégia de compras. A empresa poderá trabalhar com fornecedores exclusivos para determinados produtos (*single sourcing*), vários fornecedores para um mesmo produto (*multiple sourcing*); com uma rede constituída de poucos fornecedores diretos (de primeiro nível) e uma base maior de fornecedores indiretos, que fornecem para seus fornecedores (de segundo e terceiro níveis); ou poderá trabalhar com fornecedores internacionais (*global sourcing*).

O setor de compras deverá avaliar as vantagens e desvantagens de cada um dos modelos e selecionar o que melhor se adequar (ou os que melhor se adequarem) à estratégia e ao alcance da empresa. O tipo de relacionamento que a empresa pretende manter com os fornecedores será também uma condição para a sua seleção.

É importante que o setor de compras mantenha uma extensa base de dados sobre potenciais fornecedores e que seja capaz de sugerir alternativas de materiais e serviços para serem considerados. Dentro do processo de compras, podem existir as seguintes atividades centrais:

- assegurar descrição completa das necessidades;
- selecionar fontes de suprimentos;
- conseguir informações de preço;
- colocar os pedidos (ordens de compras);
- acompanhar (*follow-up*) os pedidos;
- verificar notas fiscais e respectivos romaneios;
- manter registros e arquivos;
- manter relacionamento com vendedores.

Na avaliação de potenciais fornecedores, alguns fatores são quantitativos e é possível atribuir um valor monetário a eles. Outros fatores são qualitativos e sua determinação exige ponderação. Geralmente, são determinados de forma descritiva. Para a classificar os fornecedores, é possível utilizar uma combinação de fatores quantitativos e qualitativos, realizando as ações:

1. Selecionar os fatores que devem ser considerados na avaliação de fornecedores potenciais.
2. Atribuir um peso a cada fator - esse peso determina a importância de um fator em relação aos outros.
3. Atribuir uma pontuação para os fornecedores quanto a cada um dos fatores.
4. Classificar os fornecedores.

A *certificação de fornecedores* é um procedimento importante para a obtenção de condições mínimas de atendimento ao cliente. A certificação é a forma mais indicada para poder verificar e manter: pré-requisitos de estabilidade da programação; confiança e compromisso; treinamento; transporte; e peças de qualidade.

O fornecedor certificado é aquele que, após extensa investigação, é considerado apto a fornecer materiais com tal qualidade que, por exemplo, poderia não ser necessário realizar os testes rotineiros de inspeção de recebimento em todo lote recebido. A certificação pode ajudar a resolver o problema da escolha do fornecedor que apresentar o menor preço. A primeira coisa a fazer é manter a lista de melhores preços de lado até que se determine quem pode ser certificado e quem não pode.

De modo geral, um fornecedor certificado pode custar menos à empresa, em função da possível não existência de inspeção de recebimento, da redução de estoques e do decréscimo de custos de falhas internas e externas como consequência de uma qualidade consistente. A certificação de fornecedores não é uma sistemática rápida e nem simples, o tempo que leva para se atingir o estágio de certificação de um único fornecedor pode variar entre alguns meses e até alguns anos, dependendo do esforço e do desenvolvimento despendido por cada uma das partes, assim como do produto ou do processo envolvido.

Cada organização compradora pode determinar o seu próprio critério de qualificação e certificação de fornecedores, levando em conta o que considera mais adequado às suas peculiaridades e necessidades específicas ou ainda pode utilizar outro critério padrão dentre os diferentes tipos de certificação já existentes. A utilização de critérios padronizados de certificação é muito mais cômoda porque esses processos já estão disponíveis, sendo facilmente obtidos e aplicados. Além disso, já se acumulou experiência suficiente para se concluir que as sistemáticas existentes abarcam os mais importantes requisitos genéricos para averiguar se os fornecedores estão empregando boas práticas de gestão de qualidade.

5.11.2 SELEÇÃO DE FORNECEDORES PARA EMPRESAS PÚBLICAS

Os fornecedores para obras públicas estão sujeitos à Lei das Licitações (Lei Federal nº 8.666/1993). Essa lei estabelece cinco modalidades de licitação diferentes. A escolha de uma dessas varia de acordo com o valor da compra e categoria do produto ou serviço a se adquirir. Uma das ferramentas utilizadas nesse processo é o pregão eletrônico (Lei nº 10.520/2002), que não está previsto na lei, mas substitui as modalidades de licitação tipo: convite, tomada de preços e concorrência.

5.11.2.1 Concorrência

Esta modalidade de licitação é utilizada para as contratações de obras e serviços de engenharia em que o valor estimado esteja acima de R$ 1,5 milhão e para a aquisição de materiais e outros serviços em que o valor estimado esteja acima de R$ 650 mil. Também é utilizada, independentemente do valor previsto, para: compra ou alienação de imóveis; concessões de direito real de uso, de serviços ou de obras públicas; contratações de parcerias público-privadas; licitações internacionais; registros de preços; e contratações em que seja adotado o regime de empreitada integral.

Embora a Lei nº 8.666/1993 defina os valores mínimos para a concorrência, essa pode ser usada para qualquer valor de contratação quando o objeto a ser licitado for complexo e demandar uma análise mais criteriosa do administrador público. Para participar dessa modalidade, os fornecedores não necessitam ter um cadastro prévio, bastando que atendam às exigências do edital. Contudo, esses fornecedores deverão estar com a habilitação parcial atualizada no Sistema de Cadastramento Unificado de Fornecedores (Sicaf).

5.11.2.2 Concurso

Esta modalidade de licitação é utilizada para a seleção de prestadores de serviços de trabalhos técnicos, científicos, projetos arquitetônicos ou artísticos. A principal diferença entre essa modalidade de licitação e as outras é que a execução do trabalho ocorre antes do processo de seleção, ou seja, neste caso, um serviço executado corre o risco de não ser remunerado. O prêmio a ser pago não possui caráter de pagamento de serviços, mas de incentivo. O valor é definido previamente em edital, ou seja, não é negociável. Todo interessado pode participar desse tipo de licitação, não sendo necessário cadastro, o único critério é atender às exigências do edital.

5.11.2.3 Convite

Esta modalidade de licitação é a mais simples. Ela é realizada geralmente quando existe a necessidade de aquisição de obras e serviços de engenharia que custem até R$ 150 mil e para a compra de bens e outros serviços de valor previsto de até R$ 80 mil. Nesse caso, o órgão público interessado escolhe e convida pelo menos três fornecedores do segmento do serviço ou mercadoria licitada por meio de uma carta-convite, a qual substitui o edital de licitação.

No convite, não há necessidade de as empresas estarem cadastradas, embora haja obrigatoriedade do órgão público em divulgar cópia do instrumento convocatório em local apropriado, fazendo com que o convite seja estendido a outras empresas que estejam cadastradas. As empresas cadastradas devem manifestar seu interesse em participar do processo até 24 horas antes da data de apresentação da proposta.

5.11.2.4 Leilão

Esta modalidade de licitação é realizada para a venda de bens que não são mais úteis para a administração pública, qualquer cidadão poderá participar desse processo.

Os interessados nos leilões precisarão apresentar seus lances e ofertas em local e horário predefinidos em edital. Os objetos licitados serão entregues a quem oferecer o lance maior, igual ou superior ao valor de avaliação. Essa modalidade só pode ser utilizada para a venda de bens no valor de R$ 650 mil, segundo avaliações prévias de mercado; bens acima desse valor, mesmo que tenham sido apreendidos ou empenhados, devem ser liquidados por meio da concorrência.

5.11.2.5 Pregão

Esta modalidade de licitação tem sido o principal meio de contratação do Governo Federal neste início de século XXI. O pregão é utilizado como alternativa ao convite, à tomada de preços e concorrência. É uma modalidade de licitação que visa obter o menor preço na aquisição de bens e serviços ou serviços comuns, ou seja, propostas e lances realizados pelos fornecedores antecedem a análise da documentação, o que torna o processo de compra mais ágil.

Há duas formas de realização de pregão:

- **Pregão presencial:** é marcada uma data para que os fornecedores apresentem suas propostas e, sucessivamente, deem seus lances verbais.
- **Pregão eletrônico:** realizado por meio do endereço eletrônico: <www.comprasnet.gov.br>.

Para participar dessa modalidade de licitação, o fornecedor precisa estar com a habilitação atualizada no SICAF.

5.11.2.6 Tomada de preços

Esta modalidade de licitação é subdividida em dois processos de seleção: 1) os concorrentes são previamente cadastrados após a verificação de habilitação jurídica, regularidade fiscal, qualificação econômico-financeira e técnica, precisando também estar com a habilitação parcial atualizada no Sicaf; 2) o licitante fornece sua proposta de preço.

A tomada de preços é normalmente utilizada para contratações cujos valores estimados variem entre R$ 150 mil e R$ 1,5 milhão, no caso da execução de obras e serviços de engenharia, e entre R$ 80 mil e R$ 650 mil na aquisição de materiais e outros serviços.

No caso de obras públicas, existem algumas definições importantes:

- **Termo de referência:** documento que contenha os elementos necessários e suficientes, com nível de precisão adequado, para identificar o bem, obra ou serviço, inclusive de engenharia, a ser contratado, acompanhados das especificações técnicas, para propiciar a avaliação do custo da contratação e para orientar a execução e a fiscalização contratual.
- **Contratação integrada:** regime de execução indireta de obras e serviços de engenharia, que compreende a elaboração e o desenvolvimento dos projetos básico e executivo, a execução de obras e serviços de engenharia, a montagem, a realização de testes, a pré-operação e as demais operações necessárias e suficientes para a entrega final do objeto.
- **Anteprojeto de engenharia:** documento elaborado por profissional com a devida qualificação técnica, que contemple:
    a) os documentos técnicos destinados a possibilitar a caracterização da obra ou do serviço de engenharia executado no regime de contratação integrada, incluídas a demonstração e a justificativa do programa de necessidades, a visão global dos investimentos e as definições quanto ao nível de serviço desejado;

b) as condições de solidez, segurança, durabilidade e prazo de entrega;

c) a estética do projeto arquitetônico;

d) os parâmetros de adequação ao interesse público, à economia na utilização, à facilidade na execução, aos impactos ambientais e à acessibilidade.

- **Comissão de seleção:** comissão constituída pelo órgão público, que é responsável por executar as seleções públicas de fornecedores, composta por, no mínimo, três pessoas, sendo uma destas o comprador do órgão público.
- **Comprador:** servidor do órgão público, responsável pelos processos de seleção e contratação de menor vulto.
- **Pré-qualificação:** procedimento, anterior à seleção, destinado a identificar fornecedores e bens que reúnam condições de habilitação ou atendam às exigências técnicas e de qualidade do órgão público.
- **Cadastro de fornecedores:** criado pelo órgão público para pesquisa de preços de mercado, incluindo-o no seu site para dar publicidade de seus atos de compra em cumprimento aos requisitos de publicidade e transparência.

5.11.2.7 Regras das licitações públicas

Nas licitações públicas, existem critérios gerais, ou princípios, que são concretizados a partir de critérios específicos, denominados regras das licitações. Existem várias regras que regem as licitações públicas. A União, os estados e os municípios podem criar suas próprias regras de licitação; contudo, na prática, estados e municípios seguem as regras da União, que estão estabelecidas na Lei nº 8.666/1993. Existem ainda as regras especiais de licitação que facilitam determinados tipos de compra, como no caso de bens e serviços comuns, aqueles do dia a dia, os quais podem ser adquiridos via pregão.

As regras estabelecidas para as aquisições do Estado variam conforme as características dos bens e serviços a serem contratados. O que definirá esses critérios é o documento através do qual o Estado divulga seu interesse em contratar, chamado edital, muitas vezes referida como certame ou certame licitatório.

A escolha do fornecedor passa por alguns filtros. O edital sempre descreverá o que o Estado pretende adquirir. Esse é o primeiro filtro, *habilitação de produto*. Somente participam da licitação aqueles que têm condições de fornecer o que o Estado precisa num determinado momento, bem e/ou serviço.

Se a necessidade de aquisição é um bem ou serviço complexo, o Estado poderá exigir que os candidatos demonstrem que têm capacidade de fornecer esse determinado bem ou prestar esse serviço – a construção de uma ponte, por exemplo. Nesse caso, os candidatos passarão por um segundo filtro, chamado *habilitação técnica*, em que apresentarão documentos que comprovem sua experiência anterior no fornecimento de bens ou prestação de serviços semelhantes. Se o aspecto técnico é realmente muito importante, essa experiência anterior pode ser decisiva na escolha final.

Se o bem a ser fornecido ou o serviço a ser prestado implicam um investimento muito grande, tem-se o terceiro filtro na licitação, chamado *habilitação econômico-financeira*. Pela apresentação de determinados documentos contábeis, os interessados demonstram que conseguem assumir o investimento necessário para atender à necessidade do Estado.

Ainda, os interessados precisam demonstrar que contam com todos os documentos legalmente exigidos para realizar o fornecimento ou prestação demandados pelo Estado. Esse é o quarto filtro, chamado *habilitação jurídica*.

Esses quatro filtros são necessários para que o Estado corra menos risco de não receber o que contratou, ou de receber algo que não seja exatamente aquilo de que precisa. Esses filtros devem ser exigentes na medida certa; se forem exigentes demais, eles tendem a criar privilégios indevidos, direcionamentos para que, de forma dissimulada, o gestor público contrate seus "conhecidos e amigos".

As regras variam também em função do valor da contratação. Em geral, quanto mais caro o bem ou serviço a ser contratado, mais rigoroso será o procedimento para a escolha do contratado. Como visto, cada tipo de procedimento, por faixa de preço, ganha um nome específico, as já citadas modalidades de licitação.

5.12 COTAÇÃO DE PREÇOS

A cotação de preços é uma atividade relacionada ao processo de compras. Podem existir diversas especificidades nos preços, essas podem impactar no valor final.

Por exemplo, cada fornecedor, revendedor, distribuidor, prestador de serviço etc. apresenta a cotação em um formato específico. Em alguns casos, o material pode ser entregue na fábrica e o frete é de responsabilidade do comprador. Em outros, os fornecedores cobram um valor menor, mas exigem uma quantidade mínima para garantirem aquele preço. Por isso, podem existir disparidades durante a cotação de valores.

É importante levar em consideração itens como os a seguir.

1. **Especificações técnicas**

A cotação deve conter as especificações técnicas corretas para evitar problemas. Isso significa que se deve indicar a qualidade do material, suas dimensões, resistência, cor, peso e quaisquer outros detalhes relevantes.

No caso de produtos ou matérias-primas menos comuns, é preciso informar quais normas técnicas devem ser atendidas.

2. **Embalagem e unidade**

A embalagem que deve envolver o material influencia no preço. É importante escolher aquela que seja mais adequada, mesmo que não seja a de menor preço. O objetivo é contar com um bom custo-benefício.

3. **Prazo de entrega**

O prazo entre a solicitação e a entrega do pedido é bastante importante. Ele deve ser cumprido para evitar que a sua empresa deixe de produzir e/ou vender. Essa questão é ainda mais relevante em relação aos produtos especiais, que não são facilmente encontrados, como cerâmicas, mercadorias importadas, mármores, entre outros.

4. **Condições de pagamento**

A compra exige o pagamento dos itens adquiridos. A empresa deve estar preparada para fazer o desembolso do valor necessário para realizar o pagamento. Conhecer as facilidades que o fornecedor oferece é importante para esse momento. O pagamento pode ser feito a prazo ou à vista, ter ou não desconto e possuir ou não o valor referente a uma entrada.

5. **Validade da proposta**

A cotação de preços geralmente conta com um prazo de validade oferecido pelos fornecedores. Verifique se a época em que a compra provavelmente será feita é atendida pela data de validade da proposta do fornecedor.

6. **Local e condições de entrega**

A cotação de preços normalmente conta com o local de entrega da mercadoria. Essa pode ser realizada no porto, na fábrica, no aeroporto, no depósito do distribuidor, na transportadora etc. É importante saber se o local e as condições de entrega são aquelas necessárias para a empresa compradora.

7. **Equalização de cotações**

As cotações de preços recebidas de diferentes fornecedores precisam ser comparadas. Nem sempre elas possuem a mesma base de informações, o que dificulta o processo.

Por exemplo: um fornecedor manda o valor referente a esquadrias de madeira pintadas e outro oferece o mesmo item sem pintura. Esse escopo diferente requer um trabalho extra do profissional de Compras, que precisa equalizar as cotações para que os preços estejam em uma base única. Você pode realizar essa tarefa de modo simples ou complicado.

Tais ações dependem do nível de detalhamento da própria cotação. Nos casos em que o fornecedor especifica os valores de cada etapa – fornecimento, pintura, entre outros –, basta pesquisar a parcela que falta na segunda cotação e inserir na lacuna; se os preços não estiverem individualizados, é preciso fazer o orçamento da parcela do serviço que falta.

Exemplo 5.4 • ESCOLHA DE FORNECEDOR PELO MENOR PREÇO DE VENDA

Três fornecedores de esquadrias de madeira apresentam as seguintes condições:

Fornecedor (1): fornece a R$ 20 mil, oferece pintura por R$ 4 mil e faz a entrega na fábrica.

Fornecedor (2): fornece a R$ 18 mil sem pintura, mas também entrega na fábrica.

Fornecedor (3): fornece a R$ 15 mil sem pintura e não especifica o local de entrega.

Solução

Nesse exemplo, a cotação do primeiro fornecedor é a única completa. As outras duas ainda requerem o valor da pintura e a terceira ainda precisa do valor relativo à entrega.

Para resolver esse problema, há duas alternativas: assumir o preço indicado pelo fornecedor (1) ou cotar o serviço de maneira separada.

A melhor opção é fazer a cotação da pintura separadamente para ter o valor real.

Assim, é possível optar pela melhor alternativa para o negócio.

Caso seja assumido o valor indicado pelo fornecedor (1), é preciso pensar ainda no preço de entrega. Imaginando que é de R$ 7,5 mil, somando tudo, tem-se:

Fornecedor (1): total de R$ 24 mil.

Fornecedor (2): total de R$ 22 mil.

Fornecedor (3): total de R$ 26,5 mil.

Assim, o fornecedor (2) apresenta a melhor oferta.

SÍNTESE

A etapa de orçamento é fundamental no desenvolvimento de projetos em geral. Por conta disso, foram abordadas as técnicas e tecnologias orçamentárias relacionadas ao processo de obras e serviços na indústria da construção civil. Foi apresentado um exemplo concreto de memorial descritivo e suas especificações, detalhou-se elementos importantes para o processo de orçamento como a depreciação de equipamentos, as planilhas de custos unitários, orçamentárias e de preços de venda, abordando, por fim, as especificidades da seleção de fornecedores tanto em processos privados quanto públicos, bem como o que envolve a cotação de preço nesses cenários.

CAPÍTULO

6

PROGRAMAÇÃO DE RECURSOS PARA OBRAS E SERVIÇOS DE CONSTRUÇÃO CIVIL

INTRODUÇÃO

Os conceitos básicos pertinentes à programação de recursos para obras e serviços na indústria da construção civil são temas deste capítulo, bem como as etapas de gestão dos diversos tipos de recursos e os sistemas de armazenamento de materiais e equipamentos.

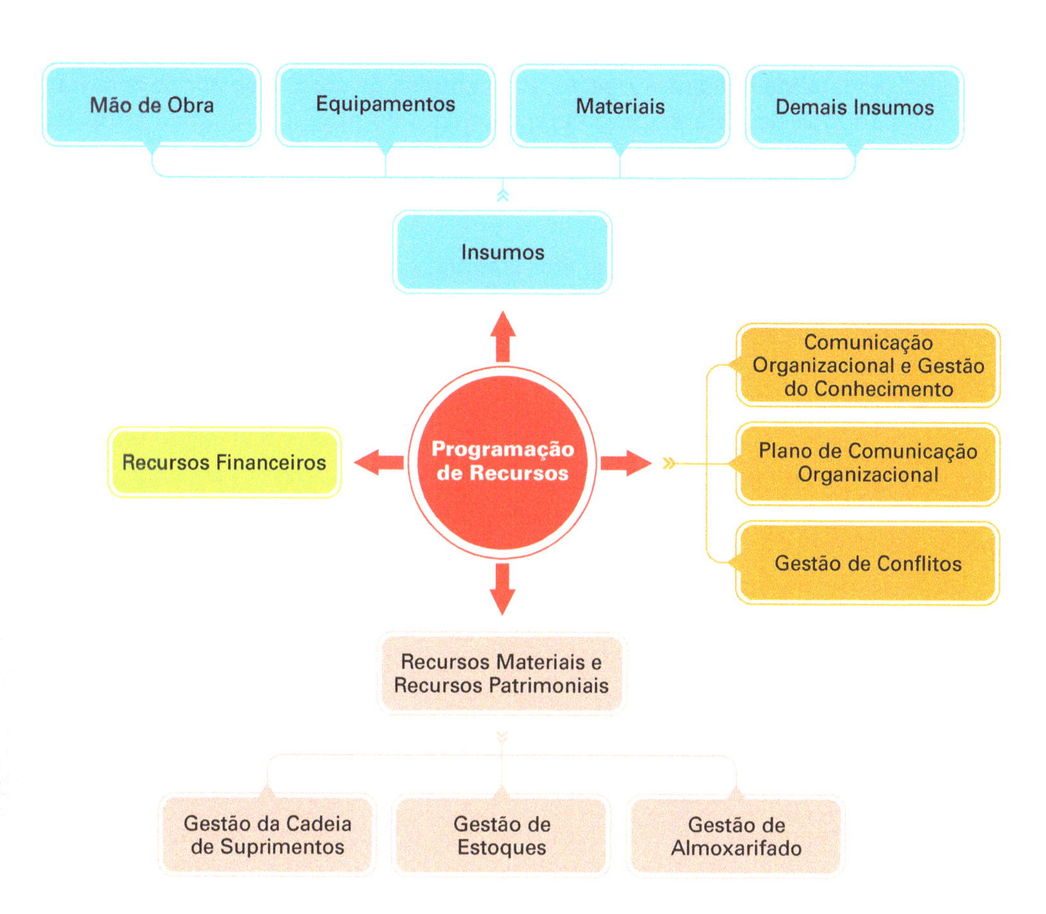

6.1 COMPRAS TÉCNICAS

O setor da Construção Civil, por suas características intrínsecas de proporcionar conforto ao homem, está sempre em constante evolução. A atuação do gestor de compras técnicas tem acompanhado esse constante movimento em busca de qualidade superior dos produtos e seus custos os mais reduzidos possíveis.

No início do século XXI, o trabalho do comprador técnico do setor de construção civil envolve todas as etapas da construção, desde a execução do orçamento, o estudo da viabilidade técnica e segue até a entrega da obra. O gestor de compras técnicas participa desde a etapa do planejamento do projeto e, quando entra na fase de obra, já tem os valores dos insumos, a relação dos fornecedores, a capacidade de entrega de cada um, e as especificações dos materiais, embora as compras ainda não tenham sido efetuadas.

A integração dos grupos de projeto, compras, obras e planejamento é muito importante para o sucesso das obras. O gestor de compras técnicas tem que saber identificar em seu portfólio de fornecedores aqueles que conseguem cumprir os prazos previstos para cada obra e têm produção suficiente para atender à cada tipo de obra. Existem casos de fornecedores em que a empresa oferece um bom preço, cumpre prazos, mas não tem volume de produção que possa atender à demanda prevista. Se o comprador escolher um fornecedor com esse perfil para uma grande obra devido ao preço, com certeza terá problemas para a execução da obra nos prazos contratuais.

O gestor de compras técnicas está diretamente relacionado ao resultado da obra. Ele é fundamental para o cumprimento de custos e prazos e se compromete com isso já na etapa de planejamento da obra. Durante a execução da obra, acompanha o que foi planejado, verifica datas de entregas, quantidade de materiais utilizados e necessidades futuras. Há casos em que o comprador técnico cobra do engenheiro a emissão do pedido de compra para determinado insumo, com o objetivo de evitar atrasos na entrega do material (Figura 6.1).

A compra de materiais de construção civil não se trata de uma operação simples e busca pelo menor preço. Um gerente de compras técnicas precisa ter um bom conhecimento na área de materiais, equipamentos, serviços e sistemas construtivos.

As compras técnicas que são realizadas sem o prazo necessário para a escolha das melhores opções, isto é, feitas de última hora, atrapalham o trabalho desse profissional. Portanto, é indispensável a realização do planejamento da obra e, nesse, o planejamento de compras técnicas, com todas as especificações de materiais, quantidades e prazos. Um bom projeto ajuda no processo de compras. O planejamento de compras tem que ter uma grande sintonia com a obra e o mercado fornecedor. Nos períodos em que o mercado de construção civil está retraído, por falta de demanda, é possível comprar e ter a segurança da entrega no dia seguinte.

O perfil do comprador técnico inclui comportamentos como ser dinâmico e ter a capacidade de trabalhar sob pressão. Precisa conhecer a cadeia produtiva e a especificação dos materiais de construção civil. Contudo, não é necessário que o gestor de compras técnicas seja engenheiro, basta ter bons conhecimentos de logística, matemática financeira, contabilidade, administração de empresas e entender das questões tributárias, que pesam muito no custo final da construção.

Igor Kardasov\Shutterstock.com

Figura 6.1 • **Comprador da construção civil.**

6.2 DEFINIÇÃO DOS INSUMOS

A construção civil também é considerada um tipo de manufatura, pois tem-se as entradas do processo de produção, os insumos – matérias, mão de obra, equipamentos etc. –, que, após um processo de produção são transformadas em uma saída, a obra finalizada (Figuras 6.2 e 6.3).

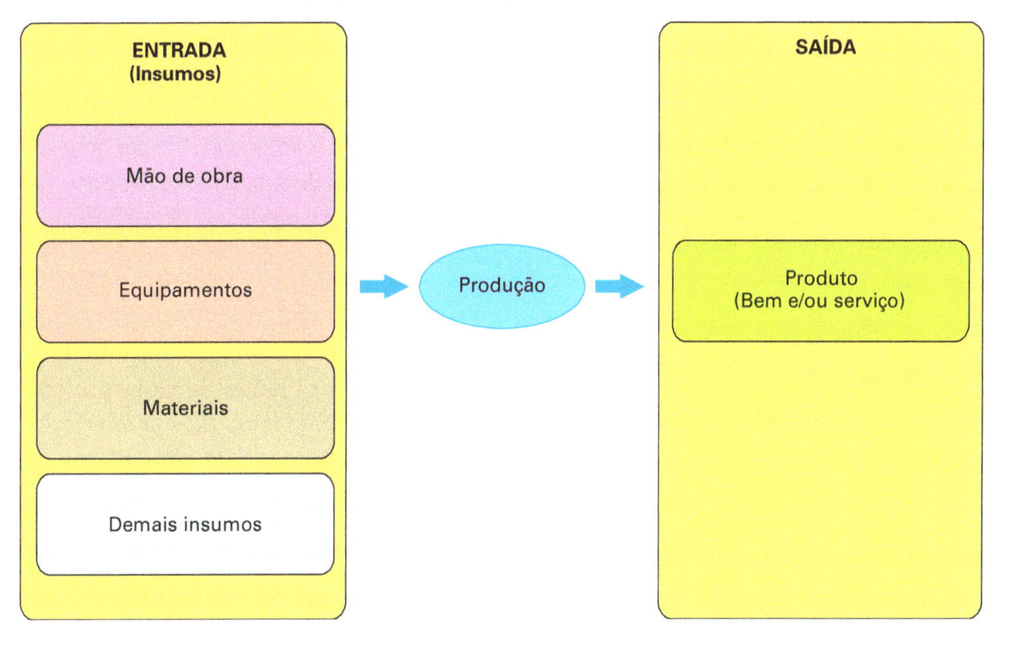

Figura 6.2 • **Processo de produção da construção civil.**

Figura 6.3 • **Insumos da construção civil: materiais, mão de obra e equipamentos.**

Como dito, insumos podem ser definidos como cada um dos elementos essenciais – matéria-prima, equipamentos, capital, horas de trabalho etc. – necessários para produzir mercadorias ou serviços. Na língua inglesa, as entradas ou insumos são denominados *inputs*. Ganha-se não somente com as vendas dos produtos, mas também com a utilização correta dos recursos da organização e com a busca de melhores preços para a compra de produtos (bens e/ou e serviços) demandados por ela. É muito importante obter os melhores preços por meio de cotações de mercado, bem como comparar as propostas obtidas, buscando identificar o melhor custo total de aquisição.

Não ter uma boa previsão da demanda de aquisições é um erro que pode acabar comprometendo o negócio da empresa e o bom funcionamento de toda a cadeia de suprimentos. Nesse caso, uma das melhores formas de prever a demanda é analisar o histórico de consumo da empresa, a fim de obter um comparativo de crescimento dos períodos anteriores. É importante otimizar os processos de receber, efetivar e gerenciar as requisições de compras feitas pela empresa. Para obter melhores resultados, e ter maior controle e eficiência, deve-se automatizar as solicitações.

Para realizar a programação de compras utilizando o Método do Caminho Crítico (CPM), o primeiro passo é identificar todas as atividades de cada projeto. A partir daí, deve-se atribuir os recursos e tempos necessários para a execução dessas. Nessa parte, é importante lembrar que esse método utiliza estimativas de tempos para a duração das atividades. Tendo essas informações, a próxima etapa consiste em estabelecer as relações de precedência entre as atividades e construir a rede de precedências do método. Com a rede construída, realiza-se dois tipos de programação, a programação para frente e a programação para trás. O objetivo dessa programação é calcular as datas e folgas do projeto. Calculando-se as folgas, é possível definir quais atividades do projeto pertencem ao caminho crítico. Essas são as atividades em que a data cedo é igual à data tarde e por isso elas não possuem folgas. Qualquer atraso nessas atividades implica em um atraso no projeto.

O *software* MS Project, da Microsoft, possibilita a programação de cada projeto (obra) por intermédio do controle de custos e das cargas de trabalho e, também, pelo acompanhamento do cronograma, que pode ser de forma simples ou detalhada (Figura 6.4).

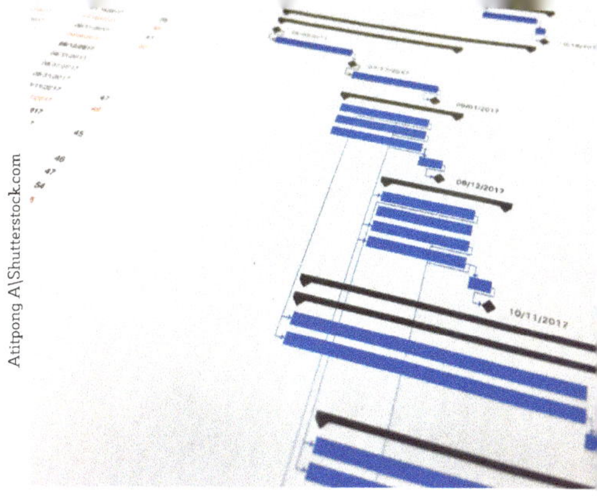

Figura 6.4 • **Cronograma da obra feito com MS Project.**

As atividades de movimentação e armazenagem não agregam valor ao produto final e ainda aumentam seus custos. Dessa forma, deve-se projetar essas atividades de maneira a reduzir esse efeito. Por outro lado, os custos de mão de obra podem ser reduzidos através da escolha de equipamentos mecânicos que minimizem o esforço humano. Já no caso dos custos de materiais, uma boa armazenagem e transporte evita perdas e no caso de equipamentos, seu uso correto evitará maiores custos com a compra de ativos para a empresa.

Além dos custos, a movimentação e armazenagem corretas dos materiais aumentam a capacidade produtiva da empresa através da racionalização do transporte dos materiais, a qual aumenta a rapidez de sua entrega até o processo produtivo. Elas também auxiliam na melhoria das condições de trabalho e de distribuição na fábrica.

Com o objetivo de facilitar a movimentação de materiais, as empresas procuram utilizar a padronização, desde o fornecedor até o cliente final. Para isso, utilizam uma organização modal. Essa padronização facilita o fluxo já que se pode utilizar os mesmos equipamentos para carga e descarga para diferentes materiais.

Benchmarking é uma metodologia utilizada por empresas no mundo todo para aumento da qualidade de seus processos de gestão, por meio de análises contínuas de práticas, bens, serviços e técnicas realizadas por outras organizações reconhecidas por serem as melhores. Para a utilização dessa metodologia, deve-se identificar casos de sucessos na área de gestão de compras, comparar com o que é feito hoje e agregar esses conhecimentos no plano de ação da empresa (Figura 6.5).

Figura 6.5 • ***Benchmarking.***

No mercado da construção civil, alguns materiais são ofertados por empresas que representam oligopólios – situação de mercado onde poucas empresas detêm o controle da maior parcela do mercado. É o caso de elevadores, escadas rolantes, aço, cimento, vidros, quando comprados diretamente dos fabricantes, e chapas acartonadas de gesso, como forro e

yuttana Contributor Studio|Shutterstock.com

Figura 6.6 • **Comprador atuante na construção civil.**

paredes de *drywall*. A concentração de mercadorias importantes nas mãos de poucos fornecedores exige que os compradores se utilizem de um processo denominado *strategic sourcing* (compras estratégicas), para obter sucesso nas negociações, com relação ao prazo para receber os materiais, à qualidade e preço justo.

No passado recente das empresas, o setor de suprimentos possuía papel apenas administrativo, onde compradores eram tidos apenas como *colocadores de pedidos*, ou seja, tinham a função meramente operacional. A busca para garantir a melhor opção de compra, competitividade aliada a eficiência e eficácia dos fornecedores e, ainda, ter um produto diferente do concorrente são algumas das funções do novo perfil do profissional que atua nessa área. Com isso, a área de compras passou a ocupar um lugar mais estratégico dentro das empresas (Figura 6.6).

6.3 RECURSOS FINANCEIROS

A administração financeira, ou gestão financeira, é o processo administrativo aplicado para controlar os recursos financeiros de uma empresa da forma mais produtiva possível. Esse processo compreende, principalmente, a elaboração de planejamentos, acompanhamentos e análises que têm como objetivo garantir o equilíbrio entre entrada e saída de recursos, bem como orientar os próximos passos de um negócio, visando sempre ao desenvolvimento sustentável e à evolução da empresa de serviços de construção civil. Com isso, torna-se possível a identificação de oportunidades de investimento ou de redução de custos, como desperdícios e gastos desnecessários.

Em geral, quando uma empresa possui uma gestão financeira adequada, ela apresenta os principais sinais:

- **Conhecimento de custos, despesas, recebimentos e pagamentos:** tendo conhecimento de seus custos e suas despesas, é possível a empresa planejar-se de forma mais assertiva, para não ser surpreendida com despesas inesperadas. Além disso, esse conhecimento prévio possibilita precificar de forma adequada cada serviço, de modo que o valor obtido seja justo, valorizando o trabalho realizado, pagando as contas em dia e ajudando a construtora a obter o lucro desejado. Saber o quanto sua pequena empresa de construção civil recebe e gasta, bem como de quem e para o que, ajuda a controlar melhor o caixa e possibilita saber o quanto de lucro está sendo gerado e quais as fatias que poderão ser usadas para se manter e reinvestir no negócio.

- **Contas a pagar e a receber funcionando em sintonia:** conciliar pagamentos e recebimentos ajuda, e muito, a alcançar e manter o equilíbrio financeiro da empresa de serviços de construção civil. Um exemplo dessa prática na construção civil é combinar acertos de compras com fornecedores e pagamentos de salários, por exemplo, para alguns dias após a data em que os clientes fazem o pagamento das parcelas dos imóveis adquiridos;
- **Adoção do cronograma físico-financeiro:** esse acompanhamento é uma forma bastante eficiente de fazer o acompanhamento do consumo dos valores previstos no orçamento à medida que a obra avança em sua execução. Esse cronograma é gerado a partir da integração de informações do cronograma de obra e do orçamento da construção e, por meio dele, a construtora pode controlar se a obra está evoluindo de acordo com o que já foi gasto até então e identificar possíveis desvios, podendo colocar em prática ações corretivas em tempo hábil.

No dia a dia das empresas, é necessário fazer tomadas de decisão. Geralmente as opções, as oportunidades de investir, apresentadas para o gestor sempre são excludentes. Assim, por exemplo, o gestor financeiro terá que fazer opções como investir em estoque de matéria prima, estoque de produtos acabados, aumento da produção, comprar à vista, financiar seus clientes ou aplicar no mercado financeiro, entre outros (Figura 6.7).

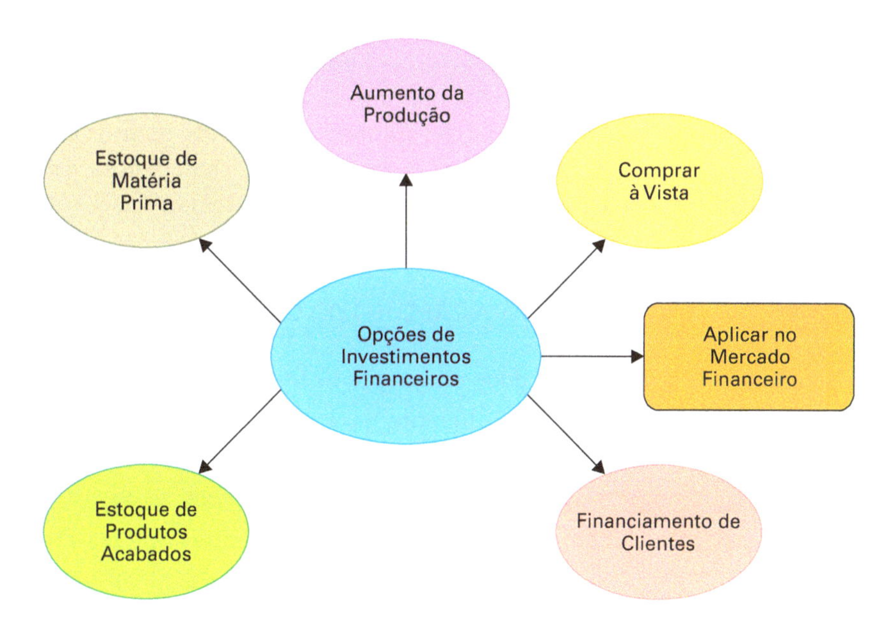

Figura 6.7 • **Opções de investimento financeiro.**

Nesse sentido, as empresas devem analisar todas as oportunidades cabíveis para aplicação dos recursos, possibilitando o retorno esperado de seus investimentos. Para o êxito de qualquer empresa, é necessário empregar corretamente os recursos disponíveis. É nesse contexto que surgiu o conceito de *custo de oportunidade*, que deve estar presente dentro de qualquer avaliação gerencial. Inicialmente, o *custo de oportunidade* foi estudado pela Economia e, no início do século XXI, ganhou destaque e importância na área contábil e financeira, pois está diretamente relacionado à tomada de decisões das empresas, auxiliando o gestor tanto na escolha da melhor alternativa para a aplicação de determinado recurso, como na avaliação de sua administração quanto aos recursos da empresa.

Para otimizar o resultado financeiro, o gestor deverá agir racionalmente, isso significa simplesmente escolher, dentre as possíveis vias de ação, a que prometa elevar ao máximo o valor esperado do resultado de qualquer decisão ou atitude, ou reduzir ao mínimo o custo esperado, de forma a maximizar a utilidade da operação.

Pode-se dizer que *custo de oportunidade* é uma comparação entre a alternativa escolhida e a alternativa que foi abandonada. Assim, o *custo da oportunidade* é o preço que se paga por renunciar a um investimento.

Os tipos de custo de oportunidade são:

- **Custo de oportunidade escondido:** é o custo que não está exposto. A consciência do conceito de custo de oportunidade leva à percepção do custo que camuflado em cada decisão de investimento.
- **Custo de oportunidade aberto:** não leva em consideração o conceito de custos escondidos sob as diversas considerações contábeis.
- **Custo de oportunidade contábil:** é a determinação do custo aberto ou camuflado na forma contábil.
- **Custo de oportunidade ambiental:** é o máximo valor que poderia ter sido obtido pelo usufruto de um recurso natural. Neste item, o custo de oportunidade, por exemplo, seria o que se deixa de ganhar quando não se desmata uma reserva de mata para sua utilização na construção de edificações para moradias.

Exemplo 6.1 • ALTERNATIVAS PARA CÁLCULO DO CUSTO DE OPORTUNIDADE

1. *Exemplo de custo de oportunidade na compra de imóvel*

Uma construtora tem capital suficiente para comprar um **imóvel à vista para instalar sua sede própria,** com duas opções:

a) adquirir o imóvel e ficar descapitalizada após a aquisição; ou

b) financiar o imóvel em boas condições e, com o recurso que restar, realizar aplicações e pagar as parcelas com o rendimento. Assim, o comprador manteria a dívida, mas, ao mesmo tempo, criaria as condições para o pagamento da aquisição.

Para cada oportunidade, há vantagens e desvantagens e somente quem poderá definir o que é melhor é o próprio comprador do imóvel. É preciso **respeitar as características** de cada um.

Ao escolher determinada opção, é necessário analisar o que não consta no contrato de compra ou de financiamento. É importante observar itens como o que a construtora iria ganhar se não fizesse essa transação ou o quanto ela pode perder se fizer a transação.

2. *Exemplo de custo de oportunidade na compra de equipamento*

A decisão de adquirir um equipamento é outro exemplo bastante comum em que é avaliado o custo de oportunidade nas decisões de empresas construtoras.

Por exemplo, ao investir na compra de um equipamento, a construtora não apenas imobiliza o valor das suas economias, mas o valor com energia (combustível ou eletricidade), seguro e demais custos, como manutenção.

Caso o valor fosse destinado a uma aplicação financeira, o valor proporcionaria um rendimento que a construtora poderia utilizar para alugar o equipamento, e não teria os custos de manutenção.

3. *Exemplo de custo de oportunidade na contratação de mão de obra*

Na contratação ou demissão de mão de obra, uma empresa construtora deve considerar o custo de oportunidade de mantê-lo na empresa. Essa decisão envolve muitos cálculos financeiros (produtividade × custos), mas também critérios bastante subjetivos, difíceis de serem avaliados, como os relacionados à convivência do empregado no ambiente de trabalho.

Portanto, a comparação realizada pelo *custo de oportunidade* constitui um problema a ser enfrentado pelo administrador financeiro devido ao risco de uma alternativa em relação à outra.

Com relação aos materiais e acabamentos, uma boa opção é comprar todos de uma vez. Isso pode garantir preços melhores, condições maiores, valores mais baixos e descontos significativos no final da compra. Já quanto à mão de obra, a melhor maneira e mais segura é dividir o pagamento em etapas, ou seja, pagar o serviço do profissional por meio de contrato de empreitada. Assim, estipulado um valor fechado para a mão de obra, ela não irá aumentar no decorrer da construção e não se corre o risco de abandono da obra.

Outro ponto chave em uma obra é o desperdício. As perdas podem chegar a até 5% dos custos da obra. Parece pouco, mas financeiramente, se essa percentagem for revertida para os gastos, ele será bem grande se comparado com o valor total da obra. Por isso, para evitar desperdiçar materiais, é importante fazer uma lista do que será preciso, programar a compra dos mesmos, ter o projeto da obra e, sempre que possível, ter uma equipe de engenharia supervisionando.

6.4 COMUNICAÇÃO ORGANIZACIONAL E GESTÃO DO CONHECIMENTO

A melhor forma de se conseguir a adesão dos colaboradores a uma estratégia organizacional é criar uma imagem adequada do projeto e uma percepção positiva de suas consequências, por meio da divulgação de opiniões de colaboradores que tenham credibilidade utilizando canais de comunicação respeitados internamente.

Desde o século XX, a responsabilidade social associada a uma marca, uma empresa ou projeto é um ativo importante, dentre outros, das organizações empresariais. É fundamental definir essa imagem, dar o significado que se pretende e planejar a comunicação desse significado.

A administração do significado e da imagem de uma estratégia organizacional é relevante não apenas no mundo empresarial e comercial. Ela é muito importante para os indivíduos públicos, líderes empresariais ou profissionais liberais. Os líderes e as organizações empresariais passaram a desenvolver ações com o objetivo de associar seus projetos a objetivos que façam sentido para o público interno e externo às organizações.

As diversas afirmações acerca do papel da comunicação na sociedade revelam que ela contribui decisivamente nas articulações sociais, econômicas e políticas da sociedade. O modelo de administração mercadológica praticado no início de século XXI apoia-se no gerenciamento da informação e dos valores culturais da sociedade.

Com o avanço tecnológico, manipulam-se e selecionam-se os conteúdos, linguagens e espaços daquilo que deve circular. A informação está sujeita a um processo análogo àquele pelo qual o sistema produtivo capitalista seleciona as mercadorias que devem ser produzidas e quem as deve consumir.

A questão central é que, sem um sistema de informação que permita o acesso do conhecimento ao conjunto da sociedade, a dinâmica mercadológica torna-se ineficiente para atender às demandas coletivas. Sem informação, não há possibilidade de escolha. Por exemplo, para utilizar produtos que não agridam o meio ambiente, os indivíduos necessitam de informações sobre o processo da cadeia produtiva, a economia e o meio ambiente.

Deve-se reordenar a dinâmica mercadológica para, em lugar de privilegiar interesses individuais, possa atender às demandas coletivas. Isso é denominado administração mercadológica baseada na cultura da comunicação.

A cultura da comunicação se apoia em um sistema comunicacional circular e colaborativo, que permite a construção do conhecimento por meio de trocas que tem a intenção de que todos ganhem. Nesse caso, não existe um ator único que manipula a informação de acordo com seu interesse, sendo o foco a sociedade coletiva. Isso significa permitir que a informação circule de forma contínua e orgânica e que todos os atores insiram e retirem conteúdos de informações.

A *comunicação organizacional* possui a função de facilitar a troca de informações e a difusão de ideias, para o atingimento de objetivos e metas. O direcionamento de colaboradores utilizando divulgação de informações e de conteúdos técnicos, orientações estratégicas e operacionais, permite que os segmentos operacionais das empresas atuem de forma coordenada rumo ao alcance de metas empresariais planejadas.

A comunicação é uma ferramenta valiosa de gestão empresarial. Internamente à empresa, a comunicação atua na divulgação da missão e dos valores da empresa, na melhoria do clima organizacional e na integração entre os departamentos e seus integrantes. Perante o público externo, a comunicação permite que a empresa informe adequadamente ao consumidor, no lugar que ele esteja, no momento necessário e no formato apropriado.

A comunicação interna atual é a do conhecimento compartilhado e das relações humanas. Ela deve ser vista como uma estratégia fundamental nas organizações presentes em ambientes globalizados e altamente competitivos. Essas organizações estão cada vez mais cientes da importância do fator humano para o sucesso de seus negócios, e uma comunicação organizacional integrada e bem planejada é um quesito estratégico fundamental para todo tipo de mercado.

A comunicação possui três funções nas organizações:

- **Função produção:** estabelece os papéis de cada um na organização para atender aos processos produtivos.
- **Função de inovação:** sinaliza as mudanças de produtos, serviços e de comportamento.
- **Função de manutenção:** fortalece a motivação dos colaboradores para integrar as metas individuais e coletivas.

6.4.1 PLANO DE COMUNICAÇÃO ORGANIZACIONAL

A comunicação empresarial é a maneira com que a corporação se comunica com o público interno e externo (fornecedores e comunidade em geral). Não é surpresa para ninguém que as falhas na comunicação empresarial reduzem a motivação organizacional, prejudicando - e muito - a realização de um bom trabalho em equipe. A comunicação é fundamental para a organização sobreviver e ter um bom relacionamento com esses diferentes públicos, mas ela só se dá através do processo de interação que a empresa desenvolve. Ao trabalhar dia a dia com a comunicação no ambiente de trabalho, a integração entre colaboradores aumenta, auxiliando no sucesso dos projetos e entendimento das informações.

O trabalho em equipe continua sendo uma vantagem competitiva - precisamente por ser tão poderoso e ao mesmo tempo tão raro. O *trabalho em equipe*, portanto, pode ser entendido como uma estratégia, concebida pelo homem, para melhorar a efetividade do trabalho e elevar o grau de satisfação do colaborador. Por exemplo, isso é frequentemente comentado nas transmissões esportivas. Equipes vencedoras que possuem um elenco de jogadores pouco talentosos, mas que trabalham em harmonia, conseguem mais facilmente atacar no campo do adversário. Sem esquecer das atividades motivacionais - gritos de ânimo, rezas e abraços acalorados no vestiário - momentos antes da partida iniciar.

: I Believe I Can Fly|Shutterstock.com

Figura 6.8 • **O resultado do coletivo da equipe está acima das vontades de cada indivíduo que a compõe.**

O respeito aos princípios da equipe, a interação entre seus membros e especialmente o reconhecimento da sua interdependência no atingimento dos resultados da equipe, deve favorecer ainda os resultados das outras equipes e da organização como um todo. Utilizando mais uma vez o futebol para ilustrar o respeito aos princípios da equipe, pode-se citar as jogadas de assistência onde o famoso atacante passa a bola para que outro jogador, em melhor posicionamento, chute a bola para o gol. Outro exemplo? Quando o goleiro, nos minutos finais, abandona seu próprio gol para tentar cabecear a bola para dentro do gol adversário. Essa atitude é para que a equipe ganhe o jogo (Figura 6.8).

Fazer com que todas as pessoas da organização caminhem na mesma direção não é tão difícil quanto parece. É necessário estratégias, objetivos definidos, comunicação eficaz, *feedbacks* constantes e lideranças compartilhadas. Esse é o ideal de toda equipe e caracteriza a equipe de alta performance, onde todas as potencialidades são usadas da melhor forma.

O ânimo dos funcionários e a satisfação com o emprego são, hoje, aspectos considerados altamente importantes pela maioria das organizações. Entende-se que um funcionário satisfeito possa aumentar a produtividade, a capacidade de resposta, a qualidade e a melhoria dos serviços aos clientes.

A comunicação pode ser considerada como um fator que contribui com o sucesso da liderança/gestão. Quando os líderes se comunicam com clareza e transparência na comunicação, estão também atuando para incrementar a motivação dos colaboradores da organização empresarial. Bons líderes influenciam seus colaboradores e os incentivam a trabalhar mais assertivamente. É por isso que um Departamento de Recursos Humanos eficiente deve estar atento às características apresentadas pelos líderes da organização, buscando sempre entender e aprimorar os comportamentos positivos da liderança e o como isso traz mais motivação no ambiente de trabalho.

A comunicação organizacional tem como objetivo auxiliar a diretoria a estabelecer a estratégia organizacional, de forma que cada área compreenda, se relacione e use o plano estabelecido como ponto de partida para a criação de seus projetos e objetivos funcionais. Outro ponto importante é que a função de comunicação deve se articular para trabalhar e atender as diversas áreas da empresa, com suas necessidades específicas, sempre mantendo o foco no resultado global e na missão da organização.

A comunicação pode ser rotulada com diversos adjetivos no sentido de expressar a sua importância, como, combustível, moeda, energia, dentre outros. Isso ocorre porque com a sua utilização, a empresa se movimenta. A comunicação dependendo do estilo gerencial da empresa pode ocorrer de maneiras diversas com o público interno. Se, por exemplo, a organização empresarial possui poucos colaboradores e apresenta um gerenciamento centralizado a comunicação verbal pode ser privilegiada. A equipe que atua no endomarketing (marketing interno), além de possuir os conhecimentos técnicos necessários, deve ser composta por colaboradores com mentes criativas, postura proativa e ânimo contagiante. Esses profissionais que possuem essas qualificações serão a base de informações para os demais colaboradores que são frequentemente atualizados com as informações corporativas.

Um tipo de comunicação que identifica os profissionais de endomarketing das organizações empresariais é a comunicação não verbal. Ela, aliada ao marketing, manifesta-se a partir de gestos e posturas corporais. Não é incomum, também, esses profissionais apresentarem um contato visual diferenciado. A proposta desse tipo de comportamental está aliado à cultura do *design thinking*, de pensar "fora da caixa". *Design thinking* é o conjunto de métodos e processos para abordar problemas do cotidiano profissional, relacionados a futuras aquisições de informações, análise de conhecimento e propostas de soluções.

LEMBRE-SE!

Uma comunicação eficaz é aquela que transforma e muda a atitude das pessoas. Se apenas muda as ideias, mas não muda suas ações, então ela não atingiu seu objetivo. Para que haja sucesso na transmissão de informações, os canais formais de comunicação precisam ser claros, consistentes, contínuos e frequentes.

A atuação permanente da Comissão Interna de Prevenção e Acidentes (Cipa) é um bom exemplo de que os colaboradores precisam incorporar o aprendizado frequentemente oferecido pelas palestras, cartazes e treinamentos para evitar a ocorrência de acidentes. Mas é importante ressaltar que o sucesso da estratégia de comunicação de uma empresa depende em grande parte do elo entre a estratégia de comunicação e a estratégia geral da empresa. É preciso ter um sólido desempenho da comunicação empresarial para apoiar tais missões e visão.

Nas palestras de apresentação da missão e visão da empresa, é importante que ocorra a troca de informações entre os colaboradores, para garantir que ocorra um ato de comunicação e não de apenas informação.

DICA

REUNIÃO DE TRABALHO

A maioria dos indivíduos não gosta de participar de reuniões de trabalho. Os líderes que não conduzem corretamente as reuniões tornam esse momento do dia pior. Mude essa situação! Reúna-se com o líder e sugira mudanças que sejam necessárias para a ocorrência de uma reunião mais produtiva. Cada participante da reunião deve receber uma agenda com pelo menos um dia de antecedência. Isso é especialmente importante quando você tem pessoas introvertidas e outras que preferem se preparar com antecedência. Além dos horários de início e término, a agenda deve ter estimativas de tempo para cada tópico. Os participantes e o líder da reunião devem gerenciar o tempo durante a reunião. A gestão da reunião deve ser conduzida para que todos participem:

- Escrever notas em um quadro branco (documente o ponto das pessoas).
- Proporcionar a todos alguns minutos de silêncio para pensar, e em seguida anotar, suas ideias sobre um tópico.
- Usar uma regra oral de dois minutos para forçar as pessoas a serem concisas.
- Depois que a pessoa falou, deixar que outros façam sua contribuição antes de permitir que a primeira pessoa fale novamente.
- Pedir às pessoas que forneçam por escrito mais informações após a reunião.

Tornar o processo de decisão claro para cada tópico da agenda. As principais alternativas sobre como decidir são:

- **Ordem**: a decisão já foi tomada e a equipe está sendo informada sobre isso.
- **Consulta**: os membros da equipe são solicitados por sua contribuição.
- **Votação**: a equipe vota para decidir entre as opções.
- **Consenso**: ocorre o debate até que todos honestamente concordem com uma decisão coletiva.

Todos podem intervir para ajudar, compartilhando suas melhores dicas para manter as reuniões efetivas e eficientes.

A comunicação interna, assim como as demais áreas funcionais das empresas, para que tenha um papel estratégico nas organizações, precisa passar por um processo de planejamento bem estruturado. A estratégia de comunicação precisa estar conectada à estratégia corporativa e ter como objetivo auxiliar a empresa a alcançar seus objetivos, sua missão e sua visão.

A comunicação estratégica eficaz está alinhada à estratégia organizacional em quatro instâncias:

- **Missão:** juntamente com a visão e os valores da empresa, estabelece sua razão de ser.
- **Objetivos:** são de médio e longo prazo, advêm da missão organizacional.

- **Estratégia:** processos que viabilizam o alcance dos objetivos por meio da alocação de recursos e tomada de decisão.
- **Táticas:** campanhas, orçamentos e planos de curto e médio prazo.

O planejamento de comunicação deve estar alinhado à estratégia da empresa, contribuindo para a conquista dos objetivos globais do negócio. Fazer um plano de comunicação exige recursos, por isso é necessário elaborar um orçamento que possa atendê-lo. Para a determinação de quanto investimento será necessário para atingir os objetivos determinados anteriormente, é necessário detalhar o máximo possível os custos envolvidos com o planejamento de comunicação corporativa. Além desses itens, é importante criar e incluir um cronograma das ações estabelecidas para, desta forma, conseguir acompanhar e cumprir os prazos estabelecidos. Em alguns casos, é necessário acrescentar nesse plano de comunicação o orçamento, que estabeleça os custos para cada ação.

6.4.2 GESTÃO DO CONHECIMENTO

O conhecimento tem assumido um papel de destaque, sendo considerado como um fator impulsionador de uma nova economia, a *economia do conhecimento*, bem como fonte de vantagem competitiva.

O *conhecimento organizacional* é definido por ações que envolvem as características intrínsecas das empresas em gerar novos conhecimentos, compartilhá-los com os seus colaboradores e incorporá-los aos seus produtos e sistemas em geral. Esse conhecimento pode crescer de duas formas:

- Quando a empresa faz um melhor uso do conhecimento que as pessoas têm.
- Quando mais pessoas sabem mais daquilo que é útil para a empresa.

Por isso, a ênfase crescente das empresas em melhor gerenciar o conhecimento de que dispõem. Existe a necessidade de crescimento do conhecimento da empresa como fonte de realização na era da competitividade.

A gestão do capital intelectual nas empresas da construção civil, a exemplo do que já ocorria em outros segmentos industriais, passou a considerar o conhecimento como um dos mais importantes ativos intangíveis da corporação. Prova disso é que algumas empresas construtoras têm procurado registrar as chamadas *boas práticas* construtivas em seus sistemas de informação, funcionando como importante ferramenta de geração, retenção, consolidação, disseminação e aprimoramento de tecnologias construtivas entre os seus colaboradores. Esse processo traz grandes benefícios ao mercado consumidor, que encontrará nessas empresas, imóveis que incorporam qualidade, durabilidade e desempenho superiores.

Pode-se destacar casos de construtoras que vêm armazenando em seu repositório de conhecimentos fotos e pequenos documentos descritivos de suas melhores práticas em diversas etapas construtivas. Além de funcionar como indutor de discussões e de melhoria contínua em uma empresa, a sistemática da utilização de um repositório de conhecimentos também funciona como ferramenta de treinamento de novos engenheiros, arquitetos, tecnólogos, técnicos de nível médio, estagiários, mestres e encarregados, que terão a oportunidade de visualizar parte da cultura construtiva da empresa de forma clara, diminuindo sensivelmente os riscos de entendimentos equivocados ou parciais.

Como em qualquer outro processo dentro de uma corporação, os resultados da gestão do conhecimento dependem do nível de envolvimento dos funcionários. As construtoras contam fundamentalmente com a contribuição do corpo técnico e dos consultores na proposição de alternativas construtivas de maior nível de desenvolvimento tecnológico. Ressalta-se que antes de se tornar um procedimento organizacional, as ideias propostas são discutidas em reunião de engenharia e em reunião com consultores, onde se procura avaliá-las segundo critérios tecnológicos, econômicos e estéticos.

6.5 GESTÃO DE CONFLITOS

Gerir significa exercer gerência, dirigir, administrar, ou seja, gerir pessoas diz respeito a uma verdadeira arte, que envolve inteligência emocional, carisma, paciência e posicionamento. No ramo de construção civil, em que líderes trabalham com equipes muito extensas, é preciso ainda mais jogo de cintura.

Os indivíduos à frente de equipes devem compreender bem o papel do líder e o gerenciamento de conflitos. Uma gestão pouco eficiente desperta a improdutividade da equipe. Catalisadas pelo pouco engajamento e insatisfação, as equipes passam a perder seus melhores talentos, justamente por não estimularem processos mais acessíveis e a valorização das pessoas. Uma gestão de qualidade na construção civil deve visar, assim como em outras áreas, criar boas práticas que diminuam o volume de rotatividade nos negócios. Uma delas é o controle de ponto mobile.

6.5.1 LÍDER ORGANIZACIONAL

Tornar o líder organizacional um líder de opinião contribui para melhorar a imagem e transparência das organizações. Entretanto, quando o líder está mais exposto, é preciso estar atento para o seu alinhamento com os valores e princípios da organização. Para isso, é imprescindível que a liderança passe por um *media training* (treinamento de mídia), para que saiba lidar com os atuais contextos midiáticos, em constante mudança, e seus consequentes elevados níveis de vulnerabilidades para as organizações e suas marcas. A comunicação é a ponte que oferece ao líder o poder de influência para obter sucesso nos objetivos organizacionais e de relacionamento.

Media training é uma preparação de profissionais para saber como lidar com a imprensa e se tornarem porta-vozes de suas respectivas empresas. Esse treinamento tem como finalidade fazer com que o porta-voz evite erros durante entrevistas. Entenda como funciona a mídia, os interesses dos jornalistas e como se aproveitar, de forma ética, desse contato com os profissionais de imprensa. Um porta-voz precisa de um treinamento de mídia quando ele conhece muito o assunto, mas não sabe como falar de forma clara e simples sobre o tema. Isso acontece, também, quando o colaborador é muito técnico e não sabe explicar de forma simples o que ele faz.

DICA

LIDERANÇA DE EQUIPES NO SETOR DA CONSTRUÇÃO CIVIL

O maior desafio, sem dúvida alguma, é alinhar metas, fazer com que todos os indivíduos estejam sempre com os mesmos objetivos. O pedreiro, mestre de obras e todos os outros encarregados devem saber suas funções de forma clara e objetiva. Por outro lado, como um grande canteiro de obras demanda muitos trabalhadores, ter empatia, flexibilidade para lidar com pontos de vista diferentes e perceber peculiaridades de cada membro das equipes, são fatores essenciais para o sucesso do time.

Conheça algumas dicas básicas e rápidas para otimizar a gestão de pessoas:

- Seguir a ética profissional e os valores estabelecidos para a execução de um trabalho. Ser uma verdadeira inspiração.
- Estar ao lado dos encarregados. É preciso estar junto aos demais.
- Promover a positividade e entusiasmar os que estão em volta.
- Ter paciência e saber todos os elementos que envolvem uma situação problemática antes de julgar alguém ou um fato do dia a dia.
- Criar e participar de maneira coletiva.
- Ser claro e transparente.
- Colocar em prática a regra dos 4 Cs (compromisso, colaboração, comunicação e cooperação).
- Verificar resultados positivos e ressaltar destaques na equipe. Para a situação inversa, prefira dialogar sozinho.
- Agilizar processos. Talvez um controle de ponto eficiente possa ser a porta de entrada para gerir melhor pessoas e suas jornadas de trabalho.

Existem algumas atitudes que podem ser tomadas para a prevenção de conflitos:

- **Elaboração do contrato:** sempre incluir os direitos e deveres das duas ou demais partes envolvidas. Ter atenção na preparação da documentação contratual clara a fim de evitar ambiguidades. Colocar o máximo de informações sobre o projeto, com detalhamento de valores, prazos e escopo. Tomar atenção para capturar os detalhes específicos do projeto e abordar as circunstâncias especiais, já que cada projeto é um projeto. Tomar cuidado com contratos padrão e especificações gerais, que podem não atender os objetivos do trabalho a ser executado.

- **Planejamento da execução:** os contratos somente devem ser assinados quando definidos os distintos pacotes de contratação. Planejar cuidadosamente, adequadamente e com clareza a estratégica para executar um projeto, já que as disputas geralmente surgem da ambiguidade ou de uma definição de risco confusa. Considerar as interfaces entre os escopos dos distintos contratos.
- **Realizar a gestão de contratos:** para acompanhar o progresso do contrato, deve-se realizar avaliações objetivas regularmente do progresso de cada contrato em específico. Lidar proativamente com problemas que surjam durante o projeto. Negociar tempestivamente os pleitos e solicitações de aditivos. Negociar tempestivamente as mudanças de projeto.
- **Realizar os pagamentos:** aplicar uma boa prática de pagamento, pois a equipe de projeto, fornecedores e o empreiteiro contam com o fluxo de caixa. Quando as provisões de pagamento tiverem sido acordadas, a medição deve ser realizada e os pagamentos devem ser feitos pontualmente.

6.6 RECURSOS MATERIAIS E RECURSOS PATRIMONIAIS

Na construção civil, existem vários equipamentos para as mais diversas atividades construtivas. Por exemplo, os equipamentos de movimentação devem ser escolhidos a partir da definição dos fluxos de materiais envolvidos, a fim de atender bem às necessidades da empresa. Como os equipamentos de movimentação podem executar vários tipos de tarefas, cabe para uma empresa alocá-los a sua área de atuação, principalmente para fins de gestão.

6.6.1 EQUIPAMENTOS DA CONSTRUÇÃO CIVIL

A *grua* é um equipamento utilizado para transporte de cargas pesadas, sendo útil tanto para o deslocamento horizontal quanto para o vertical. Alguns exemplos de gruas existentes no mercado são: grua móvel sobre trilhos, grua fixa com mão francesa e contrapeso de base, grua fixa com chumbadores de base, grua ascensional, entre outras.

O *elevador de obra* ou *elevador de carga* é um equipamento utilizado para transportar materiais e ferramentas. As torres dos elevadores de obra devem ser dimensionadas em função das cargas que estarão sujeitas e devem ser montadas e desmontadas por profissionais qualificados. Devem ficar o mais próximo possível da edificação em construção. Ele deve ter um dispositivo de tração de modo a impedir a descida em queda livre. As normas técnicas (NR-18 - Condições e Meio Ambiente de Trabalho na Indústria da Construção - PCMAT; NBR 16200:2013 - Elevadores de canteiro de obras para pessoas e materiais com cabina guiada verticalmente - Requisitos de segurança, para construção e instalação) não especificam capacidade máxima de um elevador, apenas exigem que em seu interior seja fixada uma placa contendo a indicação de carga máxima e a proibição do transporte de pessoas. Há dois tipos de elevador de obra: os de cabo e os de cremalheira.

A *betoneira* ou *misturador de concreto* é o equipamento utilizado para mistura de materiais, na qual se adicionam cargas de pedra, areia e cimento mais água, na proporção e textura devida, de acordo com o tipo de obra. A critério do arquiteto, engenheiro civil ou do mestre de obras, podem ser acrescidos outros tipos materiais, como os diversos tipos de cimentos, pedras ou aditivos, bem como diferentes proporções destes. As betoneiras podem ser:

- móveis, na forma de transporte por caminhão betoneira, com um sistema movido por uma correia de aço acoplada a um motor normalmente alimentado por um sistema de transmissão do veículo e hidráulico;
- fixas, como são conhecidas no Brasil, e equipadas com motor para que a mistura fique homogênea;
- semifixas, o mesmo que a fixa, porém, podem ser facilmente removidas por possuírem rodas;
- automáticas, movidas por um motor, sincronizadas e equipadas com esteiras rolantes;
- semiautomáticas.

Nas grandes construções ou em casos específicos, usa-se uma bomba especial chamada de *bomba de concreto*, que impulsiona o concreto à altura que se fizer necessária, junto a uma central dosadora. Quando a área é muito extensa, usa-se o *vibrador de concreto*, que tem como função adensar a mistura, retirando as bolhas de ar. A fim de evitar problemas de entupimento na interrupção ou queda de energia, junto à central dosadora fica um transformador a gás ou óleo diesel, que a mantém ligada por um período de tempo curto.

A *girica* é uma ferramenta semelhante ao carro de mão, sendo utilizada para transportar o concreto a curtas distâncias e no plano horizontal. É útil para todos os tipos de construção, especialmente onde o acesso à área de trabalho é restrito.

As principais ferramentas utilizadas na construção civil são:

- **Alicate:** ferramenta amplamente utilizada pelos profissionais da construção civil, divide-se nas seguintes categorias: alicate universal, alicate de pressão, alicate de corte frontal, alicate de corte diagonal e alicate de bico meia cana.
- **Arco de serra:** utilizado para o corte de materiais como aços, ferros, madeiras, plásticos, dentre outros. Os arcos de serra dividem-se em: arco de serra regulável e arco de serra fixo.

- **Cavadeira:** utilizada para perfuração do solo. Divide-se em: cavadeira reta e cavadeira articulada.
- **Chave:** amplamente utilizada em apertos, sendo extremamente útil em muitas atividades da construção civil. Divide-se em: chave ajustável, chave combinada, chave de fenda, chave estrela, chave inglesa e chave Phillips.
- **Colher de pedreiro:** possui diversas finalidades, tanto para assentamento como para acabamento.
- **Desempenadeira:** utilizada no alisamento da superfície onde a massa foi colocada.
- **Discos de corte:** ferramenta empregada no corte de muitos materiais como ferro, cerâmica, aço, dentre outros.
- **Enxada:** na construção civil, é usada para virar e puxar massa de masseiras. Divide-se em: enxadão largo, enxadão estreito e enxada *master*.
- **Esmerilhadeira:** é usada para esmerilar, aparar ou cortar rebarbas de superfícies diversas.
- **Espátula:** extremamente versátil, sendo utilizada em muitas atividades, como na remoção da tinta, na aplicação de gesso ou de massa etc.
- **Esquadro:** utilizado para marcar o esquadrejamento de muros, paredes, janelas, portas e revestimentos.
- **Formão:** utilizado para cortar ou entalhar madeira, pedra, ferro etc.
- **Furadeira:** amplamente usada em uma variedade de funções. As furadeiras dividem-se em: furadeiras de bancada, furadeira de impacto e parafusadeiras.
- **Lixadeira:** ótima ferramenta utilizada para rebarbação e acabamentos. Divide-se em: lixadeira para concreto, lixadeira orbital, lixadeira de palma, lixadeira de cinta e lixadeira combinada.
- **Marreta:** de grande resistência, as marretas são utilizadas em diversas funções. O principal modelo é a marreta oitavada.
- **Martelete:** utilizado na construção civil para perfurações manuais.
- **Martelo:** é versátil e de fácil manuseio. Os martelos podem ser: do tipo tradicional ou mesmo os modernos martelos demolidores e os martelos rompedores.
- **Medidores de distância:** conhecidos como diastímetros, são indispensáveis na construção civil. Os medidores de distância conferem alta precisão em medições. Seus principais modelos são os medidores de distância a laser.
- **Picareta:** utilizada em muitas atividades que necessitem de escavação. As picaretas dividem-se em: picareta estreita e picareta chibanca.
- **Ponteiro:** usado para realização de pequenos furos em muros, paredes e até mesmo no chão. Seus modelos podem ser com ou sem empunhaduras.
- **Prumo:** usado para aprumar e nivelar paredes e muros. Os prumos podem ser: prumo de centro ou prumo de face.
- **Serra:** utilizada amplamente na construção civil. As serras podem ser serras circulares, serras de esquadria, serras de fita, serras de sabre e serras tico-tico.

- **Serrote:** com sua lâmina larga, o serrote é utilizado na construção civil, principalmente para o corte de madeira. Existem diversos modelos de serrotes, como: serrotes de 5 dentes, serrotes de 7 dentes e os serrotes de poda.
- **Talhadeira**: na construção civil, é usada para realização de aberturas em paredes para a passagem de tubos de PVC, eletrodutos ou mesmo para a retirada do excesso de massa endurecida.

As ferramentas têm especificidades para cada tipo de atividade na construção civil (Figura 6.9).

VectorPot\Shutterstock.com

Figura 6.9 • **Trabalhadores utilizando ferramentas da construção civil.**

6.7 GESTÃO DE ESTOQUES

O armazenamento de materiais de construção civil é essencial para garantir que eles permanecerão com a mesma qualidade e não causarão acidentes no canteiro de obras. Também deve-se prestar atenção para organizar o depósito dos materiais, de forma que facilite o trânsito das pessoas e permita cargas e descargas contínuas.

O canteiro de obras é um dos locais com maior número de acidentes de trabalho, segundo dados da Previdência Social. Por isso, é importante seguir as normas da Segurança do Trabalho na Construção e armazenar os materiais de forma a evitar problemas operacionais. Um material empilhado de forma incorreta pode cair e causar acidente, peças podem quebrar e causar cortes, por exemplo. Um material que está disposto no caminho da circulação pode atrapalhar a passagem e causar acidente. Por isso, é muito importante ainda manter a ordem no canteiro de obras e garantir a livre circulação dos trabalhadores, independentemente do tamanho do seu empreendimento.

6.7.1 TIJOLOS E BLOCOS

O tijolo é um bloco que pode, por exemplo, ser de barro cozido ou seco ao sol, geralmente em forma de paralelepípedo. O bloco de cimento é um componente industrializado, produzido em máquinas que vibram e prensam, podendo ser fabricados a partir de uma vasta variedade de composições (traços).

Os tijolos são muito fáceis de armazenar: basta empilhá-los, de forma intertravada, e cobrir com uma lona esticada e com pesos nas pontas. A altura máxima da pilha de tijolos é de 1,50 m. O maior cuidado que se deve ter é para esticar a lona regularmente para evitar acúmulo de água na parte superior e consequente proliferação de mosquitos. Os tipos mais comuns de tijolos são: cerâmico, adobe, laminado, concreto, vidro e ecológico.

6.7.2 CIMENTO, CAL, ARGAMASSA E GESSO

O cimento é um pó fino com propriedades ligantes que endurece sob a ação da água. Depois de endurecido, mesmo que seja novamente submetido à água, não se decompõe mais. É um dos principais materiais de construção, sendo muito utilizado como aglomerante para compor argamassas e concretos. Por ser uma das principais *commodities* mundiais, serve também como indicador econômico. Os tipos de cimento Portland são:

- Cimento comum (NBR 5732:1991) - CPI, Classes 25, 32 e 40.
- Cimento comum com adição (NBR 5732:1991), CPI-S, Classes 25, 32 e 40.
- Cimento composto com escória (NBR 11578:1999), CPII-E, Classes 25, 32 e 40.
- Cimento composto com pozolana (NBR 11578:1999), CPII-Z, Classes 25, 32 e 40.
- Cimento composto com fíler (NBR 11578:1999), CPII-F, Classes 25, 32 e 40.
- Cimento alto forno (NBR 5735:1991), CPIII, Classes 25, 32 e 40.
- Cimento pozolânico (NBR 5736:1999), CPIV, Classes 25 e 32.
- Cimento de alta resistência inicial (NBR 5733:1991) - CPV-ARI.
- Cimento resistente a sulfatos (NBR 5737:1992).
- Cimento Branco (NBR 12989:1993).

Esses materiais (cimento, cal, argamassa e gesso) precisam ser armazenados em locais cobertos e protegidos da umidade, porque podem endurecer e perder a utilidade facilmente. É recomendado utilizar um estrado como base para evitar o contato com o solo, armazená-los em local coberto, seguro e empilhá-los. Quantidade máxima de sacos por pilha:

- Cimento e gesso: 10 sacos.
- Argamassa: 20 sacos.
- Cal: 15 sacos.

6.7.3 TELHAS

A telha é uma peça feita tipicamente de argila, fibrocimento, concreto, cerâmica, aço, fibrocimento, polímero ou pedra. Podem ser armazenadas em local descoberto e sem proteção, pois são feitas para resistir às intempéries. O maior cuidado deve ser no manuseio desse material, que costuma ser frágil.

6.7.4 AREIA E BRITA

Os agregados graúdos e miúdos para a indústria da construção civil são os insumos minerais mais consumidos no mundo. O termo *agregados para a construção civil* é empregado no Brasil para identificar um segmento do setor mineral que produz matéria-prima mineral bruta, ou beneficiada, de emprego imediato na indústria da construção civil. São basicamente a areia e a rocha britada. O termo *emprego imediato na construção civil* – que consta da legislação mineral para definir uma classe de substâncias minerais – não é muito exato, já que nem sempre são usadas dessa forma. Muitas vezes entram em misturas – como o concreto e a argamassa – antes de serem empregadas na construção civil.

Minerações típicas de agregados para a construção civil são os portos de areia e as pedreiras, como são popularmente conhecidas. Entretanto, o mercado de agregados pode absorver produção vinda de outras fontes. No caso da areia, a origem pode ser o produtor de areia industrial ou de quartzito industrial, ambas geralmente destinadas às indústrias vidreira e metalúrgica. No caso da brita, pode ser o produtor de rocha calcária usada nas indústrias caieira e cimenteira. Nesses casos, em geral, é parcela da produção que não atinge padrões de qualidade para os usos citados e é destinada a um uso que não requer especificação tão rígida.

As propriedades físicas e químicas dos agregados e das misturas ligantes são essenciais para a vida das estruturas (obras) em que são usados. São inúmeros os exemplos de falência de estruturas em que é possível chegar-se à conclusão que a causa foi a seleção e o uso inadequado dos agregados.

Considerado como produto básico da indústria da construção civil, o concreto de cimento Portland utiliza, em média, por metro cúbico, 42% de agregado graúdo (brita), 40% de areia, 10% de cimento, 7% de água e 1% de aditivos químicos.

Nos últimos anos, a necessidade de reciclar os entulhos da construção civil criou a possibilidade de que parte dos produtos resultantes desse processo viesse a substituir o agregado natural. Na Europa e nos Estados Unidos, a participação de produtos reciclados é ainda limitada, mas tem crescido continuamente. Outros materiais, possíveis substitutos para a brita, são as escórias siderúrgicas (alto-forno e aciaria).

Areias e rochas para britagem são facilmente encontradas na natureza e são consideradas recursos minerais abundantes. Entretanto, essa relativa abundância deve ser encarada com o devido cuidado. Por serem produtos de baixo valor unitário, o custo do transporte encarece o preço para o consumidor final.

Idealmente, portanto, os pontos de produção devem ficar o mais próximo possível dos pontos de consumo, o que torna antieconômico boa parte dos recursos minerais para areia e rocha disponíveis na natureza.

Entretanto, nem sempre as condições ideais são encontradas. Há regiões onde os recursos disponíveis estão distantes. Por exemplo, na região de Manaus/AM, rochas para brita não são encontradas, sendo então utilizado o cascalho. Na Bacia do Paraná, como é geologicamente conhecida boa parte da região Sul e Sudeste do país, afloramentos de rocha para britagem são difíceis de serem encontrados, criando-se a necessidade de transportar a brita por distâncias superiores a 100 km.

A areia é extraída de leito de rios, várzeas, depósitos lacustres, mantos de decomposição de rochas, pegmatitos e arenitos decompostos. No Brasil, 90% da areia são produzidos em leito de rios.

Devem ser armazenadas em montes e podem ficar em local aberto e descoberto, desde que não seja por um período maior do que 4 meses. É recomendado evitar o contato direto com o solo, armazenando-as sobre um contra piso. Também é interessante que estejam ao abrigo do vento, para que não se espalhem ou misturem.

6.7.5 MADEIRA PARA CONSTRUÇÃO E PARA COBERTURAS

A madeira é o tecido lenhoso das árvores e pode ser obtida a partir do corte das árvores. As tábuas de madeira corrida e a madeira para telhado precisam ser compradas com três ou quatro meses de antecedência para que possam secar. Durante esse período, é normal que a madeira se contraia e assim você tem menos chance de que as tábuas trabalhem após o assentamento. O armazenamento da madeira deve ser em empilhamento horizontal, em pequenas quantidades. O lugar de estocagem deve ser seco e coberto. A madeira deve ficar guardada por um período de 3 a 4 meses antes do momento da utilização para que tenha tempo de secar e contrair. Tipos de madeiras naturais: ipê, peroba, sucupira, freijó, jatobá, cedro, mogno, aroeira, cerejeira, pinho. Madeiras Industriais: MDF, compensado e aglomerado.

6.7.6 PORTAS E JANELAS

Devem ser armazenadas em local coberto e sem pesos sobre elas para que não empenem. Podem ser de aço, alumínio, plástico e madeira.

6.7.7 AÇO PARA CONCRETO ARMADO

Os vergalhões devem ficar armazenados na horizontal em pilhas de até 50 cm, separados por bitolas e de preferência sobre um estrado para evitar contato com o chão. Se possível, devem ficar em locais cobertos e próximos da mesa onde serão cortados para utilização.

6.7.8 TUBOS DE PVC

O tubo de PVC (policloreto de polivinila) é uma tubulação feita de material combinado entre o etileno e cloro. O PVC é usado amplamente nas conexões hidráulicas e redes de esgoto. Devem ficar em local coberto e protegidos do sol, empilhados na horizontal e retos, para evitar o ressecamento ou a quebra.

6.7.9 FIOS E CABOS

Os materiais elétricos possuem características de transmissão de cargas elétricas de maneira segura e eficiente. O armazenamento de fios e cabos deve ser, de preferência, em rolos ou guardados em caixas que os protejam da umidade. Devem ficar em locais cobertos e abrigados para evitar que percam a condutividade. Tipos: caixa de luz, tomada, fios e cabos, disjuntores, fusível, soquete, interruptor, transformador.

6.8 GESTÃO DA CADEIA DE SUPRIMENTOS

Gestão ou gerenciamento da cadeia de suprimentos (*Supply Chain Management*) é o processo de planejamento, implementação e o eficiente controle do fluxo e estocagem de matérias primas, matérias semitrabalhadas e produtos finais e das relativas informações do ponto de origem ao ponto de consumo com o objetivo de satisfazer as exigências dos clientes.

O gerenciamento da cadeia de suprimentos inclui toda a série de atividades logísticas, como:

- *customer service* (atendimento ao cliente);
- previsão da demanda;
- gestão da comunicação;
- gestão do estoque;
- *material handling* (manipulação de material);
- processamento da ordem;
- localização de fábricas;
- depósitos;
- suprimentos;
- embalagem;
- gestão dos retornos;
- transportes;
- armazenagem;
- estocagem.

Essas atividades juntamente às entradas (*inputs*) e saídas (*outputs*) formam o quadro dos componentes do *logistics management* (gestão da logística), ou seja, a gestão da logística que pode compreender todas ou somente algumas das atividades anteriormente citadas, segundo o fato que seja mais ou menos integradas.

A integração das diversas áreas da logística é necessária por dois motivos principais:

- As escolhas efetuadas em uma certa área de atividade logística impactam sobre todas as outras áreas.
- O potencial de eficiência inerente na logística, como totalidade das atividades que a compõem, é extremamente elevado.

O fundamento do conceito de logística integrada é representado pela minimização do custo total das atividades logísticas vista em suas complexidades, dado um objetivo de nível de serviço a garantir. É possível subdividir os custos logísticos em cinco grandes grupos:

- custos de manutenção dos estoques;
- custos de armazenagem;
- custos de transporte e distribuição;
- custos inerentes aos lotes;
- custos de processamento de ordens e dos sistemas informativos.

A missão da logística é planejar e coordenar todas as atividades necessárias para atingir o nível de serviço desejado com o menor custo possível. A logística deve, portanto, ser vista como a conexão entre o mercado e o ambiente operacional da empresa. O âmbito da logística passa por toda a organização empresarial, desde a gestão das matérias-primas até a entrega do produto final.

A gestão logística, do ponto de vista sistêmico, é o meio com qual as exigências dos clientes são satisfeitas através da coordenação dos fluxos dos materiais e das informações que se estendem do mercado através da empresa até os fornecedores. Por exemplo, por muitos anos as áreas de marketing e produção foram consideradas como duas atividades distintamente separadas no interno da organização: no melhor modo, coexistiram; no pior, foi uma luta aberta.

Nesse esquema de referência, a logística é essencialmente um conceito de integração que procura desenvolver uma visão global e única de toda a empresa. É fundamentalmente um conceito de planejamento que procura construir um processo através do qual as exigências do mercado possam ser traduzidas ao menor custo total em uma estratégia e plano de produção que por sua vez se traduzam em uma estratégia e plano de suprimentos.

Na gestão da cadeia de suprimentos, algumas definições são importantes, veja a seguir:

- **Logística:** processo de planejamento, implementação e controle do fluxo eficiente e economicamente eficaz de matérias-primas, estoque em processo, produtos acabados e informações relativas, desde o ponto de origem até o ponto de consumo, com o propósito de atender às exigências dos clientes.
- **Cadeia de suprimentos:** redes de empresas que se sucedem desde a extração dos recursos naturais, sua transformação em materiais primários, fabricação de componentes, subconjuntos, conjuntos, montagens finais, armazenagem e distribuição até a chegada do produto nas mãos do cliente final e que, após o seu ciclo de vida útil, ocupam-se da sua reciclagem; responsáveis pelo fluxo inverso de materiais e informações e pela redução dos custos de transação a um mínimo indispensável.
- **Gestão ou gerenciamento da cadeia de suprimentos (*supply chain management*):** é a administração do sistema de logística integrada da empresa. Seu objetivo é satisfazer rapidamente o cliente, criando um diferencial com a concorrência, e minimizar os custos financeiros, pelo uso do capital de giro, e os custos operacionais, diminuindo desperdícios e evitando ao máximo atividades que não agregam valor ao produto, como as esperas, armazenamentos, transportes e controles.
- **Cadeia de valor:** formada por todas as atividades ligadas à empresa iniciadas com as prioridades dos atributos de futuro, detectadas pelas necessidades dos clientes consumidores até o estabelecimento das competências essenciais.
- **Rede de valor:** modelo de negócios que utiliza os conceitos da cadeia de suprimentos digital para obter a maior satisfação do cliente e a lucratividade da empresa.

6.8.1 *SUPPLY CHAIN MANAGEMENT*

O papel crítico e os conceitos da logística somente começaram a ser aplicados pelas organizações empresariais em um passado recente, em atividades que eram tratadas de forma segmentada e não sistematizada. De início, o gerenciamento logístico abrangeu duas grandes linhas: a administração de materiais e a distribuição física. A primeira, representando atividades desde a fonte das matérias-primas até a entrada da fábrica, absorvendo operações de planejamento, obtenção, transporte, armazenagem, manuseio, entre outras. E a distribuição física, associada à transferência de produtos acabados desde o local de sua produção até o consumidor, incluindo as atividades de empacotamento, processamento de pedidos, controle de estoques etc.

Na indústria da construção civil, alguns entraves podem ser citados como justificativa para a dificuldade de visualizar, integrar e gerenciar as cadeias de suprimentos e, consequentemente, elaborar critérios mais robustos para a seleção de fornecedores:

a) O elevado número de itens envolvidos no processo produtivo.
b) A diversidade de materiais e componentes, com características distintas, que compõem a cadeia da construção civil.
c) O desconhecimento da totalidade de fornecedores e clientes envolvidos em cada cadeia de suprimentos, dificultando a integração e o gerenciamento dos múltiplos processos chaves entre e através das empresas.
d) A necessidade de adequação dos conceitos advindos das áreas de marketing e logística para a realidade da construção civil.
e) O desconhecimento das necessidades do cliente final (usuário) e da importância dessas informações ao longo da cadeia.
f) A dificuldade de uma visão integrada, visto que a construção civil, diferentemente das demais indústrias, ainda não pode ser considerada uma montadora.
g) O termo *logística* era aplicado conceitualmente, ignorando as atividades do processo de produção, ao mesmo tempo que os processos que envolviam os suprimentos e os materiais eram tratados de forma fragmentada e isolada. De onde surgiram vários outros termos ainda usualmente utilizados como: gestão de materiais, gestão de compras, gestão de distribuição física, cadeia de suprimentos, rede de suprimentos etc.

6.8.2 *STRATEGIC SOURCE*

É uma metodologia utilizada, em especial, pelas áreas de suprimentos em que se analisa profundamente o custo total de aquisição de cada família de produtos (bens ou serviços) por meio de seu mapeamento, entendimento e avaliação das especificações desses materiais, níveis de serviço e de seu mercado fornecedor. Por intermédio desse processo, é possível revisar todos os custos externos que afetam os produtos finais, bem como os custos internos de utilização, financeiro e de logística, sendo possível também avaliar otimizações na estrutura dos produtos, achar um ponto ótimo que atenda aos requerimentos e níveis de serviço que maximizem o custo benefício de determinada aquisição, ampliando o conhecimento do mercado fornecedor, melhorando a qualidade do material e agilizando assim o fluxo de atendimento do mercado. Um profissional do *strategic sourcing* deve harmonizar a qualidade do serviço com garantia de redução de custos, a tecnologia, a capacitação dos profissionais de compras e o monitoramento dos resultados, como fatores chaves na incorporação deste modelo funcional nas empresas. *Strategic sourcing* surge como um meio de otimizar a gestão da cadeia logística ou a otimização do *supply chain*.

O passo fundamental é estar disposto a fazer uma mudança na gestão, definindo claramente a equipe, os processos de decisão, um plano de comunicação adequado e preparar o foco para soluções estratégicas, tanto para incentivar, quanto para atrair essas inovações.

A ação consiste na análise da cadeia de suprimentos dos materiais negociados. O comprador precisa ter conhecimento das empresas fornecedoras, dos insumos utilizados nos processos de fabricação dos produtos, tributos incidentes, logística de distribuição e transporte, preços praticados no mercado consumidor e capacidade produtiva. De posse dessas informações e das quantidades necessárias num horizonte de tempo determinado, o comprador promove as concorrências e rodadas de negócios junto aos fornecedores. Ao concluir as negociações, o comprador elabora os contratos *masters*, que garantirão as condições comerciais acordadas, como qualidade, melhores preços e prazo de entrega previstos no processo. A negociação desses itens tende a ser mais vantajosa para os fornecedores, pois a concentração dos materiais em poucas indústrias dificulta a concorrência.

Para a otimização de resultados, deve-se:

1. **Coletar os dados do fornecedor:** o foco é desenvolver um perfil de demanda, através da coleta de dados importantes dessa categoria. A intenção é investigar e documentar, para promover uma melhor identificação dos principais direcionadores de custos e oportunidades.
2. **Avaliar a categoria:** promover uma análise entre necessidades e desejos, determinando as atuais exigências de especificações de produtos, avaliar as possibilidades de substituição, considerando as possibilidades de gestão da procura.
3. **Acesso à base de fornecimento:** coletar dados de mercado sobre a indústria local e compreender o lugar que os fornecedores ocupam no mercado. Identificar fornecedores em potencial, caracterizando quem são os líderes, as peças chave daquele mercado e os competidores. Selecionar os fornecedores com base em critérios e pesos, formando uma lista somente com os qualificados.
4. **Determinar a estratégia de *strategic sourcing*:** selecionar uma abordagem de *sourcing* definindo na sequência um plano de ação.
5. **Atrair os fornecedores:** estabelecer um caminho para a atração do fornecedor, por meio do desenvolvimento de uma proposta. A seguir, deve-se compilar/analisar as respostas, com o objetivo final de obter uma pequena lista de fornecedores com quem negociar. A avaliação periódica dos fornecedores é um processo fundamental para garantir a consistência da cadeia de fornecimento, afinal, a qualidade do fornecimento de produtos dos fornecedores refletirá diretamente na qualidade do produto final da empresa.
6. **Conduzir negociações:** formular pontos objetivos, identificando previamente possíveis questionamentos e preparar um plano de atuação, com foco em obter, com o auxílio dos demais critérios, a seleção do fornecedor. O contato de outros fornecedores, ou até mesmo uma alternativa de material que possa ser utilizado, são somente alguns exemplos de plano alternativo para evitar que o processo de produção seja prejudicado.

7. **Gerenciar fornecedores:** monitorar os resultados, acompanhar e garantir uma condição importante no futuro.
8. **Institucionalizar *strategic sourcing*:** relatar histórias de sucesso, oferecer *feedbacks* e aproveitar a experiência obtida para desenvolver e aprimorar métricas de desempenho.

6.8.3 *E-PROCUREMENT*

A palavra vem do inglês *eletronic procurement* e se refere à compra e venda de produtos (bens e serviços) por meio da internet. É um termo muito associado às compras B2B (*business to business*), ou seja, é realizado entre duas ou mais empresas. Também se refere a ambientes virtuais que realizam a cotação e o fechamento de algumas operações de negócios.

Normalmente, os sites de *e-procurement* permitem que os usuários qualificados e registrados encontrem compradores ou fornecedores de bens e/ou serviços especializados, que geralmente são difíceis de se localizar entre os contatos das equipes de compras ou vendas. Dependendo da abordagem, os compradores ou vendedores podem prever prêmios ou dar lances, de acordo com o volume negociado - por exemplo, criando uma concorrência que pode beneficiar especialmente a empresa que está comprando.

Existem três principais tipos de softwares de *e-procurement*:

1. *Enterprise Resource Planning* (ERP)

Traduzido por planejamento de recursos da empresa, as soluções ERP integram os dados dos mais diversos departamentos para que o acesso a eles seja fácil e agilizado. A ideia é otimizar o uso desses recursos, embasar a tomada de decisões por parte dos gestores e melhorar os resultados como consequência. Um ERP deve facilitar a gestão diária da empresa integrando processos como: contas a pagar, a receber, compras, controle de estoque, gestão de pessoas, entre outros. Todos os processos administrativos e operacionais da construtora são registrados em uma única plataforma. A ferramenta organiza os processos, simplificando as atividades e práticas de gestão e, o melhor, permite definir os fluxos e controlar o gerenciamento de todos os setores da empresa, fornecendo uma visão macro para o gestor. No caso do processo de compras, os ERPs oferecem o agendamento, o que gera um ciclo ideal de produção. Dentre os principais recursos do sistema ERP, vale destacar dois deles:

- **Cruzamento de dados:** o sistema ERP permite cruzar os dados referentes aos gastos e recebimentos com o próprio orçamento em si. Os valores orçados e projetados são registrados no fluxo de caixa, assim como o que será recebido e gasto. Assim, o gerente de obra pode planejar novamente os custos até o fim dos trabalhos. É possível identificar onde está ganhando e onde está perdendo na obra, e efetuar o *trade-off*, ou seja, perder em determinadas tarefas ou atividades, e compensar os custos em outras.
- **Integralidade:** a construtora permanece sempre conectada com os canteiros de obras, centraliza as informações em um banco de dados, elimina erros e evita redundâncias.

As informações chegam de forma mais clara, segura e imediata e permitem um maior controle de todo o negócio: do planejamento ao controle e de execução da obra.

Com esses recursos, as principais vantagens do ERP são: integração e padronização de processos; eliminação de redundância; redução do tempo de operações; agilidade nos negócios; obtenção da informação em tempo real; eficiência; controle e gestão; base única de dados; adaptação às mudanças de processos; redução da necessidade de planilhas.

1. *E-sourcing*

Nesse modelo de *software*, também chamado de leilão reverso, a internet é utilizada como ferramenta de identificação de novos fornecedores. Esse tipo de sistema é *on-line* e permite entrar em contato com um número maior de fornecedores, que podem dar os lances citados anteriormente. Assim, os compradores podem selecionar a oferta mais atrativa.

2. *E-informing*

Nesse modelo de *software*, a ideia é apenas a troca de informações entre compradores e vendedores. O objetivo é criar um banco de dados com os fornecedores e os recursos tecnológicos, como o e-mail, facilitam a estruturação dos dados.

6.9 GESTÃO DE ALMOXARIFADO

Almoxarifado é um ambiente do canteiro de obras que é destinado à guarda, localização, segurança e preservação de materiais, ferramentas e equipamentos, adquiridos para a execução da obra.

A gestão de materiais é uma atividade muito importante para o bom funcionamento de qualquer empresa. Consiste na supervisão contínua dos itens adquiridos pela empresa, seja para a fabricação de produtos ou para o suprimento das ações internas.

O objetivo da gestão de materiais não é restrito ao fornecimento de matérias-primas, ferramentas e equipamentos a todos os setores da obra do empreendimento. A gestão de materiais possibilita a otimização dos investimentos da empresa e o controle de seus estoques. Essa condição influencia diretamente no orçamento das obras, pois possibilita a administração do capital empregado em materiais, ferramentas e equipamentos sujeitos à deterioração, vencimento ou depreciação.

Na gestão de materiais de construção civil existem materiais, ferramentas e equipamentos de todo tipo:

- **Estocáveis:** que têm previsão de consumo.
- **Não estocáveis:** que são utilizados de forma ocasional e imediata.
- **De consumo geral:** que são requisitados por diversos setores do negócio.
- **De manutenção:** que são destinados especificamente à conservação da empresa.

A gestão de materiais é um tipo de gestão de recursos, cujo objetivo é realizar planejamentos eficientes, que evitem os desperdícios e assegurem a melhor utilização de itens essenciais para as áreas de vendas, embalagens, limpeza, administração e atendimento.

Assim, a gestão de materiais possibilita o aumento do lucro sobre o capital investido, através de ações de compras, definição das diretrizes para o cumprimento de contratos, recebimento, armazenagem, almoxarifado e fornecimento de produtos aos órgãos requisitantes.

O planejamento e a implantação adequada de uma boa estrutura física do almoxarifado são os fatores mais importantes para obtenção de eficiência nos processos envolvendo movimentação de materiais nas obras de construção civil.

O Plano de Ação da gestão de materiais contém as melhores estratégias de *layouts*, fluxo e organização dos materiais que visam a agilidade e a eficiência das atividades de *picking* (recebimento, expedição etc.). Esses cuidados possibilitam a otimização de tempo, movimentação e utilização adequadas de espaço.

O Plano de Ações possibilita na obra:

- Otimização do fluxo de movimentação em função do tamanho e organização da obra.
- Caracterização das dimensões de ambientes em função da origem, aplicação e uso de cada produto armazenado.
- Identificação correta e de fácil entendimento dos materiais e seus acessos.
- Definições de áreas de recebimento, inspeção e despachos.
- Procedimentos de segurança do almoxarifado, com as definições de responsabilidades.
- Inventário contábil periódico e planejado.
- Rotinas de preservação e condicionamento dos materiais.
- Rotinas de recebimento, verificação e inspeção.

Plano de Ações proporciona para a empresa:

- Redução do investimento total em obras.
- Maior rapidez no atendimento das demandas da obra.
- Melhor sincronismo nas atividades rotineiras.
- Maior comprometimento com resultados previstos em contrato.
- Maior eficiência e eficácia funcional das equipes de trabalho.
- Melhores resultados nas atividades de realocação, identificação e atualização do cadastro em sistema.
- Aumento da confiabilidade dos clientes internos.

A armazenagem dos materiais no almoxarifado deve atender a cuidados especiais. Esses cuidados devem ser definidos no tipo de instalação e em seu *layout*. Essas variáveis devem proporcionar condições físicas que preservem a qualidade dos materiais, realizar a ocupação plena dos espaços de armazenamento e a ordenação da arrumação.

A armazenagem dos materiais compreende atividades como:

- Verificação das condições de recebimento do material.
- Identificação do material.

O projeto do *layout* de um almoxarifado deve ser feito de modo a se obter as seguintes condições:

- Máxima utilização do espaço.
- Efetiva utilização dos recursos disponíveis (mão de obra e equipamentos).
- Pronto acesso a todos os itens.
- Máxima proteção aos itens estocados.
- Boa organização.
- Satisfação das necessidades dos clientes.

No projeto de um almoxarifado, devem ser verificados os seguintes aspectos:

- Itens a serem estocados (itens de grande circulação, peso e volume).
- Corredores (facilidades de acesso).
- Portas de acesso (altura, largura).
- Prateleiras e estruturas (altura e peso).
- Piso (resistência).

Dependendo das características dos materiais, a armazenagem pode ocorrer em função de parâmetros como: fragilidade, combustão, volatilização, oxidação, explosão, intoxicação, radiação, corrosão, volume, peso, forma etc.

Com relação à localização dos materiais no almoxarifado, deve-se estabelecer os meios necessários à perfeita identificação de suas localizações. Normalmente, é utilizada uma simbologia (codificação) alfanumérica que deve indicar precisamente o posicionamento de cada material estocado, facilitando as operações de movimentação e estocagem. O almoxarife é o responsável por esse sistema, devendo possuir um esquema do depósito com o arranjo físico dos espaços disponíveis por área de estocagem. O kardexista é o responsável pelo controle de entradas e saídas dos produtos do almoxarifado.

SÍNTESE

Foram tratados conceitos básicos sobre programação de recursos para obras e serviços na indústria da construção civil. Definiu-se o que são insumos para essa área, suas especificidades. Abordou-se administração financeira, ou gestão financeira, o processo administrativo aplicado para controlar os recursos financeiros da obra. A comunicação organizacional e a gestão do conhecimento foram conceituadas e refletiu-se sobre a importância de ambas, bem como da gestão de conflitos, da cadeia de suprimentos e do almoxarifado.

CAPÍTULO

7

CONTRATAÇÃO DE MATERIAIS E SERVIÇOS NA CONSTRUÇÃO CIVIL

INTRODUÇÃO

O intuito deste capítulo é apresentar os conceitos básicos pertinentes à legislação e às normas técnicas relacionadas à seleção e contratação de obras e serviços na indústria da construção civil. Serão detalhados o termo de referência, o plano de trabalho e as atividades do fiscal de contrato.

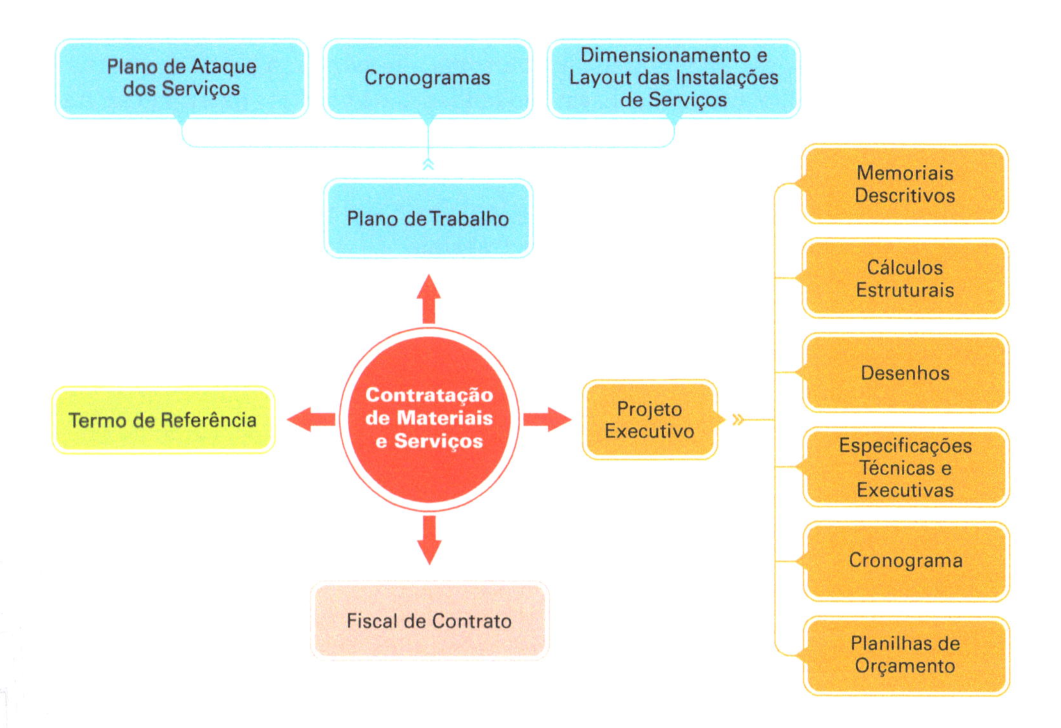

7.1 POLÍTICA DE GESTÃO E FISCALIZAÇÃO DE CONTRATOS

Os contratos são documentos jurídicos importantes para os relacionamentos comerciais de prestação de serviços. Neles estão indicados os objetivos de trabalho que as partes envolvidas estão de acordo, prazos e multas em caso de atrasos e rompimento do contrato.

No caso dos operários, esses podem ser contratados como empregados, por meio de registro na carteira de trabalho, ou como autônomos, a partir de contrato particular de trabalho autônomo. Essas modalidades de contrato garantem ao trabalhador da construção civil seus direitos e deveres.

No caso de contratação realizada por registro na carteira de trabalho, o empregado realizará todas as atividades relacionadas à sua profissão, sob ordem do empregador, enquanto durar o contrato de trabalho.

No caso de contratação realizada através de contrato particular de trabalho autônomo, esse documento, além de trazer especificações sobre o serviço a ser executado, traz os procedimentos adotados em caso de um imprevisto qualquer na obra.

As cláusulas do contrato particular de trabalho autônomo podem variar de acordo com o tipo de serviço prestado e das características gerais de cada contratante. Quanto mais detalhado for o contrato, menores serão os desentendimentos entre as partes contratantes da prestação de serviço.

A política de gestão e fiscalização de contratos tem como objetivos definir regras da prestação de serviços, maximizando resultados pretendidos pelo contratante, minimizando riscos econômicos, tributários, institucionais e jurídicos decorrentes do não cumprimento do contrato, garantindo assim que os produtos contratados (bens e/ou serviços) atendam aos padrões em quantidade e qualidade indicados no contrato.

Por exemplo, no contrato de obra denominado *contrato de empreitada*, esse documento deve conter o nome e a qualificação do contratante e do contratado, a descrição do serviço que será feito, o preço do serviço e prazo de término. São também indicadas nesse contrato as penalidades, condições de pagamento do serviço, hipóteses de rescisão, garantias e eventuais condições gerais estabelecidas entre as partes, que podem ajudar a melhorar o contrato e seus resultados. Esse tipo de contrato somente pode ser realizado com base no projeto executivo da obra. O projeto executivo da obra são os desenhos da obra, com os detalhes necessários para a sua execução.

7.2 TERMO DE REFERÊNCIA

O termo de referência, ou também denominado termos de referência, é um documento descritivo muito importante para a contratação de serviços. Nesse documento, o contratante determina como um determinado tipo de serviço deverá ser feito ou como um bem deverá ser entregue. Assim, ele deve ser elaborado antes da realização do contrato, sendo elemento constituinte desse documento, porque apresenta as especificações do serviço a ser prestado ou bem a ser construído.

O termo de referência em compras públicas, de modo preliminar, é um documento vinculado à modalidade de licitação denominada pregão. É um documento obrigatório da etapa preparatória da licitação, relacionada às demais fases do processo da contratação pública.

Quando bem elaborado pela área solicitante, esse termo é condição fundamental para o sucesso da licitação. Quando tem deficiências e omissões, pode conduzir ao fracasso do pregão, com consequente repetição, anulação ou revogação da licitação. Quando o termo de referência não for bem realizado, ou mesmo desvalorizado, as requisições serão genéricas e superficiais.

Por exemplo, tal cenário pode ocorrer quando o termo de referência for feito para orientar as aquisições, através de cópias de manuais de determinados produtos. Nesse caso, como não existe um melhor detalhamento das necessidades da compra, a responsabilidade pelas aquisições e contratações são deixadas a cargo dos pregoeiros (pessoas que realizam e conduz o pregão) e demais membros da equipe de apoio, conduzindo aos inevitáveis erros nas compras de produtos públicos.

A elaboração do termo de referência exige um trabalho bem complexo e deve ser elaborado em conjunto. Essa elaboração deve ter a participação de diversos servidores públicos nos mais variados setores do órgão licitante.

Embora o termo de referência tenha ênfase no pregão, sua definição normativa não está na Lei do Pregão (Lei nº 10.520 de 17 de julho de 2002), mas sim nos comandos regulamentares que explicitam o pregão presencial e o pregão eletrônico (Decreto nº 3.555 de 08 de agosto de 2000 e o Decreto nº 5.450 de 31 de maio 2005, respectivamente).

7.2.1 ESTRUTURA DO TERMO DE REFERÊNCIA

A estrutura do termo de referência, pela definição da ABNT, é composta por um texto que informa explicitamente a definição do produto a ser executado, a forma e o prazo de execução, o custo total para a realização do produto e os critérios legítimos de avaliação de pessoa hábil para a sua execução.

Esse termo deve conter informações baseadas na necessidade e nos estudos das opções disponíveis no mercado (Figura 7.1):

- Definição do produto, bem ou serviço, que se deseja adquirir.
- Como será feito o produto - metodologia, avaliação da qualidade e a forma de apresentação do produto.
- Quando será executado o produto - prazos total e parciais.
- Custo da execução do produto.
- Quem será o executor do produto, os critérios para avaliação da habilitação dos proponentes.

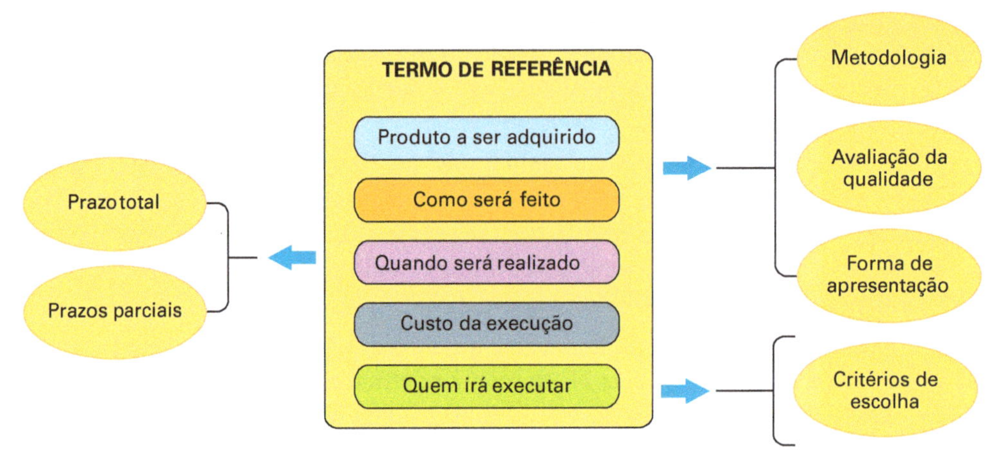

Figura 7.1 • **Estrutura do termo de referência.**

O termo de referência é feito com base no produto a ser adquirido. O produto a ser adquirido precisa ter suas características bem informadas, para que seja obtido aquilo que seja necessário.

7.2.2 BENEFÍCIOS

A seguir alguns benefícios do termo de referência para execução de empreendimentos:

- **Melhoria do desempenho na execução de projetos:** essa melhoria ocorre porque ele descreve previamente o produto desejado, a metodologia de sua produção, critérios de avaliação e indicadores da qualidade, bem como os recursos necessários. Essas diretrizes permitem o planejamento e controle das ações em todo o processo de aquisição, fabricação e entrega dos produtos licitados.
- **Facilitação na contratação de produtos:** essa facilitação surge em virtude do envolvimento de várias pessoas em sua elaboração. Esse envolvimento proporciona a elaboração de um documento capaz de descrever as principais características do produto a ser adquirido, possibilitando a melhor contratação dos fornecedores.
- **Possibilidade de a responsabilidade pela contratação de produtos ser atribuída a vários setores do órgão contratador:** isso é importante, pois esse envolvimento

das demais áreas faz com que seja melhor detalhado as especificações técnicas do produto. Essa condição faz com que a compra não seja apenas relacionada à área administrativa das instituições.

Geralmente as metas estratégicas das organizações empresariais e do governo estão vinculadas à execução dos projetos. O termo de referência é considerado um instrumento de gestão estratégica, porque pode ajudar as organizações a alcançarem seus objetivos organizacionais. A dimensão do termo de referência depende da complexidade do produto que se deseja adquirir e da metodologia para produzi-lo.

O termo de referência é parte integrante do contrato celebrado entre a instituição e o fornecedor, visando à execução de um produto. Um produto pode ser executado pelos próprios funcionários da organização pública, ou executado, parcial ou totalmente, por uma pessoa ou empresa contratada. Em ambas as situações, o termo apresenta as condições de grande parte das relações entre as partes envolvidas, principalmente no que se refere aos assuntos técnicos especializados.

Esse termo indica, por exemplo, as normas técnicas a serem observadas, as diversas etapas de execução, a forma de fiscalização, as credenciais que devem ser preenchidas pelos interessados no trabalho. Possibilita, ainda, para todos os indivíduos envolvidos, o início da execução de um projeto com as condições básicas que devem ser seguidas, desde o início até a sua conclusão.

OBSERVAÇÃO

Considerando que a garantia de acessibilidade para pessoas com deficiências está prevista na constituição brasileira, entende-se como ideal que os princípios de acessibilidade sejam contemplados durante a elaboração de projetos. As legislações federal, estadual e municipal fixam normas próprias que devem ser observadas na elaboração dos projetos de obras de construção civil a serem executadas, bem como adaptações em construções existentes.

Todos os prédios públicos, multifamiliares e comerciais a serem edificados deverão ser acessíveis às pessoas com deficiência em todos os seus pavimentos. Na norma NBR 9050:2004 estabelecida pela ABTN, existem aspectos em destaque visando à eliminação das dificuldades de circulação de pessoas com deficiência nas vias, construções e edificações públicas e em edificações, espaço, mobiliário e equipamentos urbanos no geral. Outras normas técnicas de referência são:

- NBR 9077:1993: saídas de emergência em edifícios (ABNT).
- NBR 1994:1997: elevadores para transporte de pessoas com deficiências (ABNT);
- Normas estaduais e municipais quanto à segurança contra incêndio e acessibilidade a portadores de necessidades especiais.

Bons fornecedores também são atraídos por termos de referência adequadamente elaborados. Como são seletivos e nem sempre respondem a qualquer oferta de trabalho, esses fornecedores ficam atentos a termos que tornam o projeto mais atrativo, ampliando as possibilidades de o projeto ser escolhido pelos fornecedores mais capacitados.

Processo de licitatórios objetivam à seleção e contratação de pessoas ou empresas fornecedoras de bens e serviços. O documento básico que orienta essas relações entre a Administração Pública e os demais envolvidos é o edital. Esse documento define, entre outros pontos, o que será contratado, os recursos e suas fontes, prazos, multas cabíveis e as formalidades processuais, indicando a minuta de contrato etc. O edital licitatório obedece a legislação que o disciplina, conforme sua proposta. Sua elaboração é um trabalho para advogados, acima de tudo, auxiliados por especialistas técnicos em alguns casos.

O termo de referência representa então o modo com que especialistas técnicos auxiliam esses advogados. Em sua maioria, esses termos acabam utilizados como anexo ao edital. Ao tratar de assuntos específicos demais do ponto de vista técnico, o termo permite que o edital seja mais resumido e objetivo. Fora isso, tal documento orienta advogados na redação de itens fundamentais para o processo licitatório e as orientais de seus documentos, tais como: o objeto, as etapas, o valor máximo da licitação, a modalidade de licitação, com o menor preço, melhor técnica, empreitada parcial, empreitada global, carta convite, tomada de preços, concorrência pública. Auxilia, ainda, na decisão sobre a dispensa de licitação. Editais mal elaborados geram estresse durante o processo de contratação e execução do projeto, podendo até motivar demandas judiciais e grandes prejuízos para todas as instâncias envolvidas.

Importante manancial de problemas advém, por exemplo, da definição do objeto do edital, ou seja, do produto que se deseja, dos critérios de avaliação da capacidade dos interessados em executar o serviço, da metodologia a ser obedecida, dos critérios de avaliação da qualidade dos itens. Essas definições são fornecidas pelo termo de referência. Há ocasiões, inclusive, que o termo acaba absorvido integralmente pelo edital, constituindo o documento licitatório em sua integralidade. Isso ocorre no caso de contratações de produtos simples ou padronizados, em que não se pede sofisticação tecnológica ou as condições de mercado dispensam especificações detalhadas sobre as configurações finais e a metodologia de execução dos elementos contratados – a encadernação de um projeto de engenharia, por exemplo, ou a aquisição de um automóvel de passeio de 1.000 cilindradas, ou mesmo de uma caneta esferográfica.

7.3 PLANO DE TRABALHO

O plano de trabalho, também denominado plano de execução da obra, tem como objetivo definir e especificar os serviços necessários para realizar os projetos de engenharia. Os componentes do plano de trabalho são:

a) plano de ataque dos serviços;
b) cronogramas;
c) dimensionamento e *layout* das instalações necessárias à execução dos serviços.

7.3.1 PLANO DE ATAQUE DOS SERVIÇOS

O plano de ataque dos serviços é a sequência lógica do conjunto de atividades que deverá ter a execução do projeto da obra. Ele indica os problemas que podem acontecer na obra, como:

- Problemas de natureza técnica, administrativa, segurança e climática.
- Instante do início dos trabalhos.
- Período de execução.
- Consequência da localização, tipo da obra e outros fatores condicionantes para construção, incluindo a manutenção de tráfego de outros sistemas de transportes que poderão ser afetados pelo plano de execução das obras.

Antes do início dos serviços, o setor de planejamento da empresa desenvolverá o sistema de acompanhamento da obra. Para a execução da obra, a empresa deve optar pelo sistema de acompanhamento periódico, através de relatórios de progresso físico com base no cronograma de execução dos serviços.

Para conduzir os trabalhos de maneira ordenada e sistemática, todas as etapas constantes de sequência de execução devem ser planejadas, programadas e baseadas em técnicas de gerência de projetos.

Por intermédio do planejamento e da análise de macroatividades, é possível estabelecer o nível de detalhamento para cada etapa ou item do projeto, principalmente aqueles mais específicos, que requerem programação específica.

Após o início dos serviços, são elaborados relatórios de produtividade com informações fornecidas pela obra. Dessa forma, o cronograma físico é aferido periodicamente e as informações sobre o ritmo dos serviços são enviadas à obra para acompanhamento e eventuais correções.

7.3.2 CRONOGRAMAS

Para a empresa, o elemento básico de acompanhamento da execução da obra é o cronograma físico detalhado, elaborado com base no cronograma contratual. O controle do cronograma físico é feito através de relatórios.

O cronograma físico é a apresentação da sequência racional do conjunto de atividades que deverá ter a execução do projeto. A partir da ordem de serviços, o setor de produção da obra elaborará o cronograma físico detalhado com base no cronograma de desembolso.

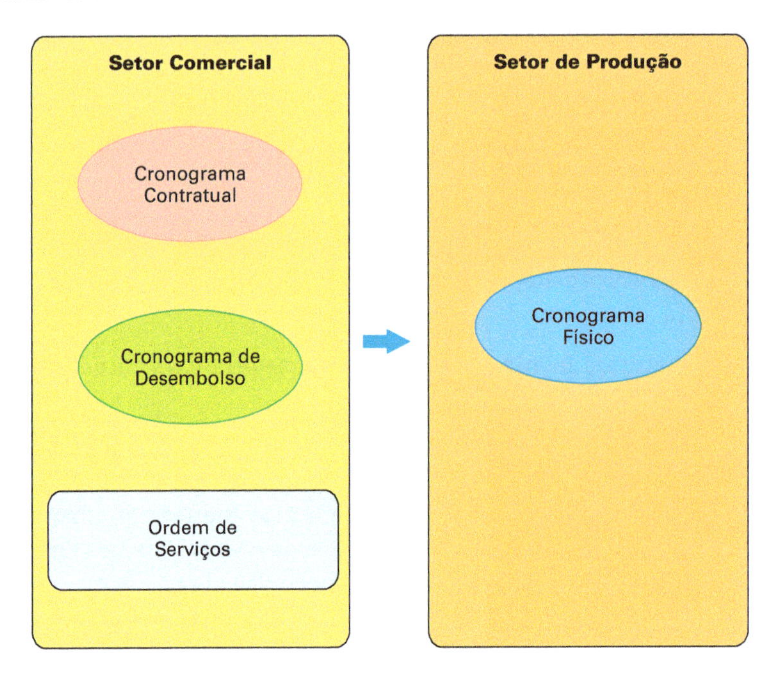

Figura 7.2 • Cronogramas.

Esse cronograma físico será o documento base para montagem das programações de serviços e para a atualização dos relatórios de progresso físico. Após a implantação, a obra desenvolverá o sistema de programação e controle, envolvendo as atividades:

- Apropriação de materiais e mão de obra.
- Elaboração das programações de produção.
- Desenvolvimento do sistema de acompanhamento do cronograma físico, por meio de relatório de progresso físico.
- Implantação do sistema de controle de subempreiteiros.

Os cronogramas gerais de execução da obra, elaborados na gerência de planejamento da empresa, serão acompanhados e controlados durante o decorrer dessa, em função dos eventuais desvios constatados entre a realidade da execução e as previsões de planejamento. Esses desvios originarão atualizações semanais ou mensais nos cronogramas gerais e levarão às medidas corretivas que permitam, seja por obtenção de melhores rendimentos de produção, por melhores ou mais racionais utilização de equipamentos, ou ainda por otimização dos fluxos de abastecimento de materiais, ajustar os cronogramas de modo a serem cumpridas as metas previstas no planejamento inicial.

Geralmente, as tarefas principais dos serviços iniciais para a implantação da obra são:

- Mobilização de pessoal.
- Mobilização de equipamentos.
- Aquisição dos primeiros materiais e ferramentas.
- Melhoramento inicial da via de acesso para o tráfego das carretas, caminhões e veículos.
- Cravação de estacas para testes.

Na etapa inicial de implantação da obra, geralmente, é feita a adaptação da programação inicial, de forma a se ter um estudo mais detalhado da metodologia a ser aplicada. De acordo com o cronograma de entrada e saída de pessoal, haverá uma mobilização racional de pessoal, desde o nível técnico e administrativo até o operário menos especializado. Com o cronograma de utilização dos equipamentos, será feita a mobilização dos mesmos, de forma a atender as exigências dos serviços.

O controle de materiais será realizado pelas quantidades consumidas ou utilizadas. Esse controle é feito relacionando as indicações previstas no cronograma de materiais com as quantidades de materiais utilizados na obra, que são fornecidas pelo chefe de almoxarifado.

7.3.2.1 Cronograma de utilização de equipamentos

A indústria da construção civil, em função das dificuldades técnicas e imprevistos que costumam ocorrer durante a execução das obras, é uma área onde a boa gestão é fundamental para a obtenção de resultados satisfatórios. Para isso, é indispensável a elaboração do planejamento, acompanhamento e controle das atividades ao longo da construção. Assim, a utilização de técnicas que otimizem a aplicação de recursos torna-se um diferencial competitivo. Essas técnicas possibilitam a redução de custos e melhor controle do tempo de execução da obra, evitando atrasos e melhorando os resultados econômicos e financeiros do empreendimento.

É necessária a determinação de quantidade, tipo e período de ocupação dos diversos equipamentos necessários à execução da obra, assim como relação do equipamento mínimo a ser empregado. De pequenos equipamentos que se sofisticaram a grandes máquinas de transporte vertical, a mecanização tem grande importância financeira na obra pelos reflexos na redução da mão de obra e no desperdício de materiais.

DICA

As vantagens na utilização de equipamentos aumentam consideravelmente se o investimento e a viabilidade dos equipamentos forem previamente avaliados, já que o planejamento facilita a organização dos processos e eleva a qualidade dos serviços.

Assim, antes de equipar o canteiro com o máximo de equipamentos mecânicos, é necessário fazer o orçamento do quanto se gasta, quais equipamentos empregar e onde dá para economizar recursos.

A definição das máquinas e ferramentas a serem utilizadas e de quando substituir a mão de obra ou equipamentos mais antigos por outros mais modernos depende muito do tipo de obra, prazo e da tecnologia aplicada. Em alguns casos, independentemente do custo, a mecanização é imprescindível – como, por exemplo, na maioria dos serviços de obras pesadas onde há grandes volumes de material e, sem a mecanização, torna-se inviável o cumprimento dos prazos. Em obras pesadas, os trabalhos efetivos de produção são de grandes dimensões e com cargas elevadas, não compensando trabalhar com muita mão de obra, que demanda custos relacionados à segurança, meio ambiente e saúde ocupacional.

Como regra geral, ao pensar no uso de um equipamento mais avançado, a relação custo-benefício tem sempre de ser levada em conta, principalmente para as máquinas de transporte, que são as mais caras. Isso porque o custo de um equipamento é fixo, independentemente da velocidade de execução da obra. Já o benefício da aquisição de um determinado equipamento depende das obras da construtora. Quanto maior a obra, a possibilidade de usar intensamente o equipamento aumenta. O ideal é escolher um conjunto de sistemas de transportes e, dentre os viáveis, optar pelos mais interessantes por critérios de custos, segurança, qualidade e marketing.

É importante avaliar a viabilidade técnica do uso do equipamento, ou por capacidade ou por espaço para locomoção. Os canteiros de obras apertados, por exemplo, inviabilizam o uso de determinados equipamentos. O tamanho da obra, o cronograma, a simultaneidade dos processos e a segurança são fatores importantes para o uso de quaisquer equipamentos. Toda vez que há uma coincidência de tempo nos serviços que demandam movimentação, mais fácil será viabilizar equipamentos de transporte de maior capacidade.

Para casos de uso de equipamentos específicos, com baixo índice de utilização, previsão de pouco tempo de uso no projeto ou para atender a uma necessidade maior do que a habitual, a locação dos equipamentos pode ser uma alternativa razoável. Outros fatores que viabilizam essa opção são as dificuldades operacionais e até mesmo a ausência de espaço para guardar os equipamentos.

7.3.2.2 Cronograma físico e financeiro

Um cronograma físico-financeiro organiza o calendário de vários projetos, juntamente com os itens a serem entregues e aos gastos financeiros. Assim como a representação gráfica do plano de execução, cobrindo todas as fases, desde a mobilização até a desmobilização, e o esquema financeiro, resultado da somatória dos quantitativos pelos preços unitários, compreendendo o fornecimento de materiais e execução das obras.

A perda de prazos e a falta de valores financeiros durante a realização de um projeto podem conduzir as empresas a situações difíceis. As chances de isso acontecer são bem maiores quando todas as etapas da obra não são bem acompanhadas e, a partir daí, surgem problemas operacionais. Por isso, é importante montar um cronograma físico-financeiro na etapa de planejamento.

O cronograma físico-financeiro é comum em obras, seu nome indica que existe o acompanhamento físico, porque acompanha as etapas tangíveis do projeto, bem como o acompanhamento financeiro, porque prevê os gastos envolvidos em todo cronograma da obra.

Uma empreitada exige uma organização composta por planejamento, definição de datas, estimativas e regras a serem seguidas. Com esse tipo de organização, é possível prever os gastos e, a partir daí, antecipar e captar o orçamento para suprir as demandas. Quando o projeto possui um cronograma detalhado, fica mais fácil sua execução. Depois do cronograma pronto, ele será uma ferramenta importante para o cumprimento de datas e metas da equipe de execução da obra.

Quando se inicia uma obra, deve-se saber exatamente quanto tempo os trabalhos vão durar e quando vão acabar. Por isso, antes de se iniciar uma obra, é importante planejar com detalhes os serviços que serão executados em todas as fases de execução do projeto. O resultado desse planejamento é o cronograma da obra. Esse registro expressa visualmente a programação das atividades que serão realizadas durante a construção. Ele pode ser mais ou menos detalhado, contemplando a duração de serviços específicos – por exemplo, a instalação das esquadrias de um edifício – ou apenas as fases mais gerais da obra – fundações, estrutura, alvenaria etc. Quando ele mostra, também, os valores que serão gastos, ao longo do tempo e em cada uma dessas atividades, recebe o nome de cronograma físico-financeiro.

Essa programação organizada permite que o construtor compre ou contrate materiais, mão de obra e equipamentos no instante que são necessários. Se ele fizer isso depois do momento ideal, a obra atrasa. Se fizer antes do tempo, pode perder materiais no estoque ou pagar mão de obra e equipamentos que acabam ficando parados, sem trabalho. Portanto, a elaboração de um cronograma físico-financeiro realista exige a participação de várias pessoas diretamente envolvidas com a obra como: proprietário ou incorporador, engenheiro, mestre de obras, orçamentistas e compradores, dentre outros gestores. Uma vez que o cronograma está pronto, as possibilidades de alterações são mínimas.

No cronograma físico-financeiro, as despesas com a execução dos serviços são detalhadas semanal, quinzenal ou mensalmente, dependendo do tipo de construção. Isso permite que os administradores do caixa da obra saibam exatamente quanto vão gastar e quando isso vai acontecer, evitando despesas e a necessidade de empréstimos imprevistos. Da mesma forma, eles podem planejar o investimento do dinheiro que ainda não foi gasto, que rende juros e reduz as despesas do construtor.

A sequência de elaboração do cronograma físico-financeiro é (Figura 7.3):

- Definição de todas as entregas principais do projeto.

- Elaboração do cronograma em ordem cronológica - como assinatura do contrato, início da implantação etc. Cada atividade deve ser colocada em uma linha horizontal. É possível inserir novas linhas na planilha sempre que necessário. Deve-se deixar uma linha abaixo de cada atividade, para a marcação do progresso realizado em obra.
- Indicação dos prazos desejáveis para o cumprimento de cada etapa, em semanas, indicando as datas de início e término no calendário.
- Determinação dos custos de cada atividade. Os valores totais podem ficar nos campos à esquerda ou à direita junto ao detalhamento da atividade, seguidos pelos custos parciais de cada etapa. Todos esses valores são somados automaticamente ao final de cada coluna - semanal; quinzenal ou mensal.

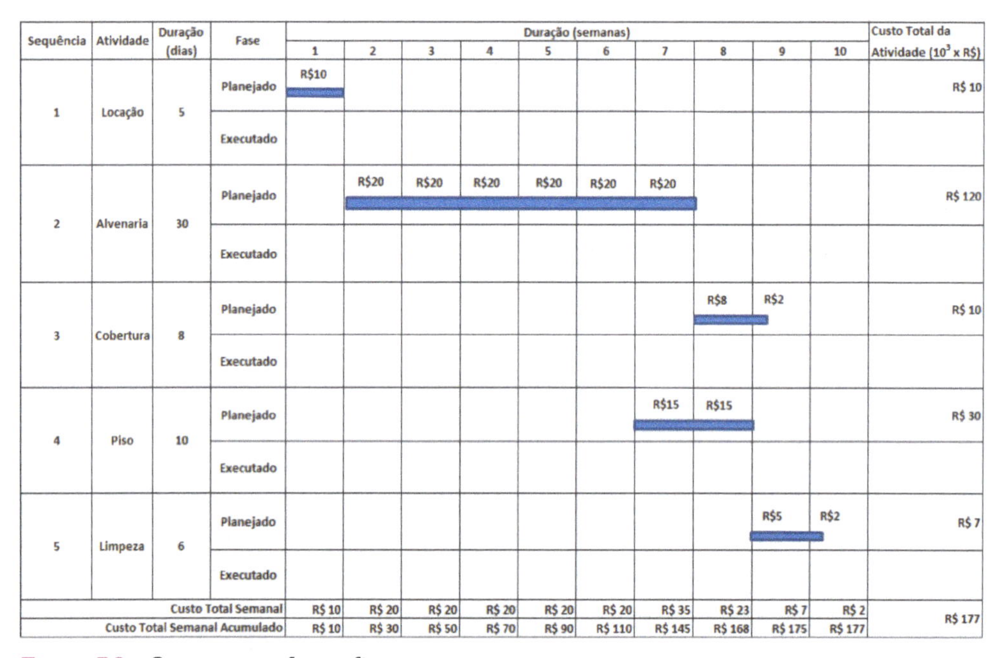

Sequência	Atividade	Duração (dias)	Fase	Duração (semanas)										Custo Total da Atividade (10^3 x R$)
				1	2	3	4	5	6	7	8	9	10	
1	Locação	5	Planejado	R$10										R$ 10
			Executado											
2	Alvenaria	30	Planejado		R$20	R$20	R$20	R$20	R$20	R$20				R$ 120
			Executado											
3	Cobertura	8	Planejado								R$8	R$2		R$ 10
			Executado											
4	Piso	10	Planejado							R$15	R$15			R$ 30
			Executado											
5	Limpeza	6	Planejado									R$5	R$2	R$ 7
			Executado											
Custo Total Semanal				R$ 10	R$ 20	R$ 20	R$ 20	R$ 20	R$ 20	R$ 35	R$ 23	R$ 7	R$ 2	R$ 177
Custo Total Semanal Acumulado				R$ 10	R$ 30	R$ 50	R$ 70	R$ 90	R$ 110	R$ 145	R$ 168	R$ 175	R$ 177	

Figura 7.3 • **Cronograma físico-financeiro.**

7.3.3 DIMENSIONAMENTO E *LAYOUT* DE INSTALAÇÕES

Segundo a ABNT NBR 12.284:1991, o "canteiro de obras é o conjunto de áreas destinadas a execução e apoio dos trabalhos da indústria da construção, dividindo-se em áreas operacionais e áreas de vivência". A definição do arranjo físico de trabalhadores, materiais, equipamentos, áreas de trabalho e de estocagem são aspectos referentes ao planejamento do *layout* do canteiro.

A idealização do *layout* e da logística das instalações provisórias, instalações de movimentação e armazenamento de materiais e instalações de segurança são aspectos do planejamento do canteiro de obras (Figura 7.4).

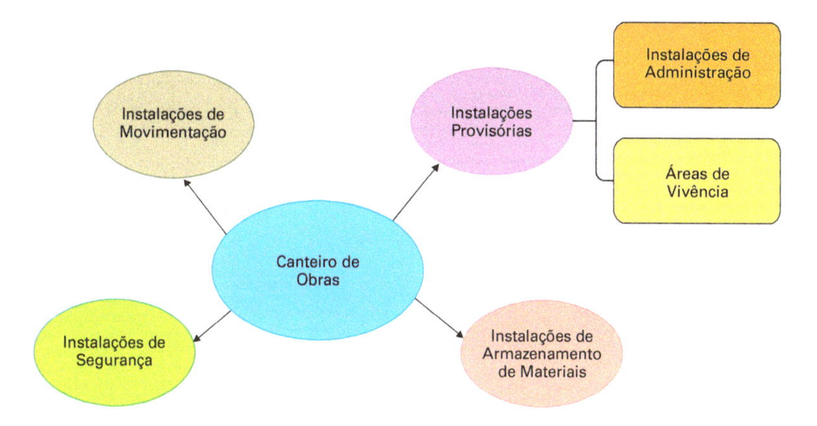

Figura 7.4 • **Logística do canteiro de obras.**

Ao projetar o canteiro de obras, deve-se obter a melhor organização de cada elemento componente, levando-se em consideração os diferentes aspectos que o mesmo apresenta em função de materiais, equipamentos, instrumentos, trabalhadores e da própria fase em que se encontra a obra no decorrer de seu desenvolvimento, resultando em aperfeiçoamento de tempo e espaço.

O *layout* do canteiro de obras é dinâmico, variando conforme o tipo de obra, seu porte e fase. Quando o *layout* do canteiro é projetado de maneira correta, é possível observar as seguintes vantagens:

a) Permite o fluxo de serviços e materiais de forma contínua.
b) Reduz os transportes e movimentos, melhorando os processos produtivos.
c) Reduz perdas e desperdícios de insumos.
d) Integra todos os elementos da obra.
e) Melhora e facilita as condições de trabalho.
f) Aumenta a produtividade.
g) Reduz o nível de cansaço e absenteísmo dos trabalhadores.
h) Permite flexibilidade para atender as mudanças que possam ocorrer ao longo da obra.

De acordo com a NBR 12284:1991, sobre áreas de vivência em canteiros de obra da ABNT, as áreas de vivência – refeitórios, vestiários, área de lazer, alojamentos e banheiros – são áreas destinadas a suprir as necessidades básicas humanas de alimentação, higiene pessoal, descanso, lazer, convivência e ambulatoriais, devendo ficar fisicamente separadas das áreas operacionais (Figura 7.5). Essa norma técnica ressalta ainda que tais áreas não podem ser locadas no subsolo ou porões, por questões de higiene e insalubridade.

Deve-se tentar coincidir as instalações definitivas do nível térreo para locar as instalações provisórias e, dessa forma, evitar o adiamento de tais serviços.

Usar as divisórias de alvenaria e os locais dos banheiros permanentes são exemplos desta técnica.

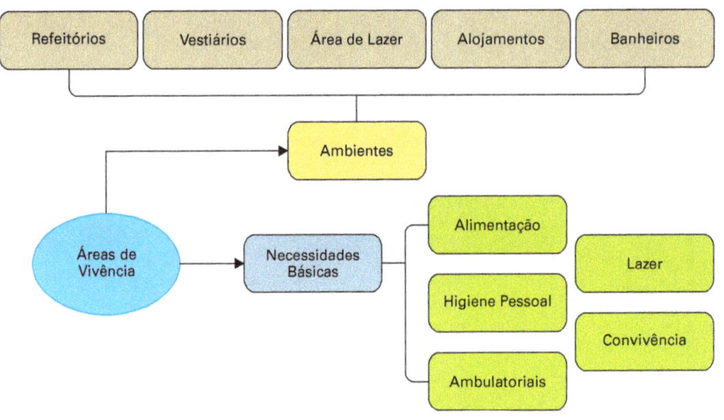

Figura 7.5 • **Áreas de vivência no canteiro de obras.**

7.4 PROJETO EXECUTIVO

A Lei das Licitações (BRASIL, 1993) cita que projeto executivo é o conjunto dos elementos necessários e suficientes à execução completa da obra, de acordo com as normas pertinentes da ABNT. O projeto executivo contém todos os componentes da obra:

- Memoriais descritivos.
- Cálculos estruturais.
- Desenhos.
- Especificações técnicas e executivas.
- Cronograma.
- Planilhas de orçamento

No projeto executivo, devem ser mencionados obrigatoriamente todos os equipamentos necessários para a construção do empreendimento. Nos desenhos desse projeto, constam os detalhes de execução de cada item a ser construído, como os acabamentos utilizados, as louças e metais indicados, os sistemas construtivos, os tipos de portas e janelas utilizadas, os pontos elétricos e hidráulicos, a estrutura do telhado e sua cobertura etc.

Somente com o projeto executivo será possível contratar, por exemplo, a execução dos cálculos estruturais e de instalações hidrossanitário. Somente com ele é possível elaborar o orçamento do custo da obra, da mão de obra em geral, bem como elaborar o cronograma de desenvolvimento da obra e de utilização dos recursos financeiros.

É importante que haja a compatibilização entre o projeto de arquitetura e os projetos complementares, como elétrico, hidrossanitário, estrutural, de automação, sistemas de aquecimento e refrigeração, entre outros. Sem um projeto executivo completo e bem feito, é muito difícil uma construção eficiente, com a minimização de problemas e o surgimento de gastos desnecessários.

Cada projeto deve ser analisado atentamente, para que tenha seu projeto executivo adequado. O conhecimento dos materiais e técnicas construtivas é premissa básica para a concepção de um bom projeto executivo. De nada serve um detalhamento desenhado com perfeição se a mão de obra que o executa não possuir formação técnica para compreendê-lo corretamente. Muitas vezes uma visita ao canteiro de obras e o simples diálogo com os executores substitui diversas pranchas de detalhamento. A execução do projeto executivo exige muito conhecimento de técnicas construtivas. O projeto de arquitetura deve ser detalhado, contendo as diversas especificações para a execução do empreendimento, dentre os desenhos tem-se:

1. Planta de pavimentos.
2. Planta de revestimentos.
3. Cortes longitudinais, transversais e seções parciais.
4. Fachadas.
5. Detalhamento de áreas molhadas.
6. Detalhamento de escadas e rampas.
7. Detalhamento de esquadrias.

Planta de pavimentos

Nesses desenhos, devem constar itens como a indicação do Norte, cota de nível osso e acabado, cotas horizontais, eixos estruturais, área de cada ambiente, indicação de sistemas estruturais diferenciados da vedação, indicação de esquadrias com tabela, indicação de números de degraus, sentido de subida e descida das escadas, indicação de cortes, indicação de fachada, portas com sentido de abertura, sanitários, lavatórios, cubas e bancadas e o nome de todos os ambientes.

Planta de revestimentos

Esses desenhos devem ter a indicação do ponto de partida, nome dos ambientes, cota de nível osso e acabado, representação gráfica dos acabamentos, cotas horizontais se necessárias, tabela de acabamentos e os símbolos para definição dos acabamentos.

Cortes longitudinais, transversais e seções parciais

Esses cortes devem ser quantos forem necessários para detalhar as alturas da edificação, preferencialmente passando por escadas e evidenciando o tipo de laje utilizada.

Nesses cortes, devem constar as cotas verticais apenas, cotas de nível osso e acabado, estrutura da cobertura, sanitários, lavatórios, cubas e bancadas, distinção de elementos de estrutura e vedações seccionadas, nome dos ambientes e a projeção de aberturas de portas.

Fachadas

São desenhos de elevação de todas as faces da edificação. Neles devem constar a indicação de divisas do terreno, indicação de elementos da cobertura e platibanda, indicação de acessos e marquises, representação gráfica de todos os elementos e a tabela de acabamentos.

Detalhamento de áreas molhadas

Nesse detalhamento deve constar a planta com indicação dos elementos sanitários: bacia sanitária, lavatório ou bancada, chuveiro, registro ou válvula de pressão, registro ou válvula de gaveta, soleiras, tabela de acabamentos, indicação do ponto de partida, elevações de todas as paredes, detalhes de bancadas e outros elementos construtivos.

Detalhamento de escadas e rampas

Esses desenhos detalham todos elementos das escadas feitos com ampliação 1:5, 1:10, 1:20 e 1:25. Eles contêm a planta com dimensionamento das pisadas, indicação do número da pisada e do espelho, indicação de subida, corte, indicação de acabamentos e a especificação do corrimão.

Detalhamento de esquadrias e caixilhos

Os desenhos de detalhamento de esquadrias - porta, portão ou janela - e caixilhos - parte da esquadria onde se encaixam os vidros - são feitos em escala de ampliação 1:20 ou 1:25. Esses desenhos devem conter a tabela de acabamentos, planta, corte, cotas horizontais e verticais, material e o sistema de abertura.

Um dos objetivos principais do projeto executivo é possibilitar a integração e a compatibilização de todos os projetos complementares. Quanto mais detalhado for o projeto executivo, maior será a qualidade da execução da obra, evitando retrabalhos e atrasos devido a inexequibilidade de alguns elementos.

Em relação à coordenação dos diversos projetos, é importante que ocorra ao longo de todo o processo de projeto, evitando desautorizar alguma definição tomada anteriormente que, por falta da visão mais ampla do coordenador ou integrador de projetos, poderia comprometer outras etapas ou o bom desenvolvimento do projeto. É muito importante que sejam realizadas reuniões frequentes com os profissionais envolvidos e com o cliente, funcionando como guia do projeto e também como registro histórico dos motivos pelos quais algumas decisões foram tomadas.

7.5 FISCAL DO CONTRATO

A fiscalização de obra de construção civil é uma atividade definida no anexo da Resolução nº 1.073, de 19 de abril de 2016, do Conselho Federal de Engenharia e Agronomia (Confea).

A fiscalização de obra compreende atividades sistemáticas de inspeção e controle técnicos, com o objetivo de examinar ou verificar se a execução dessas atividades obedece ao projeto, especificações e prazos estabelecidos.

Assim como a legislação do Confea, a Lei nº 8.666/93 (Lei das Licitações) considera que a fiscalização é um serviço técnico profissional (BRASIL, 1993). Assim, o profissional responsável por essa atividade (fiscal de obras) tem que obrigatoriamente possuir registro no CREA do estado onde a obra é executada. Para a realização da atividade de fiscalização de obras, a condição inicial é o conhecimento pleno do contrato de execução da obra.

No caso de obras públicas, a fiscalização tem grande importância social, uma vez que todos os recursos públicos devem ser utilizados conforme os princípios da economicidade (realizar a baixos custos), eficiência (relação entre os custos incorridos e os benefícios obtidos), eficácia (capacidade de atingir os objetivos estabelecidos) e efetividade (capacidade de resolver o problema inicial).

Em termos reais, as principais funções do fiscal de obras são: exigir da contratada o cumprimento integral de todas as suas obrigações contratuais (no caso de obras públicas, a observação do edital e da legislação em vigor), solicitar aditamentos contratuais de prazos, acréscimos de quantitativos e novos serviços.

A atuação do fiscal de obras durante a execução de um empreendimento é muito importante. Essa atuação tem em cada etapa da obra (início, desenvolvimento e conclusão) as seguintes características típicas:

Etapa de início da obra

Nesta etapa inicial da construção, o fiscal de obras deve estar com todas as documentações necessárias para a realização da mesma, conhecer e realizar as aprovações pertinentes à sua função e também às ações iniciais do construtor. Assim, ele deve:

- Receber a designação para a fiscalização da obra.
- Recolher ART de fiscalização junto ao CREA.
- Ter cópias atualizadas de toda a documentação da obra.
- Manter no canteiro de obras um arquivo completo e atualizado com informações sobre contrato, projetos, especificações, memoriais, cronograma físico-financeiro, ordem de serviço, ART de todos os profissionais envolvidos na obra, projetos, especificações e memoriais. No caso de obras públicas, deve-se ainda ter o edital de licitação, ordem de serviços, instruções e normas da Administração sobre obras públicas dentre outros.
- Certifica-se da existência do Diário de Obra, bem como assinar sua página de rosto.
- Tomar conhecimento da designação do responsável técnico da empresa construtora contratada para a execução da obra.
- Conhecer, analisar e aprovar o projeto das instalações provisórias e do canteiro de serviço (canteiro de obras).

Etapa de desenvolvimento da obra

Nesta etapa da obra, as atividades do fiscal de obras no canteiro de obras são intensas e periódicas até a conclusão do projeto (conclusão da obra). As visitas técnicas acontecem, principalmente, durante a execução dos serviços de maior responsabilidade, bem como para o acompanhamento das atividades mais custosas. Nessa etapa, as principais atribuições do fiscal de obras são:

- Certificar-se de que o construtor dispõe de documentos no canteiro de obras, tais como: conjunto completo de plantas, memoriais, especificações, detalhes de construção, diário de obra e ARTs.
- Acompanhar todas as etapas de execução do empreendimento, verificando os procedimentos executados com os contratados, através dos projetos e seus detalhes, bem como com o memorial descritivo.

- Liberar a execução de etapa após a aprovação de etapa anterior.
- Elaborar medições do andamento dos serviços da obra, com o objetivo de apropriação dos serviços executados para a realização de liberação de pagamentos e conferência do cronograma previsto.
- Avaliar as medições e faturas apresentadas pela contratada.
- Opinar sobre aditamentos contratuais decorrentes de redução ou aumento de valores quantitativos de serviços ou decorrentes de modificações de especificações ou de modificações do projeto.
- Comunicar ao seu superior imediato, documentado por escrito, a ocorrência de circunstâncias que sujeitam a empresa contratada a multa ou a rescisão contratual.
- Acompanhar o cronograma físico-financeiro e informar à contratada e ao seu superior imediato as diferenças observadas no andamento das obras, em cada uma das atividades previstas no cronograma e as possíveis consequências.
- Elaborar registros (relatórios, laudos e medições) e comunicações sobre o andamento dos serviços, esclarecimentos e providências necessárias ao cumprimento do contrato.
- Manter o controle permanente de custos e dos valores totais dos serviços realizados e a realizar.
- Ajudar a solucionar incoerências, falhas e omissões eventualmente constatadas nos desenhos e demais elementos do projeto e também as dúvidas e questões pertinentes às obras em execução.
- Paralisar ou solicitar a restauração de qualquer serviço que não seja executado em conformidade com projeto, norma técnica ou qualquer disposição oficial aplicável ao objeto do contrato.
- Solicitar a substituição de materiais e equipamentos que sejam considerados defeituosos, inadequados ou inaplicáveis aos serviços e obras.
- Solicitar a realização de testes, exames, ensaios e quaisquer provas necessárias ao controle de qualidade dos serviços e obras do contrato.
- Verificar e aprovar a substituição de materiais, equipamentos e serviços solicitados pela contratada.
- Verificar as condições de organização, segurança dos trabalhadores e das pessoas que por ali transitam, de acordo com normas técnicas próprias (ABNT), exigindo da contratada as correções necessárias.
- Verificar e aprovar os relatórios periódicos de execução dos serviços e obras.
- Ler a assinar periodicamente o Livro de Obras.
- Solicitar a substituição de qualquer funcionário da contratada que dificulte a ação da fiscalização ou cuja presença no local dos serviços e obras seja considerada prejudicial ao andamento dos trabalhos.

Toda comunicação entre o representante da contratada e o fiscal de obras devem ocorrer sempre por escrito, em documentação sem emendas ou rasuras, realizadas em duas vias, devendo o recebedor assinar e datar a segunda via que será arquivada pelo fiscal. A inobservância e o desatendimento das determinações do fiscal quanto a perfeita execução da obra, incluídos também o atraso injustificado e o abandono da obra, constituem motivos para rescisão do contrato. No caso de obras públicas, essa situação está prevista na Lei das Licitações (Lei nº 8.666/ 1993, art. 78, incisos VII e VIII).

Etapa de conclusão da obra

Nesta etapa, o fiscal de obras verifica se o conjunto de serviços está em perfeitas condições. O fiscal de obras deve ainda:

- Verificar e aprovar os desenhos de "como construído" (*as built*), elaborados pela contratada. Essa atividade tem como objetivo atualizar a documentação do empreendimento.
- Ajudar no arquivamento da documentação da obra.
- Emitir o Termo de Recebimento da obra.

Agora, ao final do projeto, se essa exigência for preenchida, a obra é recebida provisoriamente pela fiscalização, que fará o *termo de recebimento provisório da obra*.

OBSERVAÇÃO

As built

Os desenhos de "como construído" (*as built* - em inglês) é o nome do projeto que representa exatamente aquilo que foi executado na obra. Ele contém todas as alterações que ocorreram na obra em determinados serviços. Esses desenhos representam o que foi executado pela construtora durante a construção ou reforma. Eles apresentam a forma exata de como foi construída ou reformada a obra que foi contratada.

Quando não se exige o *as built*, faz-se com que os empreendimentos não tenham cadastros confiáveis das obras executadas, sobretudo dos serviços enterrados como: drenagens, redes de distribuição de água, de coleta de esgoto, de distribuição de gás etc.

Os desenhos de *as built* são muito importantes, pois através deles é possível realizar com confiança as manutenções necessárias e alterações futuras. A condição da realização dos desenhos de *as built* deve ser um dos requisitos para emissão do termo de recebimento definitivo da obra. No caso de obras privadas, a sua elaboração deve estar prevista expressamente no contrato de prestação de serviços. No caso de obras públicas, a sua elaboração deve estar prevista expressamente no edital de licitação, fazendo parte, inclusive, do orçamento da obra.

No caso de obras públicas, após decorridos até 90 dias do termo de recebimento provisório, se os serviços de correção das anormalidades, eventualmente verificadas, forem executados e aceitos pelo fiscal de obras, é feito o termo de recebimento definitivo. Durante esse intervalo, a contratada é responsável por manter as obras e os serviços em perfeitas condições de funcionamento até ser lavrado o termo de recebimento definitivo. Depois da emissão desse documento, a contratada se torna responsável pela correção e segurança nos trabalhos de acordo com a legislação vigente.

LEMBRE-SE!

Diário de Obras (Livro de Ordem)

Este documento é também denominado Livro de Ordem pelo Confea, sendo a sua existência obrigatória em obras, conforme a Resolução do Confea nº 1;094, de 31 de outubro de 2017. Ele tem o objetivo de ser a memória escrita das atividades relacionadas com a obra ou serviço de engenharia. Conforme o Confea, ele deve conter itens como:

- **Termo de abertura**: deve conter as identificações do empreendimento, do proprietário, dos autores do projeto e dos responsáveis técnicos. Devem ser anotados o registro de fatos, determinações e providências, outros fatos relevantes (acidentes, períodos de interrupção), declaração de paralisação (se houver) e a declaração de reinício dos serviços (se houver). Ainda apresenta a ficha de andamento das etapas (atividades da obra) e a relação de subcontratados (subempreitadas e prestação de serviços).
- **Termo de encerramento**: contém a data de encerramento das obras.

No caso de obras públicas, além da determinação do Confea, o Diário de Obras (ou Livro de Ordem) é considerado um documento importante para o controle das obras contratadas, nos termos da Lei das Licitações (Lei nº 8.666/1993), que serve para tirar dúvidas a qualquer momento, sobre as condições de execução das obras contratadas, definindo inclusive as responsabilidades.

A disponibilidade do Diário de Obras, ou registro de ocorrências, normalmente, é de responsabilidade da contratada, que deverá mantê-lo no escritório do canteiro de obra, sendo elaborado em formulário apropriado em folhas avulsas e numeradas sequencialmente, ou em caderno/livro (tipo capa dura), que é mais adequado para garantir a fidelidade sequencial dos registros e evitar o possível extravio das folhas avulsas.

É recomendável, ainda, que os registros sejam feitos em duas vias (com papel carbono ou impressa em duas vias), sendo a primeira via destacada, diariamente, pela fiscalização para arquivo e a outra ficará como documentação da contratada.

No caso de obras públicas, a exigência do registro de ocorrências deve estar prevista no edital da licitação e no contrato, definindo as características do documento desejado pela administração contratante. Porém, mesmo não estando, além da determinação do Confea da obrigatoriedade do Livro de Ordem, a Lei das Licitações não desobriga o registro de todas as ocorrências na execução do contrato (Lei nº 8.666/93, art. 67, § 1º).

SÍNTESE

A legislação e as normas técnicas relacionadas à seleção e contratação de obras e serviços na indústria da construção civil e seus conceitos básicos foram apresentados e detalhados neste capítulo, assim como o termo de referência, o plano de trabalho e as atividades do fiscal de contrato. Foi dado um panorama real da implicação desses conhecimentos do começo à conclusão da obra.

CAPÍTULO 8

PLANEJAMENTO DE OBRAS E SERVIÇOS DE CONSTRUÇÃO CIVIL

INTRODUÇÃO

O objetivo deste capítulo é apresentar os conceitos básicos pertinentes ao planejamento de obras e serviços na indústria da construção civil. Destacam-se aqui os principais gráficos de planejamento e controle de obras e serviços, procurando mostrar como podem melhorar o planejamento e a gestão de obras.

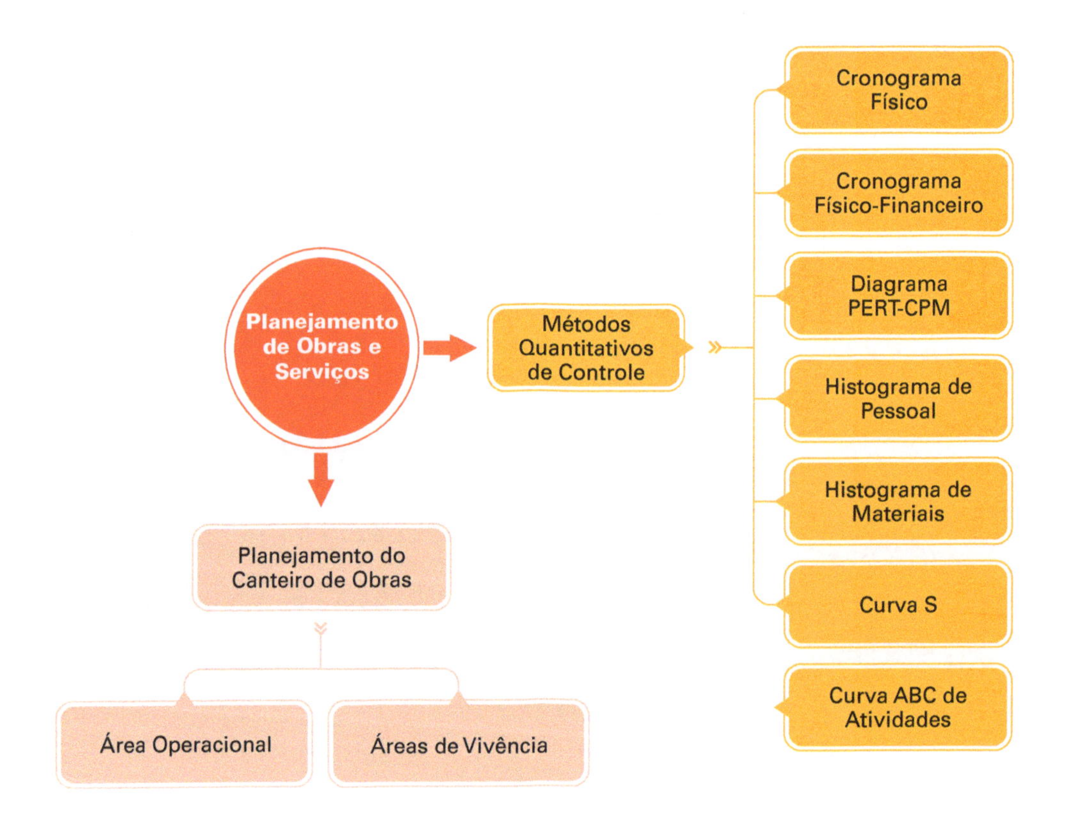

8.1 PLANEJAMENTO DE OBRAS

O planejamento dos empreendimentos é um dos principais fatores para o sucesso de qualquer empresa. Por isso, nas empresas em geral, existe um setor dedicado ao planejamento de todas as suas atividades.

Para realizar um planejamento de qualidade, é necessário que o setor de planejamento tenha um forte relacionamento com todos os outros setores internos da empresa, bem como com colaboradores externos - como fornecedores, prestadores de serviços terceirizados e demais empresas e pessoas envolvidas na execução de seus empreendimentos.

A interação do setor de planejamento com os demais setores da empresa pode, por exemplo, acontecer de algumas maneiras:

- **Alta administração:** é a direção da empresa. Deve informar ao setor de planejamento os contratos vigentes para a construção de empreendimentos, os valores envolvidos, as condições das construções e os prazos de execuções. Os documentos básicos que devem ser disponibilizados para o setor de planejamento são: os contratos de construção, os pré-projetos e respectivos memoriais relacionados a cada empreendimento.
- **Setor de engenharia:** coordena as áreas de projetos de arquitetura, projetos de engenharia, fábrica, obras, armazenagem e transporte. Deve disponibilizar para o setor de planejamento os projetos, memoriais e relatórios, desenvolvidos pelos setores a ele subordinados.
- **Área de projetos de arquitetura:** deve informar quais os materiais que devem ser utilizados nas construções das edificações. Nos memoriais descritivos, devem constar o tipo, a marca e o fabricante, bem como se existem materiais similares. Os documentos necessários a se disponibilizar para o setor de planejamento são as plantas de execução, os memoriais descritivos e os memoriais executivos.
- **Área de projetos de engenharia:** deve informar ao setor de planejamento quais as atividades de engenharia que serão realizadas nas obras. Os documentos a serem disponibilizados para o setor de planejamento são os projetos de implantação das obras, de fundações, de estruturas, de instalações elétricas, de telefonia, de segurança, de automação, de instalações hidráulicas, de telhados e outros projetos pertinentes a cada tipo de empreendimento. Devem ser entregues, também, os memoriais descritivos, os memoriais executivos e as tabelas quantitativas.
- **Área de fábrica:** precisa informar mensalmente ao setor de planejamento o andamento da produção industrial de cada obra e a mão de obra envolvida. Devem ser entregues relatórios consolidados sobre a produção, bem como de testes de novos materiais e novas tecnologias.
- **Área de obras:** deve informar mensalmente ao setor de planejamento, durante a execução de cada obra, as medições dos serviços realizados, a quantidade de materiais e de mão de obra utilizada, na realização dos serviços o acompanhamento

de cronogramas, além de relatórios sobre testes de novos materiais e aditivos necessários de serviços ao projeto original.

- **Área de armazenagem:** deve informar ao setor de planejamento todo material que entra sai dos almoxarifados, suas características, quantidades e para que empreendimento foram comprados, bem como as quantidades e datas de suas saídas. Deverá informar, também, os atrasos de recebimento e as não conformidades observadas. Os documentos que deverão ser disponibilizados para o setor de planejamento na forma de relatórios consolidados.
- **Área de transporte:** deve informar ao setor de planejamento todo material que é transportado para os diversos almoxarifados, suas características, quantidades e para que empreendimento foram comprados, bem como as quantidades e datas de seus transportes. Deverá informar, também, os atrasos de recebimento e de deslocamentos, bem como problemas de manipulação das cargas no transporte. Os documentos que deverão ser disponibilizados para o setor de planejamento na forma de relatórios consolidados.
- **Setor comercial:** coordena as áreas de marketing e de vendas da empresa. Disponibilizará para o setor de planejamento os relatórios consolidados, gerados pelos setores a ele subordinados.
- **Área de marketing:** pode coordenar a área de vendas ou atuar de forma independente. Ela faz o estudo de mercado para o lançamento de empreendimentos, sendo responsável por todas as ações de prospecção e contato com os consumidores, bem como pelo acompanhamento do *mix* de comunicação da empresa. Informa ao setor de planejamento as preferências e expectativas dos consumidores com relação aos produtos oferecidos pela empresa. Os documentos que devem ser disponibilizados para o setor de planejamento são relatórios consolidados sobre o comportamento do consumidor em relação aos produtos oferecidos pela empresa e sobre sua imagem no mercado.
- **Subárea de vendas:** realiza as vendas dos empreendimentos antes, durante e após a construção dos empreendimentos. Informa ao setor de planejamento o andamento da realização de negócios da empresa. Os documentos que deverão ser disponibilizados para o setor de planejamento são relatórios consolidados de vendas dos empreendimentos.
- **Setor de financeiro:** coordena as áreas contábil, de tesouraria, de contas a pagar e contas a receber. Disponibiliza para o setor de planejamento os relatórios consolidados, gerados pelos setores a ele subordinados. Cabe a esse setor, também, informar o custo da utilização do dinheiro a ser aplicado na obra e, se for o caso, quais as documentações necessárias para um financiamento bancário. É importante lembrar que a maioria das construtoras não tem verbas (capital de giro) suficientes para custear todo o valor envolvido na construção de suas obras. Daí a necessidade de contratar financiamentos bancários até haver retornos financeiros. Os documentos que, também, deverão ser disponibilizados para o setor de planejamento são relatórios financeiros consolidados.

- **Área contábil:** informa os dados reais de pagamentos de empreendimentos anteriores, bem como faz o acompanhamento de pagamentos relacionados às obras em andamento. Os documentos que devem ser disponibilizados para o setor de planejamento são relatórios consolidados de acompanhamento contábil.
- **Área de tesouraria:** pode coordenar as áreas de contas a pagar e de contas a receber, ou atuar de forma independente. Essa área deverá ser informada pelo setor de planejamento, antes da realização de cada empreendimento, de quais as necessidades financeiras relacionadas a cada empreendimento e à data de suas utilizações. Os documentos que deverão ser disponibilizados para o setor de planejamento são relatórios dos recursos destinados a cada empreendimento para utilização futura.
- **Subárea de contas a pagar:** faz os pagamentos envolvidos para a realização das obras. Ela informa ao setor de planejamento o andamento dos pagamentos da empresa, relacionando-os à cada empreendimento. Os documentos que devem ser disponibilizados para o setor de planejamento são relatórios consolidados dos pagamentos efetuados por empreendimento.
- **Subárea de contas a receber:** atua na cobrança dos valores a receber pela empresa. Informa ao setor de planejamento a entrada de recursos provenientes dos recebimentos relativos à cada empreendimento. Os documentos que deverão ser disponibilizados para o setor de planejamento são relatórios consolidados de receitas dos empreendimentos.
- **Setor de administração:** coordena as áreas jurídica, de informática e de compras. Disponibiliza para o setor de planejamento os relatórios consolidados, gerados pelos setores a ele subordinados. Informa, também, ao setor de planejamento os gastos do escritório central com cada empreendimento. Os documentos que devem ser disponibilizados para o setor de planejamento são relatórios consolidados de gastos do escritório central com cada empreendimento.
- **Área jurídica:** deve informar ao setor de planejamento a documentação técnica recebida de cada empreendimento – documentação legal do terreno, orçamento, cronograma físico-financeiro, memorial descritivo, memorial executivo etc. – para ser enviada aos órgãos públicos competentes. Os documentos que devem ser disponibilizados para o setor de planejamento são relatórios consolidados para cada empreendimento.
- **Área de informática:** deve informar ao setor de planejamento os filtros relacionados a cada empreendimento. Os documentos que deverão ser disponibilizados para o setor de planejamento são relatórios consolidados de cada empreendimento.
- **Área de compras:** deve informar ao setor de planejamento os materiais em programação de compra, seus valores, quantidades, prazos e locais de entrega, além dos profissionais do setor envolvido em cada compra. Os documentos que devem ser disponibilizados para o setor de planejamento são relatórios consolidados sobre as atividades de compra.

A Figura 8.1 apresenta exemplo da estrutura sugerida para uma empresa construtora, com os vínculos entre a alta administração e os diversos setores, áreas e subáreas.

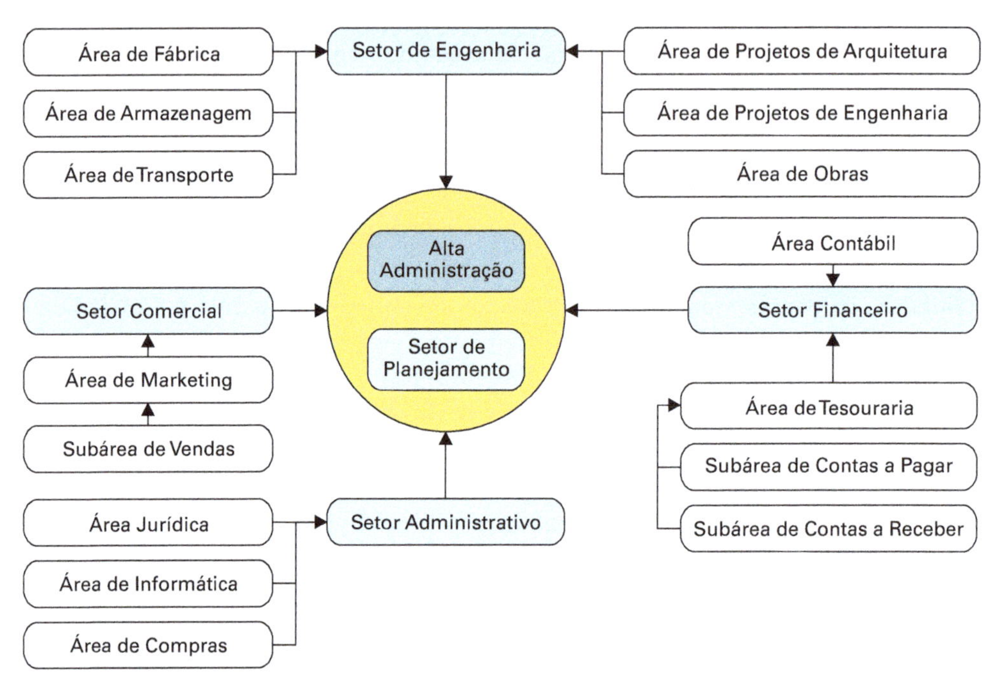

Figura 8.1 • **Exemplo de estrutura de empresa construtora.**

Planejar a execução de um empreendimento significa realizar um plano de trabalho que indique quais recursos financeiros, humanos e materiais serão necessários para sua execução e em que instante do tempo eles devem estar sendo disponibilizados para sua utilização. O planejamento é visto, então, como sendo uma previsão de recursos, sem os quais a execução do empreendimento seria prejudicada.

Assim, a atividade de planejar é baseada em hipóteses de existência de recursos financeiros e desempenho de todas as pessoas e recursos materiais, da empresa e de parceiros externos à empresa, que estariam envolvidos na execução do empreendimento. Portanto, quando é planejada a execução de um empreendimento, sabe-se o tempo que irá durar sua construção e, portanto, a data de término da obra. Nesse caso, o risco de a obra atrasar é inerente ao processo de planejamento.

OBSERVAÇÃO

Os setores, as áreas e subáreas de uma empresa construtora dependem de seu porte e das características culturais da organização. A forma da sua hierarquização e fluxos de informação, são essenciais para o sucesso empresarial.

8.2 MÉTODOS QUANTITATIVOS DE CONTROLE DE OBRAS

Para a execução de obras, é necessário planejar a quantidade de recursos que serão utilizados. Na fase de planejamento da obra, são determinadas as tecnologias que serão empregadas, bem como os materiais básicos e de acabamento da construção. Assim, é possível determinar a quantidade dos recursos financeiros, humanos e materiais para que os empreendimentos possam terminar nos prazos estipulados em contratos.

Durante a execução da obra, é necessário haver o acompanhamento do andamento dos serviços que estão sendo realizados, de forma a se identificar possíveis atrasos no cronograma, bem como aumentos ou reduções nos consumos previstos na fase de planejamento.

Por meio do acompanhamento realizado por apontamentos diários, é possível realizar o controle da obra e proceder aos ajustes de produção necessários.

Os gráficos mais comuns de acompanhamento e controle de obras são:

- cronograma físico;
- cronograma físico-financeiro;
- diagrama PERT-CPM;
- histograma de pessoal;
- histograma de materiais;
- curva S;
- curva ABC de atividades.

Para facilitar a compreensão dos gráficos de controle de obras que serão apresentados neste capítulo, será utilizada uma pequena quantidade de atividades, descritas na Tabela 8.1.

Tabela 8.1 • **Atividades para o estudo dos gráficos de controle de obras**

Número	Atividade
1	Locação
2	Canteiro de obras
3	Fundação
4	Estrutura
5	Alvenaria
6	Cobertura
7	Piso
8	Instalações hidráulicas
9	Instalações elétricas
10	Limpeza

Para facilitar a compreensão dos gráficos de controle de obras, todos os presentes neste capítulo serão relacionados entre si.

OBSERVAÇÃO

O gráfico de controle mais comum de se encontrar nas obras é o cronograma físico, também chamado de gráfico de barras. Esse gráfico, por ser simples, é de fácil utilização e compreensão.

8.3 CRONOGRAMA FÍSICO

Esse cronograma, também chamado gráfico de Gantt, gráfico de barras ou gráfico físico, foi elaborado pelo engenheiro mecânico norte-americano Henry Gantt. Em 1903, ele apresentou à American Society of Mechanical Engineers (ASME - em português, Sociedade Americana dos Engenheiros Mecânicos) um trabalho chamado *A graphical daily balance in manufacture* [Um controle gráfico diário de produção], no qual descrevia um método gráfico de acompanhamento dos fluxos de produção. Em 1917, durante o período da Primeira Guerra Mundial, desenvolveu esse gráfico para a construção de navios de guerra.

O cronograma físico consiste em um gráfico em que cada atividade é indicada por uma barra horizontal, com seu início e término assinalados, bem como se ela é contínua ou intermitente (Figura 8.2). Atividade no planejamento é toda ação que consome recursos, sejam financeiros, materiais, humanos, tempo.

A quantidade de atividades varia conforme cada empreendimento e sua duração é estimada de acordo com os recursos disponíveis.

LEMBRE-SE!

O gráfico de Gantt é um cronograma que apresenta as atividades que ocorrerão na obra. Ele indica a duração de cada atividade, bem como a data de seu início e término. Não indica as atividades que são precedentes e posteriores de uma atividade e suas inter-relações.

Para a elaboração do gráfico de Gantt, é necessário muito conhecimento de tecnologia das construções, bem como quanto a produtividade média envolvida. A produtividade varia conforme os processos e controles utilizados, bem como quanto ao estilo de gestão da construtora.

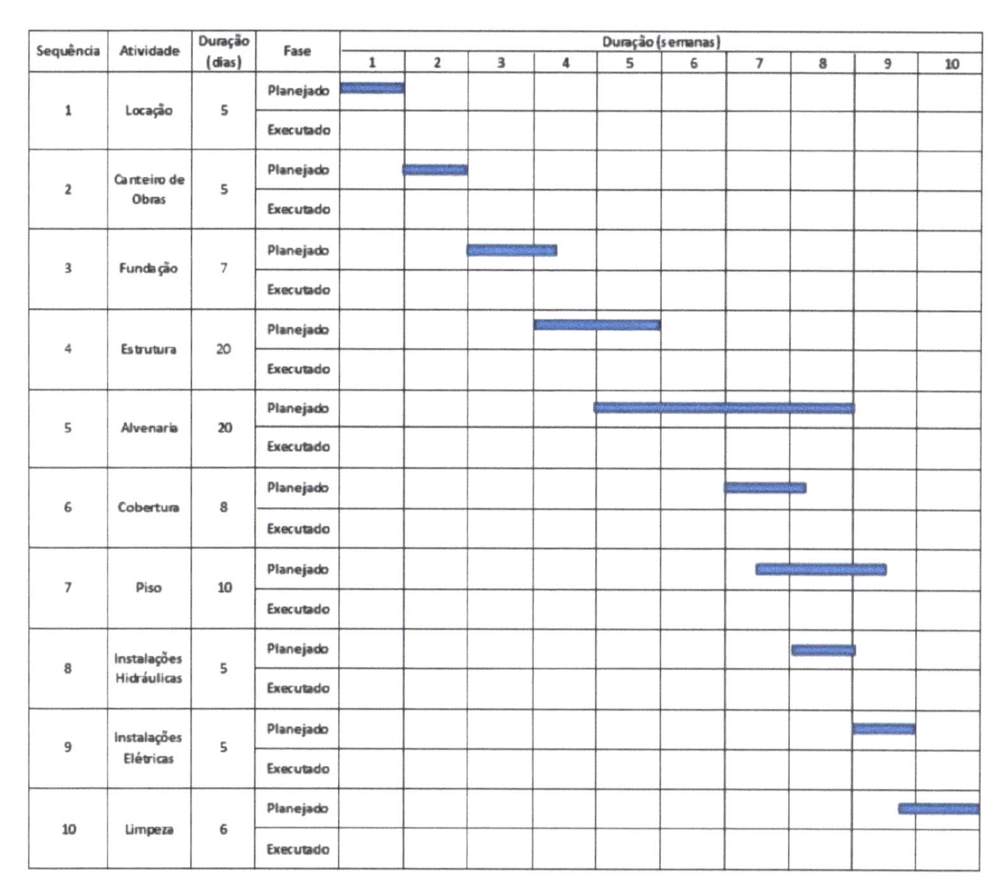

Sequência	Atividade	Duração (dias)	Fase	Duração (semanas)									
				1	2	3	4	5	6	7	8	9	10
1	Locação	5	Planejado										
			Executado										
2	Canteiro de Obras	5	Planejado										
			Executado										
3	Fundação	7	Planejado										
			Executado										
4	Estrutura	20	Planejado										
			Executado										
5	Alvenaria	20	Planejado										
			Executado										
6	Cobertura	8	Planejado										
			Executado										
7	Piso	10	Planejado										
			Executado										
8	Instalações Hidráulicas	5	Planejado										
			Executado										
9	Instalações Elétricas	5	Planejado										
			Executado										
10	Limpeza	6	Planejado										
			Executado										

Figura 8.2 • Cronograma físico.

Durante a execução da obra, é feita a marcação do serviço executado na linha abaixo de cada atividade (executado). Com esse procedimento, é possível verificar visualmente, para cada atividade, inícios ou términos antecipados, inícios ou términos atrasados e, assim, realizar a tomada de decisão para os devidos ajustes na produção.

8.4 CRONOGRAMA FÍSICO-FINANCEIRO

Esse cronograma (diagrama ou gráfico) é uma extensão do cronograma de barras. Nele são marcados os gastos financeiros previstos para cada atividade e sua utilização ao longo da duração da atividade. Também são registrados os gastos no período e os gastos acumulados (Figura 8.3).

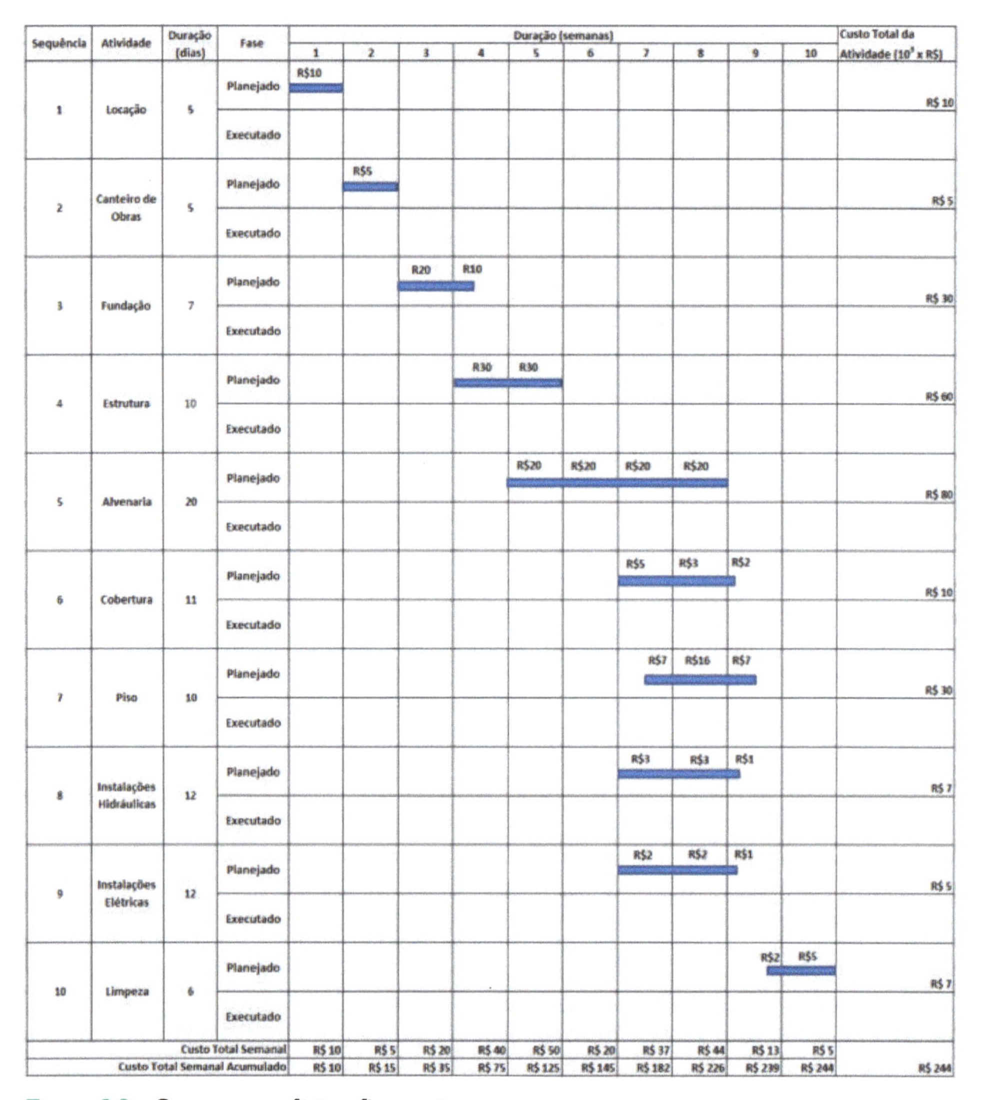

Sequência	Atividade	Duração (dias)	Fase	Duração (semanas) 1	2	3	4	5	6	7	8	9	10	Custo Total da Atividade (10^3 x R$)
1	Locação	5	Planejado	R$10										R$ 10
			Executado											
2	Canteiro de Obras	5	Planejado		R$5									R$ 5
			Executado											
3	Fundação	7	Planejado			R20	R10							R$ 30
			Executado											
4	Estrutura	10	Planejado				R30	R30						R$ 60
			Executado											
5	Alvenaria	20	Planejado					R$20	R$20	R$20	R$20			R$ 80
			Executado											
6	Cobertura	11	Planejado							R$5	R$3	R$2		R$ 10
			Executado											
7	Piso	10	Planejado							R$7	R$16	R$7		R$ 30
			Executado											
8	Instalações Hidráulicas	12	Planejado							R$3	R$3	R$1		R$ 7
			Executado											
9	Instalações Elétricas	12	Planejado							R$2	R$2	R$1		R$ 5
			Executado											
10	Limpeza	6	Planejado									R$2	R$5	R$ 7
			Executado											
			Custo Total Semanal	R$ 10	R$ 5	R$ 20	R$ 40	R$ 50	R$ 20	R$ 37	R$ 44	R$ 13	R$ 5	
			Custo Total Semanal Acumulado	R$ 10	R$ 15	R$ 35	R$ 75	R$ 125	R$ 145	R$ 182	R$ 226	R$ 239	R$ 244	R$ 244

Figura 8.3 • Cronograma físico-financeiro.

O sucesso dos empreendimentos depende do acompanhamento do gráfico físico-financeiro. Esse gráfico pode ser feito a cada 15 dias ou mensalmente.

OBSERVAÇÃO

Os custos dos empreendimentos são estimados na fase de planejamento e são proporcionais às atividades desenvolvidas. O valor realmente gasto é apropriado durante a execução da obra, tornando-se um valor contábil.

8.5 DIAGRAMA PERT-CPM

O diagrama PERT-CPM (*Program Evaluation and Review Technique - Critical Path Method* - em português, Técnica de Avaliação e Revisão de Programa - Método do Caminho Crítico) era originalmente formado por dois programas distintos que, com o tempo, foram fundidos em um único.

O diagrama PERT-CPM indica quais atividades serão realizadas e quais as precedências que existem entre elas. Com isso, ele permite:

- Observar a coerência do planejamento da obra.
- Ter uma estimativa da duração da obra.
- Saber quais são as atividades críticas para atingir o prazo estimado para conclusão do empreendimento.
- Conhecer as folgas previstas para cada atividade.

A técnica do PERT-CPM consiste em representar todas as atividades de um empreendimento, segundo sua sequência de execução e a dependência entre elas. Para tanto, ela incorpora os seguintes conceitos:

- **Evento:** instante no tempo que marca o início ou o término de uma atividade (não consome recursos).
- **Atividade:** tudo que consome recursos (financeiros, humanos, materiais e tempo). As atividades estão sempre entre dois eventos. Uma condição importante dessa técnica é que não pode haver duas atividades diferentes que iniciem e terminem nos mesmos eventos.
- **Atividade fantasma:** atividade intermediária, cujo prazo de execução é zero. Ela é criada quando uma atividade depende de outras duas, que podem ser iniciadas em um mesmo momento. Assim, ela foi criada para evitar que duas setas iniciem em um evento e terminem em outro.
- **Folga:** diferença entre o intervalo de tempo existente para o início e o término de uma atividade e a sua duração prevista.
- **Caminho crítico:** caminho desde o início até o final da obra, em que as folgas são nulas. Isso significa que qualquer atraso em uma das atividades presentes no caminho crítico irá gerar atraso na obra.

LEMBRE-SE!

O diagrama PERT-CPM é muito útil para que o gestor da obra possa saber antecipadamente em quais atividades ele poderá ter folga (tempo para sua realização maior que o necessário) e poder se concentrar nas atividades críticas (atividades cujo tempo de realização influencia diretamente na duração da obra).

O CPM foi desenvolvido em 1956, pela empresa DuPont para o planejamento e controle dos seus projetos de engenharia. Ele consiste em uma rede com setas representativas das atividades (Figura 8.4).

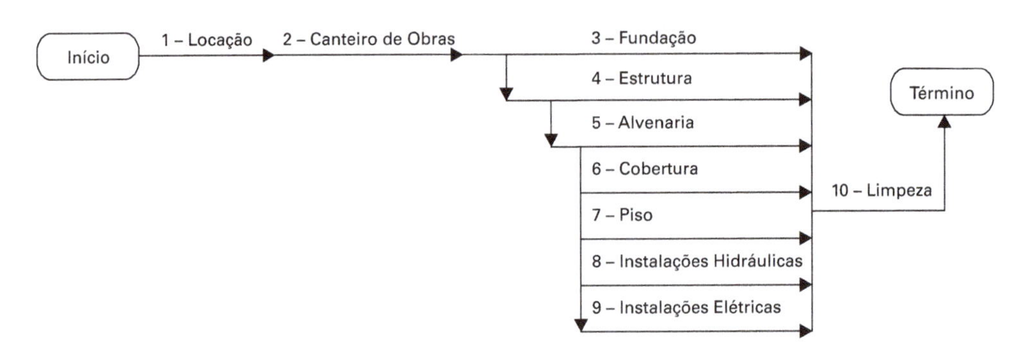

Figura 8.4 • **Rede CPM.**

O PERT foi desenvolvido em 1957 pela Marinha norte-americana para planejar e controlar a construção do submarino nuclear Polaris. Ele consiste em uma rede com setas e nós, representativos das atividades e dos eventos (Figura 8.5).

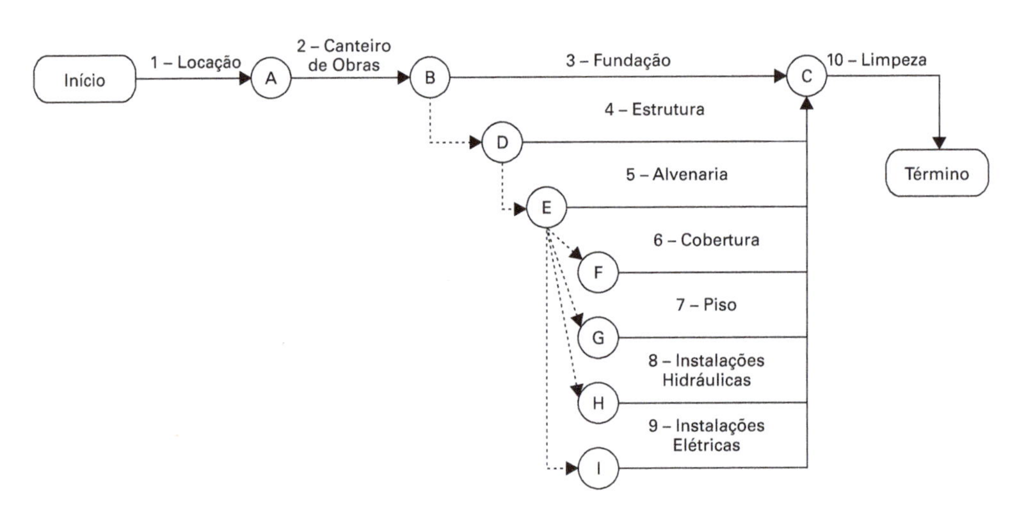

Figura 8.5 • **Rede PERT.**

O diagrama de precedência ou de blocos foi desenvolvido por Roy, na França, incorporando ambas as técnicas do PERT e do CPM. Consiste em blocos representativos das atividades, ligados por setas que indicam as dependências entre elas. As definições básicas para esse diagrama são (Figura 8.6):

- **Evento:** determinado instante no tempo. Uma atividade terá seu início em um evento (i) e término em um evento (j).
- **D(i, j) - duração da atividade entre dois eventos (i, j):** tempo necessário para ir do evento i para o evento j.
- **C(i) - data de início cedo de um evento i:** tempo necessário para que o evento seja alcançado, desde que não haja atraso nas atividades antecedentes. Assim,

$$C(j) = \text{máx } i\ [C(i) + D(i, j)] \quad \textbf{(Eq. 8.1)}$$

- Foi convencionado que para o evento inicial da obra, i = 1, o cedo seja nulo, isto é, C(1) = 0.
- **T(j) - data de início tarde de um evento j:** última data de início das atividades que partem desse evento de forma a não atrasar a conclusão do projeto. Assim,

$$T(i) = \min j\ [T(j) - D(i, j)] \quad \textbf{(Eq. 8.2)}$$

- Foi convencionado que para o último evento da obra, j = n, a tarde seja igual ao cedo desse evento, isto é, T(n) = C(n).

Algumas atividades podem ser flexíveis em relação ao seu início e término sem que isso signifique atraso no tempo de duração da obra. As atividades que são rígidas em relação ao seu início e término são denominadas atividades críticas, e a sequência delas é chamada caminho crítico. Assim, caminho crítico é a sequência de atividades que não tem folga para iniciar nem para terminar; é a sequência de maior duração da obra. Sempre há um caminho crítico, podendo haver mais do que um.

- **Caminho crítico:** atividades que iniciam e terminam em eventos com folga zero. Essas atividades devem ser fortemente controladas durante suas execuções, porque um atraso em qualquer uma delas, as quais compõem o caminho crítico, levará ao atraso da obra. Assim,

$$\text{Evento Crítico} = T - C = 0 \quad \textbf{(Eq. 8.3)}$$

Figura 8.6 • **Elementos da rede PERT.**

- **PDI(i, j) - primeira data de início:** é a data mais cedo que uma atividade pode iniciar, na qual todas as atividades precedentes foram concluídas.

$$PDI(i, j) = C(i) \quad \textbf{(Eq. 8.4)}$$

- **UDI(i, j)** - última data de início: é a data mais tarde que uma atividade pode ser iniciada, sem atrasar a data de conclusão da obra.

$$UDI(i, j) = T(j) - D(i, j) \quad \textbf{(Eq. 8.5)}$$

- **PDT(i, j) - primeira data de término:** mais cedo que uma atividade pode ser concluída, isto é, considera-se que a atividade inicie na PDI(i,j) e tenha sua duração estimada obedecida.

$$PDT(i, j) = C(i) + D(i,j) \quad \textbf{(Eq. 8.6)}$$

- **UDT(i, j)** - última data de término: a data mais tarde que uma atividade pode ser concluída, sem atrasar a data final de conclusão da obra.

$$UDT(i, j) = T(j) \quad \textbf{(Eq 8.7)}$$

As folgas possíveis de se encontrar no planejamento de obras são (Figura 8.7):

- **FT(i, j) - Folga Total:** atraso máximo que uma atividade pode ter sem alterar a data final de sua conclusão [T(j)]. Assim,

$$FT(i, j) = UDT(i, j) - PDT(i, j) = T(j) - [C(i) + D(i, j)] \quad \textbf{(Eq. 8.8)}$$

Ou

$$FT(i, j) = UDI(i, j) - PDI(i, j) = [T(j) - D(i, j)] - C(i) \quad \textbf{(Eq. 8.9)}$$

Então, a folga de uma atividade é a diferença entre o tempo máximo disponível para executar a atividade e sua duração estimada:

$$FT(i, j) = [T(j) - C(i)] - D(i,j) \quad \textbf{(Eq. 8.10)}$$

Fazendo variar o intervalo no qual a atividade deve ser realizada, outras folgas podem ser calculadas, como as que se seguem.

- **FL(i, j) - Folga Livre:** atraso máximo que uma atividade pode ter sem alterar a data estabelecida como "Cedo" do seu evento final [C(j)]. Assim,

$$FL(i, j) = [(C(j) - C(i)] - D(i, j) \quad \textbf{(Eq. 8.11)}$$

- **FD(i, j) - Folga Dependente:** período que se dispõe para a realização da atividade, iniciando-a no "Tarde" do evento inicial [T(i)] e não ultrapassando o "Tarde" do evento final [T(j)]. Assim,

$$FD(i, j) = [(T(j) - T(i)] - D(i, j) \quad \textbf{(Eq. 8.12)}$$

- **FI(i, j) - Folga Independente:** período que se dispõe para a realização da atividade, iniciando-a no "Tarde" do evento inicial [T(i)] e não ultrapassando o "Cedo" do evento final [C(j)]. Assim,

$$FI(i, j) = [C(j) - T(i)] - D(i, j) \quad \textbf{(Eq. 8.13)}$$

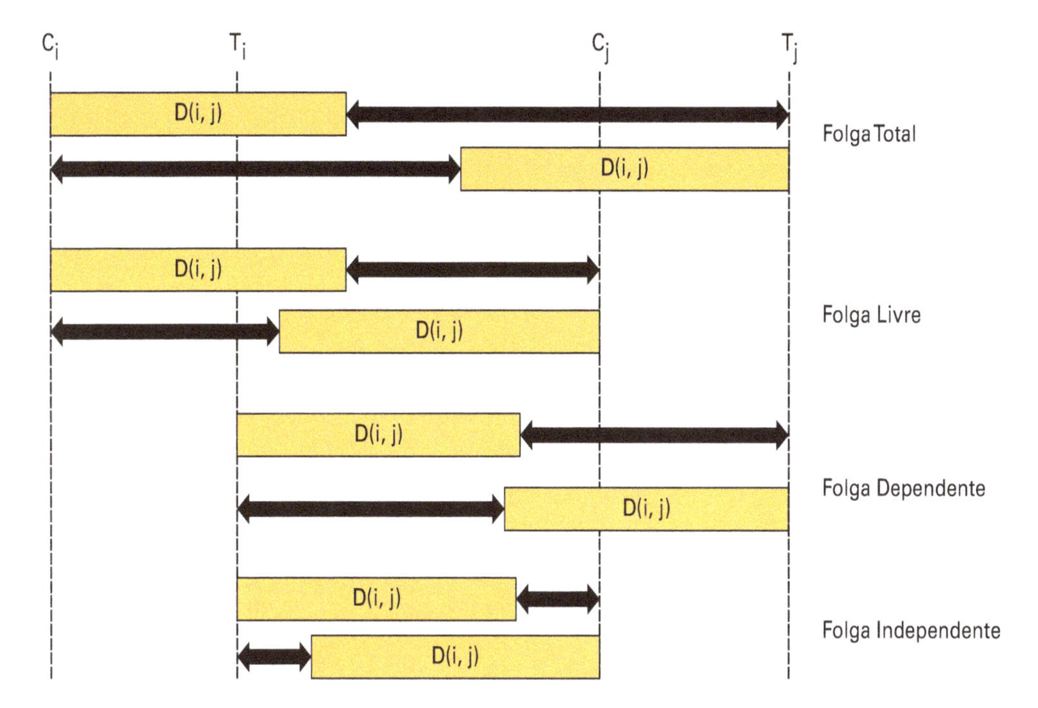

Figura 8.7 • **Tipos de folgas.**

A Figura 8.8 apresenta um exemplo de diagrama de precedência ou Rede PERT-CPM.

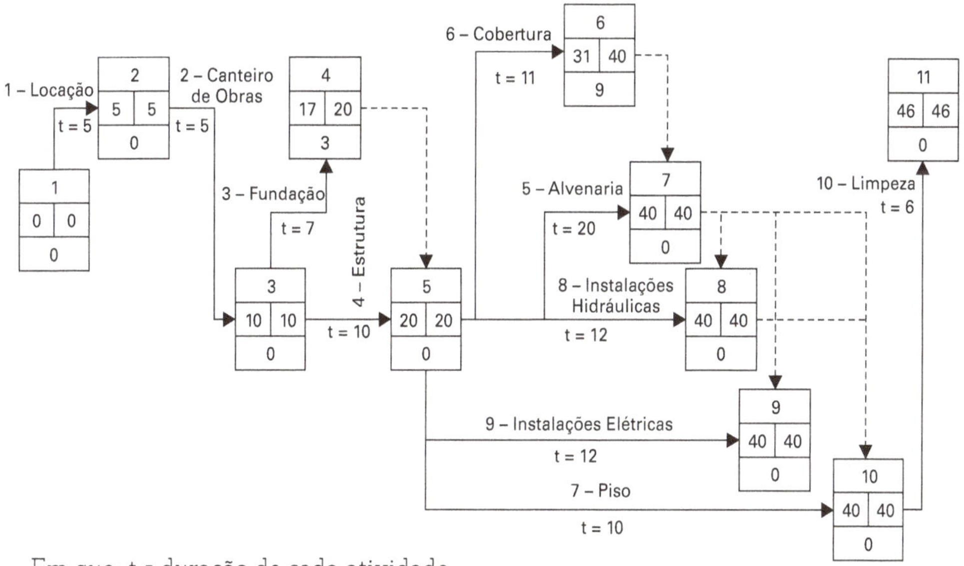

Em que: t = duração de cada atividade

Figura 8.8 • **Diagrama de precedência ou rede PERT-CPM.**

Cálculo das folgas e do caminho crítico (Tabela 8.2).

Tabela 8.2 • **Cálculo do Caminho Crítico**

Atividade	Duração	Data de início		Data de término		Folga total (UDT - PDT)
		PDI	UDI	PDT	UDT	
1 - Locação	5	0	5 -5 = 0	0 + 5 = 5	5	5 - 5 = 0
2 - Canteiro de obras	5	0 + 5 = 5	10 - 5 = 5	5 + 5 = 10	10	10 -10 = 0
3 - Fundação	7	5 + 5 = 10	20 - 7 = 13	10 + 7 = 17	20	20 - 17 = 3
4 - Estrutura	10	5 + 5 = 10	20 - 10 = 10	10 + 10 = 20	20	20 - 20 = 0
5 - Alvenaria	20	10 + 10 = 20	40 - 20 = 20	20 + 20 = 40	40	40 - 40 = 0
6 - Cobertura	11	10 + 10 = 20	40 - 11 = 29	20 + 11 = 31	40	40 - 31 = 9
7 - Piso	10	10 + 10 = 20	40 - 10 = 30	20 + 10 = 30 Não 40	40	40 - 40 = 0
8 - Instalações hidráulicas	12	10 + 10 = 20	40 - 12 = 28	20 + 12 = 32 Não 40	40	40 - 40 = 0
9 - Instalações elétricas	12	10 + 10 = 20	40 - 12 = 28	20 + 12 = 32 Não 40	40	40 - 40 = 0
10 - Limpeza	6	20 + 20 = 40	46 - 6 = 40	40 + 6 = 46	46	46 - 46 = 0

O diagrama PERT-CPM deve indicar o caminho crítico (setas em negrito), isto é, o caminho em que as folgas são nulas (Folga = T - C = 0) (Figura 8.9).

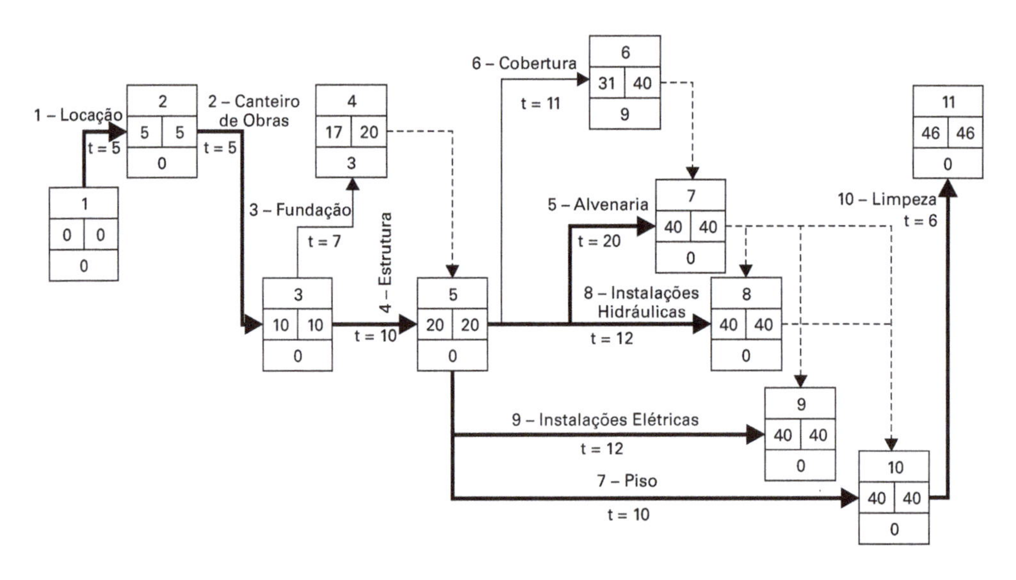

Figura 8.9 • **Diagrama de precedência com indicação do caminho crítico.**

8.6 CURVA S

A curva S (Figura 8.10) é um gráfico elaborado com os valores gastos acumulados ao longo da duração da obra. Ela é importante para se conhecer os gastos acumulados, previstos para cada instante da obra. Os valores para sua construção são obtidos na última linha do gráfico físico-financeiro (Tabela 8.3).

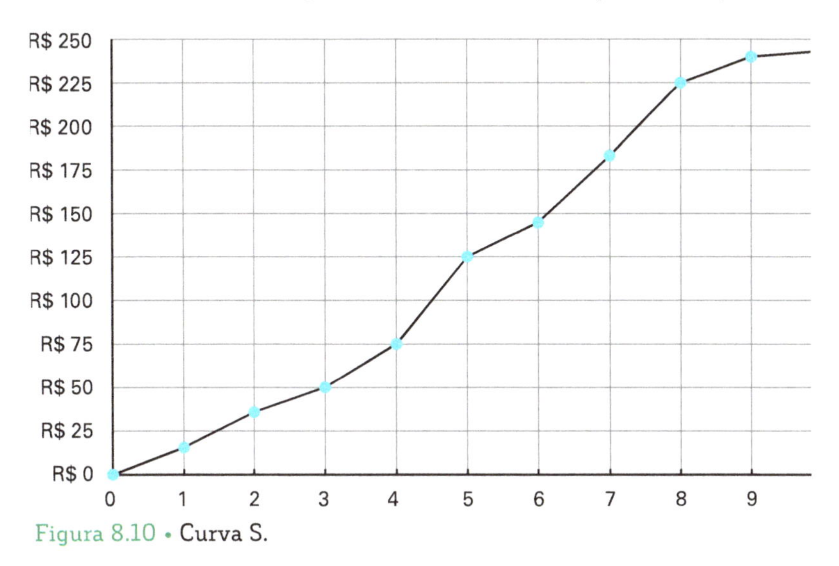

Figura 8.10 • Curva S.

Tabela 8.3 • **Custo total semanal acumulado**

Custo Total Semanal Acumulado	Semana
R$ 10	1
R$ 15	2
R$ 35	3
R$ 75	4
R$ 125	5
R$ 145	6
R$ 182	7
R$ 226	8
R$ 239	9
R$ 244	10

LEMBRE-SE!

A curva S tem essa forma porque no início e término da obra os gastos são menores, gerando declividades menores da função tempo *versus* gastos acumulados no gráfico. Quando o tempo da obra se aproxima da metade prevista, ocorre grande intensidade de trabalho e, consequentemente, no consumo de recursos financeiros, aumentando significativamente a declividade da função.

8.7 CURVA ABC DE ATIVIDADES

A curva ABC, também chamada de Curva de Pareto ou regra 80/20, é um método de categorização cujo objetivo é determinar quais são os produtos ou atividades mais importantes de uma empresa.

Esse método de classificação foi desenvolvido pelo consultor de qualidade romeno-americano Joseph Moses Juran, que verificou que 80% dos problemas são geralmente causados por 20% dos fatores. Foi chamada de Curva de Pareto em homenagem ao economista italiano Vilfredo Pareto, que em seu estudo observou que 80% das riquezas são concentradas nas mãos de 20% da população.

Na área de negócios, a curva ABC é importante pois possibilita definir quais produtos ou atividades devem ser melhor controladas.

Assim, a curva ABC é muito útil para o administrador de uma obra, pois permite que ele tenha atenção às atividades mais caras. Em geral, tem-se:

- **Região A:** 7% das atividades que representam 53% do custo total.
- **Região B:** 14% das atividades que representam 32% do custo total.
- **Região C:** 79% das atividades que representam 15% do custo total.

Para efeito da gestão, deve-se ter cuidado no controle das atividades que se encontram na região A seguida pelas atividades das regiões B e C.

Como exemplo, a Tabela 8.4 apresenta os custos de cada atividade.

Tabela 8.4 • **Custos de cada atividade**

Atividade	Custo (10^3 × R$)	Porcentagem
1 - Locação	R$ 10	4,10
2 - Canteiro de obras	R$ 5	2,05
3 - Fundação	R$ 30	12,30
4 - Estrutura	R$ 60	24,59
5 - Alvenaria	R$ 80	32,79
6 - Cobertura	R$ 10	4,10
7 - Piso	R$ 30	12,30
8 - Instalações hidráulicas	R$ 7	2,87
9 - Instalações elétricas	R$ 5	2,05
10 - Limpeza	R$ 7	2,87
Total	R$ 244	100

A classificação das atividades em ordem crescente de custos está na Tabela 8.5.

Tabela 8.5 • **Classificação das atividades por ordem decrescente de custo**

Atividade	Custo (10^3 × R$)	Porcentagem	Porcentagem acumulada	Região
5 - Alvenaria	R$ 80	32,79	32,79	A
4 - Estrutura	R$ 60	24,59	57,38	A
3 - Fundação	R$ 30	12,30	69,68	B
7 - Piso	R$ 30	12,30	81,98	B
1 - Locação	R$ 10	4,10	86,08	B
6 - Cobertura	R$ 10	4,10	90,18	C
8 - Instalações hidráulicas	R$ 7	2,87	93,05	C
10 - Limpeza	R$ 7	2,87	95,92	C
2 - Canteiro de obras	R$ 5	2,05	97,97	C
9 - Instalações elétricas	R$ 5	2,05	100	C

A curva ABC está representada na Figura 8.11.

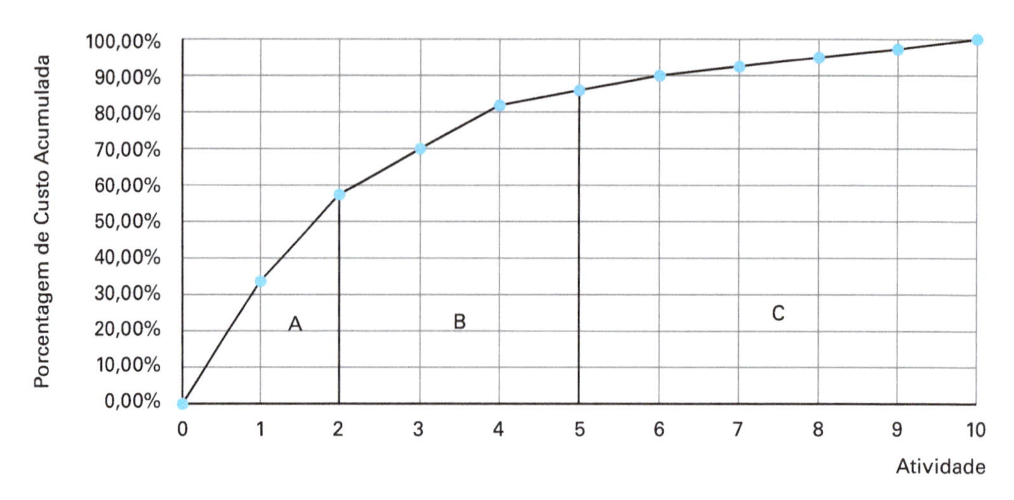

Figura 8.11 • **Curva ABC de atividades.**

Portanto, por serem as atividades mais caras, deve ser dada especial atenção às atividades número 5 - Alvenaria - e 4 - Estrutura.

8.8 HISTOGRAMA DE PESSOAL

O histograma de pessoal é o instrumento útil para o dimensionamento do canteiro de obras, pois apresenta a quantidade de operários que estarão simultaneamente na obra. Seu objetivo é indicar a mão de obra necessária para a execução das atividades previstas.

Como exemplo, para a execução das atividades de uma obra, é necessária a mão de obra da Tabela 8.6.

Tabela 8.6 • **Consumo de mão de obra por atividade**

Atividade	(P) Pedreiro	(A) Ajudante	(S) Servente	(H) Encanador	(E) Eletricista	(C) Carpinteiro
1 - Locação	-	2	2	-	-	1
2 - Canteiro de obras	2	4	2	1	1	1
3 - Fundação	2	4	2	-	-	2
4 - Estrutura	4	4	2	-	-	4
5 - Alvenaria	3	4	2	-	-	1
6 - Cobertura	-	2	2	-	-	2
7 - Piso	4	2	2	-	-	-
8 - Instalações hidráulicas	-	1	1	1	-	-
9 - Instalações elétricas	-	1	-	-	1	-
10 - Limpeza	-	-	2	-	-	-

A representação do histograma de pessoal é feita para cada operário conforme apresentado na Figura 8.12.

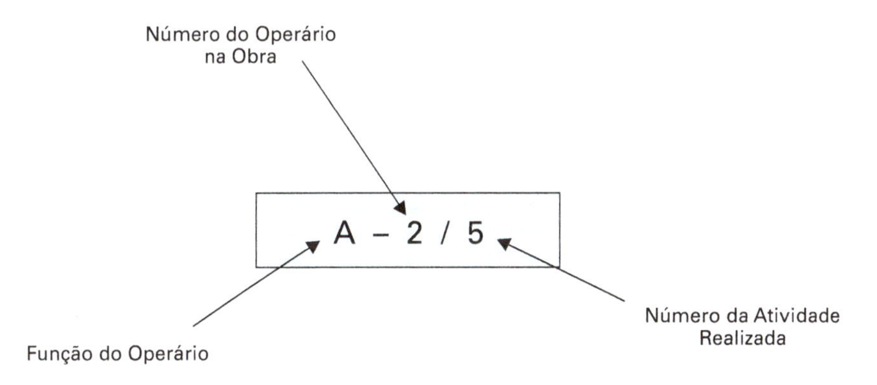

Figura 8.12 • **Representação da cada operário no histograma de pessoal.**

O histograma de pessoal está representado na Figura 8.13.

Consumo Semanal							S - 36/9	S - 36/9	S - 36/9	
							S - 37/9	S - 37/9	S - 37/9	
							A - 34/9	A - 34/9	A - 34/9	
							E - 35/9	E - 35/9	E - 35/9	
							A - 31/8	A - 31/8	A - 31/8	
							S - 32/8	S - 32/8	S - 32/8	
							H - 33/8	H - 33/8	H - 33/8	
				P - 14/4	P - 14/4		P - 14/7	P - 14/7	P - 14/7	
				P - 15/4	P - 15/4		P - 15/7	P - 15/7	P - 15/7	
				P - 16/4	P - 16/4		P - 16/7	P - 16/7	P - 16/7	
				P -17/4	P -17/4		P - 17/7	P - 17/7	P - 17/7	
				A - 18/4	A - 18/4		A - 18/7	A - 18/7	A - 18/7	
				A - 19/4	A - 19/4		A - 19/7	A - 19/7	A - 19/7	
				A - 20/4	A - 20/4		S - 22/7	S - 22/7	S - 22/7	
				A - 21/4	A - 21/4		S - 23/7	S - 23/7	S - 23/7	
				S - 22/4	S - 22/4		A - 20/6	A - 20/6	A - 20/6	
				S - 23/4	S - 23/4		A - 21/6	A - 21/6	A - 21/6	
				C - 24/4	C - 24/4		S - 29/6	S - 29/6	S - 29/6	
				C - 25/4	C - 25/4		S - 30/6	S - 30/6	S - 30/6	
				C - 26/4	C - 26/4		C - 24/6	C - 24/6	C - 24/6	
		P - 6/2		C - 27/4	C - 27/4		C - 25/6	C - 25/6	C - 25/6	
		P - 7/2	P - 6/3	P - 6/3	P - 6/5	P - 6/5	P - 6/5	P - 6/5	S - 3/10	S - 3/10
		A - 1/2	P - 7/3	P - 7/3	P - 7/5	P - 7/5	P - 7/5	P - 7/5	S - 4/10	S - 4/10
		A - 2/2	A - 1/3	A - 1/3	P - 28/5	P - 28/5	P - 28/5	P - 28/5		
		A - 8/2	A - 2/3	A - 2/3	A - 1/5	A - 1/5	A - 1/5	A - 1/5		
		A - 9/2	A - 8/3	A - 8/3	A - 2/5	A - 2/5	A - 2/5	A - 2/5		
	A - 1/1	S - 3/2	A - 9/3	A - 9/3	A - 8/5	A - 8/5	A - 8/5	A - 8/5		
	A - 2/1	S - 4/2	S - 3/3	S - 3/3	A - 9/5	A - 9/5	A - 9/5	A - 9/5		
	S - 3/1	H - 11/2	S - 4/3	S - 4/3	S - 3/5	S - 3/5	S - 3/5	S - 3/5		
	S - 4/1	E - 12/2	C - 5/3	C - 5/3	S - 4/5	S - 4/5	S - 4/5	S - 4/5		
	C - 5/1	C - 5/2	C - 13/3	C - 13/3	C - 5/5	C - 5/5	C - 5/5	C - 5/5		
Semanas	1	2	3	4	5	6	7	8	9	10
Homens Profissão	P - 0 A - 2 S - 2 H - 0 E - 0 C - 1	P - 2 A - 4 S - 2 H - 1 E - 1 C - 1	P - 2 A - 4 S - 2 H - 0 E - 0 C - 2	P - 6 A - 8 S - 4 H - 0 E - 0 C - 6	P - 7 A - 8 S - 4 H - 0 E - 0 C - 5	P - 3 A - 4 S - 2 H - 0 E - 0 C - 1	P - 7 A - 10 S - 9 H - 1 E - 1 C - 3	P - 7 A - 10 S - 9 H - 1 E - 1 C - 3	P - 4 A - 6 S - 9 H - 1 E - 1 C - 1	P - 0 A - 0 S - 2 H - 0 E - 0 C - 0
Total de Homens	5	11	10	24	24	10	31	31	22	2

Figura 8.13 • Histograma de pessoal.

O histograma de pessoal é uma importante ferramenta de gerenciamento de obras, pois permite prever com antecedência a falta ou a ocorrência de excesso de operários. Esses valores extremos (falta ou excesso de operários) podem ser ajustados com pequenas alterações no cronograma físico (diminuindo ou aumentando o tempo das atividades).

8.9 HISTOGRAMA DE MATERIAIS

O objetivo do histograma de materiais é indicar a quantidade de material necessária para a execução das atividades previstas, com isso planejando as suas compras e entregas, bem como dimensionando o canteiro de obras.

Como exemplo: para a execução das atividades de uma obra são necessários os materiais da Tabela 8.7.

Tabela 8.7 • **Consumo de materiais por atividade**

Atividade	(C) Cimento (sacos 50 kg)	(A) Areia (m^3)	(B) Bloco cerâmico (unidade)	(P) Piso cerâmico (m^2)	(T) Telha (unidade)
1 - Locação	-	-	-	-	-
2 - Canteiro de obras	-	-	-	-	-
3 - Fundação	-	-	-	-	-
4 - Estrutura	-	-	-	-	-
5 - Alvenaria	120	36	9.000	-	-
6 - Cobertura	5	1	-	-	10.000
7 - Piso	50	6	-	100	-
8 - Instalações hidráulicas	-	-	-	-	-
9 - Instalações elétricas	-	-	-	-	-
10 - Limpeza	-	-	-	-	-

A representação do histograma de materiais é feita para cada tipo de material conforme apresentado na Figura 8.14.

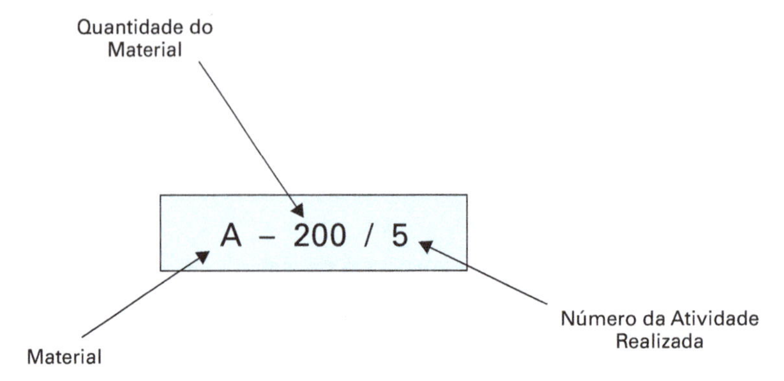

Figura 8.14 • **Representação da cada material no histograma de materiais.**

O histograma de materiais está representado na Figura 8.15.

Semanas	1	2	3	4	5	6	7	8	9	10
Consumo Semanal							C - 20/6 A - 3/6 P - 40/6	C - 20/6 A - 2/6 P - 40/6	C - 10/6 A - 1/6 P - 20/6	
							C - 2/6 A - 1/6 T - 4.000/6	C - 2/6 A - 0 T - 4.000/6	C - 1/6 A - 0 T - 2.000/6	
					C - 30/5 A - 9/5 B - 2.250/5	C - 30/5 A - 9/5 B - 2.250/5	C - 30/5 A - 9/5 B - 2.250/5	C - 30/5 A - 9/5 B - 2.250/5		
Materiais	C - 0 A - 0 B - 0 P - 0 T - 0	C - 0 A - 0 B - 0 P - 0 T - 0	C - 0 A - 0 B - 0 P - 0 T - 0	C - 0 A - 0 B - 0 P - 0 T - 0	C - 30 sacos A - 9 m^3 B - 2.250 uni P - 0 T - 0	C - 30 sacos A - 9 m^3 B - 2.250 uni P - 0 T - 0	C - 52 sacos A - 13 m^3 B - 2.250 uni P - 40 m^2 T - 4.000 uni	C - 52 sacos A - 13 m^3 B - 2.250 uni P - 40 m^2 T - 4.000 uni	C - 11 sacos A - 1 m^3 B - 0 P - 20 m^2 T - 2.000 uni	C - 0 A - 0 B - 0 P - 0 T - 0

Figura 8.15 • **Histograma de materiais.**

O histograma de materiais é uma importante ferramenta de gerenciamento de obras, pois permite prever com antecedência a falta ou a ocorrência de excesso de materiais para o canteiro de obras. Esses valores extremos (falta ou excesso de materiais) podem ser ajustados com pequenas alterações no cronograma físico (diminuindo ou aumentando o tempo das atividades).

8.10 PLANEJAMENTO DO CANTEIRO DE OBRAS

O planejamento do canteiro de obras é uma atividade muito importante para o sucesso dos empreendimentos de construção civil. Ele tem como objetivo atender às demandas das obras, nos prazos previstos para a execução das atividades planejadas, possibilitando a redução de perdas de materiais, a maximização na utilização de equipamentos e máquinas, a minimização de acidentes do trabalho, proporcionando conforto e segurança aos trabalhadores e visitantes das obras.

A atividade de planejamento do canteiro de obras envolve o conhecimento do fluxo físico que existirá durante a execução das obras (pessoas, materiais, equipamentos e máquinas), bem como do fluxo de suas informações (redes de telefonia, internet, sinais sonoros e sinais visuais para a operação de máquinas e equipamentos).

Através do planejamento adequado do canteiro de obras é possível realizar operações seguras, reduzir distâncias e tempos de movimentações de trabalhadores, materiais, equipamentos e máquinas, melhorando a produtividade das obras. Por exemplo, no estudo do arranjo do canteiro de obras, os materiais a serem empregados na obra devem ser descarregados o mais próximo possível do local de seu uso, ou o mais próximo possível do equipamento de transporte vertical (elevadores ou gruas).

No planejamento do canteiro de obras, é importante haver a previsão de mecanismos de controle, para que os processos de produção possam ser colaborativos. Esse resultado é medido em eficiência (utilização adequada dos recursos disponíveis) e eficácia (atendimento aos prazos e resultados previstos no planejamento da obra) na produção da obra.

O canteiro de obras, por questões operacionais e de segurança, deve ser instalado em local plano. Dessa maneira, procura-se evitar o aumento do desgaste físico dos trabalhadores em seus deslocamentos e a movimentação acidental dos materiais, equipamentos e das máquinas em função da inclinação do terreno. Também o local de sua implantação deve ser isento de inundações, ter boa ventilação e insolação.

O lote do terreno deve ser destocado e limpo, principalmente no local de implantação da obra. Conforme a legislação, pode ser necessária a conservação de áreas de interesse ambiental e da cobertura vegetal, que estão no entorno da área do empreendimento.

A localização do canteiro de obras deve facilitar o acesso de trabalhadores e visitantes, bem como de veículos de entrega de materiais e prestadores de serviços.

As dimensões, elementos constituintes, arranjo (*layout*) e as características do canteiro de obras podem variar durante o período de execução da obra, principalmente em obras de maior porte e de longo prazo de execução. A modificação do canteiro é função dos materiais presentes, dos serviços a serem executados, dos equipamentos e das máquinas disponíveis e da mão de obra necessária em cada fase do processo.

O dimensionamento do canteiro de obras deve ser feito para o período da obra que tenha o maior número de pessoas (operários, equipes técnica e administrativa) e de materiais.

As construções nos canteiros de obras, por serem provisórias, devem ser feitas com sistemas construtivos que possam permitir a desmontagem, ou desmobilização, das edificações provisórias do canteiro com a menor ocorrência de desperdícios ou perdas de materiais e mão de obra. Essas construções podem ser com a utilização de divisórias em madeira, containers metálicos ou de alvenaria existentes.

O canteiro de obras é composto por áreas operacionais - setor administrativo, setor de apoio operacional, setor de armazenagem, setor de oficinas - e as áreas de vivência (Figura 8.16).

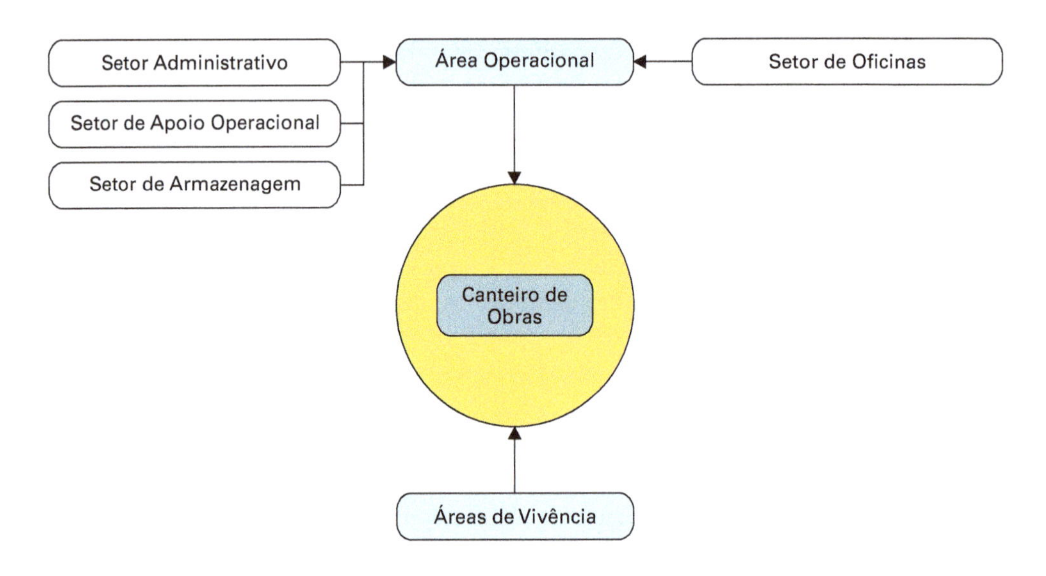

Figura 8.16 • **Elementos constituintes do canteiro de obras.**

8.10.1 ÁREA OPERACIONAL DO CANTEIRO DE OBRAS

A) Setor Administrativo

- **Escritório técnico da obra:** é o local em que estão presentes os profissionais técnicos da obra, como: engenheiros, tecnólogos, técnicos e mestre de obras. Aqui são realizadas as reuniões técnicas, guardados os projetos e memoriais da obra e anotada a evolução da obra, através de gráficos de controle.
- **Escritório administrativo da obra:** neste local, estão presentes os profissionais administrativos que fazem o controle de ponto dos operários, controle e guarda de notas fiscais e autorização para pagamentos diversos. Estão também guardados neste local as ARTs, bem como o contrato da obra. Em obras de pequeno porte, o escritório técnico e o administrativo estão no mesmo local.

- **Posto de controle de entrada da obra:** aqui estão os vigias da obra, que fazem o controle de pessoas que entram na obra, bem como o acesso de materiais, ferramentas, equipamentos e veículos. Aqui são entregues os capacetes de segurança, que são de uso obrigatório para todas as pessoas que entram no canteiro de obras. Deve estar localizado junto ao acesso da obra.

B) Setor de Apoio Operacional

B.1) Áreas de circulação, embarque e desembarque, carga e descarga

- **Vias de acesso:** são os espaços que interligam os diversos setores da obra. Nelas circularão pessoas, veículos, equipamentos, ferramentas, máquinas e os materiais relacionados às atividades da obra. A circulação pode ser por via terrestre – a pé, ou motorizada em automóveis, utilitários, caminhões, ônibus, motocicletas e bicicletas – ou aérea – esteiras de transportadoras, elevadores, guinchos e gruas.
- **Áreas de embarque e desembarque de pessoas:** são os espaços reservados para que as pessoas que trabalham na obra possam acessar os veículos de transporte internos ou externos – elevadores, automóveis, utilitários, caminhões, ônibus, motocicletas e bicicletas.
- **Áreas de carga e descarga de materiais:** são áreas que são utilizadas algumas vezes, com tempo de utilização muito curto, para descarregar ou carregar materiais que chegam ou saem da obra.

B.2) Áreas de confinamento

- **Fechamento:** são os perímetros da obra que são demarcados em projeto de arquitetura e de implantação do canteiro de obras, para separar os diversos espaços do canteiro de obras. A separação pode ser interna, entre os setores do canteiro de obras, ou externa, entre o canteiro de obras e o ambiente externo à obra.
- **Estacionamento e garagem:** são os locais destinados para o estacionamento de veículos de passeio, utilitários, caminhões, ônibus, motocicletas e bicicletas, que servem à obra (locomoção de pessoas e transporte de materiais).

C) Setor de Armazenagem

- **Almoxarifado:** neste local está presente o almoxarife, que é o profissional que cuida do recebimento e armazenamento dos materiais, máquinas e ferramentas da obra. Nesse ambiente de trabalho também se encontra o kardexista, que é o profissional administrativo que realiza o controle da entrada e saída de materiais, equipamentos, ferramentas e máquinas, que ficam sob a guarda do almoxarife. Aqui são guardados todos os materiais de pequenas dimensões e aqueles de alto custo. Também são guardados os equipamentos, as ferramentas e máquinas de pequenas dimensões.
- **Área para disposição de entulho:** neste ambiente, estão dispostas caçambas metálicas, com objetivo de coletar o material inerte produzido na obra, para ser transportado ao local de disposição definitiva. É de responsabilidade da administração da obra a caracterização, seleção/triagem, acondicionamento, transporte e destinação do entulho gerado na obra (GRCC – Gerenciamento de Resíduos da Construção Civil).

- **Depósito coberto para sacos de cal:** neste ambiente estão guardados os sacos de cal que serão utilizados na obra.
- **Depósito coberto para sacos de cimento:** nesta área estão guardados os sacos de cimento que serão utilizados na obra.
- **Depósito aberto para areia:** neste local estão as armazenadas as areias separadas por granulometria.
- **Depósito aberto para blocos e tijolos:** nesta área estão os blocos e tijolos que serão utilizados na obra.
- **Depósito aberto para ferro:** neste depósito estão as barras de ferro separadas por tipo de aço e bitola.
- **Depósito aberto para madeira:** aqui estão as tábuas e chapas de madeira separadas por tipo de madeira.
- **Depósito aberto para pedras britadas:** nesta área estão as pedras separadas por seus diâmetros.
- **Depósito aberto para telhas:** aqui estão armazenadas as telhas que serão utilizadas na obra.

D) Setor de Oficinas

D.1) Áreas de centrais de produção

- **Oficina para corte e dobra de ferros e montagem de armaduras:** aqui se encontram os armadores que cortarão e dobrarão os ferros, bem como realizarão a montagem das armaduras para as peças de concreto armado.
- **Oficina de corte de madeira e montagem de formas:** nesta oficina se encontram os carpinteiros que manusearão as tábuas e placas de madeira para fabricar as formas de concreto e outros elementos necessários à obra.
- **Oficina de mistura de concreto e argamassas:** nesta oficina se encontram os pedreiros quer misturarão os componentes de concreto e argamassas para serem utilizados na obra.

D.2) Área de manutenção

- **Oficina de manutenção:** aqui estão presentes operários que fazem a manutenção de equipamentos, ferramentas e máquinas utilizadas na obra. Essa oficina pode não existir em obras de pequeno porte - nesse caso, a manutenção é realizada externamente, através da contratação de terceiros.

8.10.2 ÁREAS DE VIVÊNCIA DO CANTEIRO DE OBRAS

Nesses ambientes, são realizadas as atividades relativas à manutenção da saúde dos trabalhadores da obra. As áreas de vivência são obrigatórias conforme a norma técnica da ABNT, NBR 12284:1991 - Áreas de vivência em canteiros de obras, e pelas normas regulamentadoras do MTE, NR-18 - Condições e Meio

Ambiente de Trabalho na Indústria da Construção e NR-24 - Condições Sanitárias e de Conforto no Ambiente de Trabalho.

As áreas de vivência no canteiro de obras são:

a) instalações sanitárias;
b) vestiário;
c) alojamento;
d) local de refeições;
e) cozinha, quando houver preparo de refeições;
f) lavanderia;
g) área de lazer;
h) ambulatório, quando se tratar de frentes de trabalho com 50 (cinquenta) ou mais trabalhadores.

A existência de alojamento, lavanderia e área de lazer é obrigatória nos casos de empreendimentos onde houver trabalhadores alojados na obra.

As áreas de vivência devem ser mantidas sempre em perfeito estado de conservação, higiene e limpeza.

SÍNTESE

Planejamento de obras e serviços na indústria da construção civil é algo fundamental tendo em vista os investimentos dedicados ao setor. Para tal, uma enormidade de gráficos e formas de controle são desenvolvidos, tendo-se apresentado neste capítulo os principais, bem como outros elementos a se pensar na elaboração do projeto e do canteiro da obra.

CAPÍTULO

9 GESTÃO DO RISCO E GESTÃO SUSTENTÁVEL DE CANTEIRO DE OBRAS

INTRODUÇÃO

Este capítulo trata dos conceitos relacionados ao meio ambiente e aos impactos ambientais de obras e serviços na indústria da construção civil. Apresenta os principais aspectos dos resíduos nesse setor, bem como a construção enxuta e a identificação, análise, avaliação e tratamento dos riscos. Por fim, aborda os procedimentos de segurança e saúde do trabalho e o licenciamento ambiental.

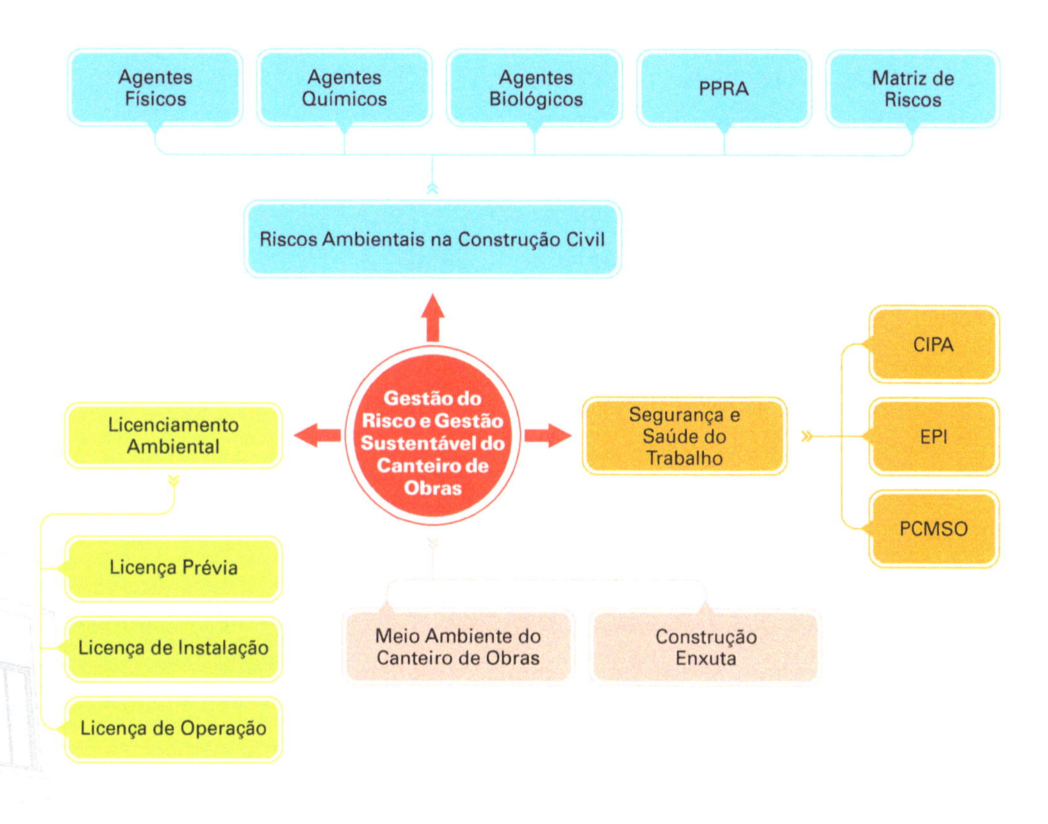

9.1 MEIO AMBIENTE DO CANTEIRO DE OBRAS

O ambiente do canteiro de obras deve ser analisado e controlado desde a etapa de planejamento dos empreendimentos. São gerados muitos resíduos no canteiro de obra e seu correto gerenciamento produz inúmeros benefícios, como:

a) atendimento à legislação ou certificação;

b) melhoria das condições de limpeza do canteiro de obra;

c) redução do consumo de recursos naturais;

d) redução dos resíduos - redução do desperdício;

e) melhoria da imagem da empresa;

f) redução dos custos de coleta;

g) reaproveitamento dos resíduos na obra;

h) limpeza e organização do canteiro;

i) redução de riscos de acidentes.

Para a obtenção dos benefícios do gerenciamento dos resíduos gerados no canteiro de obras, deve-se realizar:

- O treinamento da mão de obra que atuará na obra.
- A correta aquisição de dispositivos de coleta de resíduos.
- O atendimento eficiente e eficaz as empresas coletoras e transportadoras.
- O controle dos registros das destinações dos resíduos.
- A redução da defasagem na execução da limpeza com relação ao serviço executado.
- O comprometimento da direção da empresa e da gerência da obra.

A Resolução Conama nº 307, de 5 de julho de 2002, dispõe sobre a regulamentação no que diz respeito a: acondicionamento, coleta, tratamento, disposição final do Resíduo de Construção Civil (RCC) e às responsabilidades relacionadas.

A gestão dos resíduos compreende duas etapas:

- **Gestão interna:** ocorre no canteiro de obras.
- **Gestão externa:** composta pela remoção e disposição dos resíduos.

A gestão no canteiro de obras compreende ações voltadas à diminuição, ao reaproveita mento e à segregação e ao acondicionamento dos resíduos gerados (Figura 9.1).

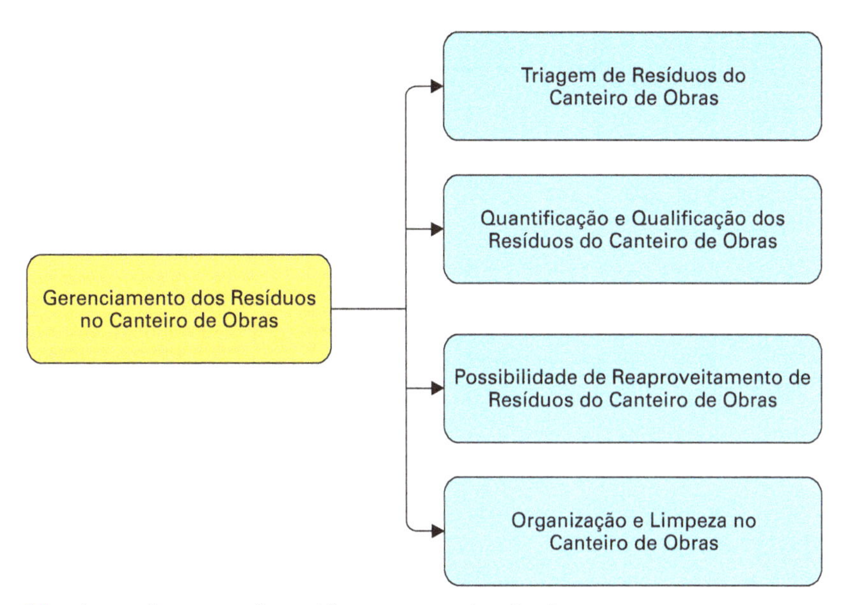

Figura 9.1 • **Ações da gestão de resíduos no canteiro de obras.**

Caso haja a possibilidade de reaproveitamento dos resíduos gerados no canteiro de obra, há a necessidade de revisão de processos produtivos e de redefinição da postura quanto às matérias-primas utilizadas e quanto aos produtos oferecidos no mercado, que devem ser duráveis e recicláveis.

O aproveitamento dos RCC subentende a sua desconstrução, isto é, a retirada cuidadosa dos materiais constituintes de forma a obter componentes para reuso e reciclagem.

A Tabela 9.1 apresenta a classificação dos resíduos de construção civil e sua destinação.

Tabela 9.1 • **Classificação dos Resíduos de Construção Civil (RCC), de acordo com estabelecido na Resolução Conama nº 307/2002**

Classe	Tipo de resíduo	Exemplos	Destinação
A	Reutilizáveis ou recicláveis como agregados.	Solos, componentes cerâmicos (tijolos, blocos, telhas,placasderevestimento etc.), argamassa e concreto, peças pré-moldadas em concreto (blocos, tubos, meios-fios).	Reutilização, reciclagem na forma de agregados ou encaminhamento para áreas de aterros classe A de reserva de material para usos futuros.
B	Reutilizáveis ou recicláveis - outros fins.	Plásticos, papel, papelão, metais, vidros, madeiras, gesso.	Reutilização, reciclagem ou encaminhamento para áreas de armazenamento temporário para utilização ou reciclagem futura.

Classe	Tipo de resíduo	Exemplos	Destinação
C	Tecnologicamente e economicamente inviáveis para reciclagem ou recuperação	-----------	Armazenados, transportados e destinados de acordo com normas técnicas específicas.
D	Perigosos	Tintas, solventes, óleos, materiais que contenham amianto.	Armazenados, transportados e destinados de acordo com normas técnicas específicas.

9.2 CONSTRUÇÃO ENXUTA

O conceito da mentalidade enxuta (*lean thinking*) foi introduzido no início da década de 1990, baseado no Sistema Toyota de Produção, sendo considerado uma revolução na produtividade na manufatura, existindo aplicações em vários setores industriais.

O primeiro trabalho aplicado na área da construção civil foi realizado por Koskela (1992). O termo *enxuta* foi adotado visando caracterizar um novo paradigma de produção, para contrapor ao paradigma da produção em massa. O conceito fundamental da mentalidade enxuta é a eliminação de desperdícios. A intenção é a de reduzir a linha do tempo, do momento que o cliente faz o pedido até o ponto de receber o dinheiro, removendo os desperdícios que não agregam valor ao longo dessa linha.

A partir da década de 1970, a partir das transformações dos sistemas de produção que se verificavam no Japão e as quais a própria globalização da economia provocou, ocorreu o aumento na competição mundial e a função produção começou a ser vista como uma área estratégica em que mudanças fundamentais deveriam ser realizadas para a competitividade da empresa.

No caso da indústria da construção, ela é diferente da manufatura, onde o ritmo de produção é fundamentalmente regido de informações e fluxos de recursos. Isso se deve à sua grande variedade de área de trabalho e o intenso uso de mão de obra e equipamentos não estacionários.

A organização, o planejamento, a alocação e o controle dos recursos são o que realmente determinam a produtividade que pode ser alcançada.

O modelo conceitual usado para analisar a construção é de conversão de entradas em saídas do sistema e ignora importantes aspectos dos fluxos de informação e recursos. Existem críticas quanto ao gerenciamento convencional da construção civil como um método de conversão, que viola os princípios de fluxo e melhoria. A consequência desse modelo é o considerável desperdício, que é invisível em termos totais.

A proposta de mudança no modelo de gestão da construção civil foi a apresentação de modelos de gestão que caracterizam o setor como atividade de conversão orientada. Esse modelo enfatiza a diferença entre a construção civil e a manufatura com instalações fixas.

Um sistema de produção com foco nas informações de fluxos de recursos pode aumentar a produtividade e ser aplicado na construção mesmo com suas peculiaridades.

Os princípios da construção enxuta podem ser realizados nas empresas construtoras através de técnicas e ferramentas, sendo o planejamento e controle da produção (PCP) uma delas.

Desde o início do século XXI, observa-se em empresas de construção grandes avanços no PCP, como por exemplo o método *last planner* de controle de produção. Por meio desse método, é possível criar uma janela de confiabilidade para o sistema de produção que facilita a aprendizagem e contribui para estabilizar o sistema. Os principais elementos constituintes do *last planner* são o plano operacional, elaborado de acordo com a sistemática da *shielding production* (produção protegida) e o *lookahead planning* (olhar a produção à frente).

A intenção dessa proposta de execução de obras é que existe um processo de descobrimento sobre os pontos falhos do seu processo produtivo e uma descoberta de um caminho a ser traçado para superar essas dificuldades reduzindo preço e prazo e mantendo a qualidade da obra.

Os 11 princípios que servem de parâmetro para manutenção da *lean construction* no canteiro de obras são:

1. **Reduzir a parcela de atividades que não agregam valor**

O valor agregado é definido pelas conversões de materiais, ferramentas e informações em produtos solicitados pelos clientes. O cliente é a pessoa que determina o que é valor, pois ele é quem receberá o produto que está sendo produzido. Portanto, reduzir tudo aquilo que não agrega valor para o cliente significa eliminar o que o cliente não quer pagar, transformando isso em satisfação para ele e, muitas vezes, em redução de custo de produção.

Essas perdas estão presentes na inspeção, movimentação e espera de materiais e pessoas. Muitas perdas ocorrem pela falta de informações sobre a medição de desempenho das atividades realizadas, pois não é possível melhorar o desempenho se o gestor não sabe qual sua produtividade real. Esse princípio indica para a redução de tudo aquilo que não agrega valor ao processo produtivo. Contudo, existem alguns itens que são inerentes ao processo, portanto não podem ser eliminados, mas podem ser reduzidos.

Para evidenciar esse princípio, que é o mais geral na construção enxuta, deve-se procurar primeiramente arranjar fisicamente o canteiro de obras. Para isso, deve-se definir um *layout* para o canteiro, no qual sejam identificadas áreas como entrada, saída, carga e descarga de matérias e vias de circulação, definindo-se local específico para armazenamento de insumos. A correta localização dessas áreas permite a redução de parcela de atividades que não agregam valor.

2. **Aumentar o valor do produto (bem e/ou serviço) a partir das considerações dos clientes externos e internos**

Todas as atividades que agregam valor ao produto têm pelo menos dois tipos de clientes. O cliente interno, ligado diretamente ao processo de produção, que será o responsável pela próxima atividade da cadeia produtiva, e o cliente final, que é, no geral, o cliente externo. O cliente, seja interno ou externo, deve ter suas considerações questionadas, analisadas e implantadas sempre que possível, pois somente dessa forma pode-se garantir sua satisfação pelo serviço realizado ou pelo produto ofertado.

Na construção civil, os clientes internos são os trabalhadores da empresa construtora e seus fornecedores, principalmente, no sequenciamento de tarefas e de equipes. Os clientes externos são os indivíduos que irão, por exemplo, adquirir os imóveis. Assim, para o atendimento desse princípio, são fundamentais os momentos da realização de inspeções dos serviços para garantir as especificações e tolerâncias para as próximas atividades e as reuniões de planejamento com a diretoria e gerência da obra para análise dos requisitos dos clientes e externos.

3. **Reduzir a variabilidade da qualidade dos produtos**

Os produtos padronizados são menos sujeitos a erros do que aqueles produtos executados sem um método produtivo repetitivo. A redução da variabilidade implica em ferramentas e pessoas dedicadas à prática repetitiva de uma atividade. Essa prática, além de proporcionar métodos de conferência de erros e tornar o profissional experiente em determinada atividade repetitiva em uma pessoa mais produtiva, pelo fato de o sequenciamento das atividades estar muito claro, faz com que dúvidas inerentes ao processo sem repetição sejam eliminadas. Assim, quando aplicado em larga escala, esse princípio alavanca a produtividade da obra.

Assim, para a aplicação desse princípio, deve-se realizar um processo de monitoramento da variabilidade da execução das tarefas, proporcionado pelo sistema de planejamento e controle da produção implantado. Com essa ação, é possível identificar as causas dos problemas de não execução das tarefas.

4. **Reduzir o tempo de ciclo**

O tempo é a unidade básica para medição de fluxos de processos. O fluxo de produção pode ser caracterizado por um ciclo de tempo, que pode ser representado como a soma de todos os tempos inerentes ao processo produtivo. Para o controle da produção, o tempo de ciclo é importante, pois qualquer acréscimo nele é um aviso que algo não está conforme. Sendo assim, considera-se que a redução desse tempo melhora a produtividade por eliminar o desperdício inerente a todo processo produtivo.

O planejamento e controle da produção com definição de tempos de ciclo menores tornam-se mais eficientes e possibilitam a identificação de melhorias.

Para evidenciar esse princípio, devem ser utilizadas informações do planejamento de longo prazo, possibilitando sincronizar as atividades e o planejamento médio prazo onde se observa a produção das equipes de trabalho.

5. **Simplificar pela minimização do número de passos e partes**

Para a construção enxuta, a simplificação pode ter duas origens: a primeira delas se refere à redução da quantidade de componentes presentes em um determinado produto e a segunda se refere à quantidade de passos ou partes presentes em um determinado fluxo de trabalho.

Quanto maior o número de passos ou partes, maior será a quantidade de atividades que não agregam valor a esse processo ou produto, pois mais tarefas auxiliares serão necessárias para fornecer o suporte à atividade ou produto principal.

Como exemplo da aplicação desse princípio na construção civil, a empresa construtora pode utilizar aço cortado e dobrado em fornecedores, realizando na obra apenas o processo de montagem das peças estruturais. Outro exemplo é a utilização de materiais pré-fabricados. A utilização de vergas pré-fabricadas reduz o número de etapas para a execução de alvenarias. Nesse caso, o pedreiro posiciona a verga no local e continua a execução da alvenaria.

6. **Aumentar a flexibilidade da saída**

Este conceito está relacionado ao aumento das possibilidades ofertadas ao cliente sem que seja necessário aumentar substancialmente seu preço. Esse conceito está vinculado ao processo de gerar valor ao produto, possibilitando mudanças rápidas no produto para satisfazer as exigências do consumidor. Esse princípio é normalmente tratado de maneira conjunta com outros princípios básicos como a transparência e redução do tempo de ciclo. Uma das maneiras de atingi-lo é reduzir o tamanho dos lotes, aumentar a quantidade de mão de obra polivalente e realizar a customização o mais tarde possível, sem que atrapalhe o foco no processo global.

A aplicação desse princípio em obras está, por exemplo, na utilização de um sistema construtivo utilizando laje plana, onde é possível a mudança de *layout* dos apartamentos sem a preocupação com a localização de vigas, tornando o produto flexível a mudanças. Essa possibilidade pode ser evidenciada, por exemplo, quando um cliente adquire duas unidades de apartamentos e solicita a união das duas unidades para transformá-las em uma.

7. **Aumentar a transparência do processo produtivo**

A implantação da transparência no processo de produção tende a exibir os pontos falhos existentes nos fluxos produtivos, além de aumentar e melhorar o acesso à informação de todos os usuários. Dessa forma, o trabalho é facilitado, além de possibilitar a redução do desperdício de materiais e de atividades que não agregam valor.

A primeira iniciativa no sentido de transparência nos canteiros de obras foi a implantação do programa 5S, dividindo o canteiro em áreas e aplicando os cinco sensos (utilização, ordenação, limpeza, disciplina e asseio). Outro exemplo da aplicação desse princípio é a organização e utilização dos materiais e equipamentos baseados no *layout*, projetadas e divulgadas para cada área do canteiro. Outros exemplos são a utilização de um tubo-fone para a comunicação dos trabalhadores dos pavimentos superiores com o operador de guincho (guincheiro) e a organização dos estoques de materiais.

8. **Focar o controle no processo global**

O foco no controle do processo global significa entregar a obra no prazo, no preço e na qualidade contratada pelo cliente. Qualquer situação que esteja fora desse conceito estará incoerente com o objetivo principal que é fornecer e agregar valor ao cliente.

Esse princípio pode ser atendido com a utilização de parcerias com os fornecedores e a sua constante avaliação (critérios e indicadores da qualidade dos produtos entregues pelos fornecedores). A identificação da cadeia de valor do produto da construção é um princípio da mentalidade enxuta, pois proporciona uma visão mais ampla do percurso do produto até chegar ao consumidor e possibilita a identificação de possíveis desperdícios que ocorrem considerando a cadeia como um todo, como repetidas atividades de transporte, inspeções, estoques e retrabalhos.

9. **Introduzir melhorias contínuas no processo**

A melhoria contínua é um princípio para que todo potencial de melhoria possa ser testado e, se for bem-sucedido, deve ser incorporado ao processo. Dessa maneira, é possível observar a evolução das práticas e técnicas construtivas.

A introdução dos procedimentos de ação corretiva e preventiva possibilita a identificação de problemas no processo e suas prováveis causas.

Na construção civil, esse princípio foi aplicado por ocasião da implementação do PBQP-H. É importante a existência de modelo de relatório de não conformidade, onde são identificadas as origens da não-conformidade, suas descrições e quais suas ações corretivas.

10. **Equilibrar melhorias nos fluxos e nas conversões**

Para que toda boa prática possa ser potencializada, deve-se sempre realizar uma melhoria no fluxo produtivo paralelamente a uma melhoria na conversão.

Conversão é o processo de transformação de informação, materiais e mão de obra em uma estrutura que agrega valor ao cliente. Assim, as perdas serão enxugadas e as melhorias potencializadas.

Para a aplicação desse princípio, deve-se realizar o mapeamento dos processos e identificação de seus requisitos para cada estágio. Por exemplo, com o mapeamento do processo de montagem de armaduras é possível aplicar melhorias em seu fluxo.

11. ***Benchmarking***

Todos os procedimentos que deram certo devem ser divulgados. Se ocorreu uma melhora qualquer, se foi implantado um sistema novo que deu certo, isso deverá ser divulgado. A intenção é aumentar a difusão da filosofia dentro e fora da obra. Quanto mais pessoas utilizarem os princípios da construção enxuta, maior será a difusão do bom conceito para terceiros envolvidos com as obras

Um exemplo do *benchmarking* é o método de embalagem realizado através de pallets. No início do século 21, mostrou-se comum encontrar pallets nos canteiros de obras, devido às inovações da indústria logística adaptada à construção civil. Encontram-se muitos produtos para construção civil que estão embalados em pallets, o que facilita muito o fluxo dentro da obra e isso já está inserido na cultura do fabricante (fornecedor) como também da obra.

Para atender a esse princípio, é importante a empresa conhecer seus processos para que esses possam ser melhorados através do aprendizado com as práticas de outras empresas. Por isso, é importante para o sistema a descrição dos processos da empresa em Diagrama de Fluxos de Dados (DFD).

9.3 RISCOS AMBIENTAIS NA CONSTRUÇÃO CIVIL

Os riscos ambientais em canteiros de obras de construção civil devem ser identificados, analisados, avaliados e tratados conforme determinação da norma regulamentadora NR-9 – Programa de Prevenção de Riscos Ambientais.

Essa norma regulamentadora determina a obrigatoriedade da elaboração e implementação, por parte de todos os empregadores e instituições que admitam trabalhadores como empregados, do Programa de Prevenção de Riscos Ambientais (PPRA). Essa determinação tem como objetivo a preservação da saúde e da integridade dos trabalhadores, através da antecipação, do reconhecimento, da avaliação e consequente controle da ocorrência de riscos ambientais existentes ou que venham a existir no ambiente de trabalho, tendo em consideração a proteção do meio ambiente e dos recursos naturais.

As ações previstas no PPRA devem ser realizadas em cada estabelecimento da empresa, sob a responsabilidade do empregador, com a participação dos trabalhadores, sendo sua abrangência e profundidade dependentes das características dos riscos e das necessidades de controle. Por isso, o PPRA pode variar para cada canteiro de obras, de acordo com as suas especificidades.

A NR-9 determina que o PPRA é parte integrante do conjunto mais amplo das iniciativas da empresa no campo da preservação da saúde e da integridade dos trabalhadores, devendo estar articulado com o disposto nas demais normas regulamentadoras, em especial com o Programa de Controle Médico de Saúde Ocupacional (PCMSO) previsto na norma regulamentadora NR-7.

A NR-9 estabelece os parâmetros mínimos e as diretrizes gerais a serem observados na execução do PPRA, podendo os mesmos ser ampliados mediante negociação coletiva de trabalho.

A norma regulamentadora NR-9 considera riscos ambientais os agentes físicos, químicos e biológicos existentes nos ambientes de trabalho que, em função de sua natureza, concentração ou intensidade e tempo de exposição são capazes de causar danos à saúde do trabalhador.

Agentes físicos: são as diversas formas de energia a que possam estar expostos os trabalhadores nos canteiros de obra, como:

- ruído (serras elétricas, furadeiras, batidas de martelos etc.);
- vibrações (rompedores, vibradores etc.);
- pressões anormais (vasos de pressão etc.);
- temperaturas extremas (câmaras frigoríficas, trabalho a céu aberto etc.);
- radiações ionizantes (exposição a materiais radioativos etc.);
- radiações não ionizantes (exposição a ondas eletromagnéticas etc.);
- infrassom (máquinas, equipamentos etc.);
- ultrassom (máquinas, equipamentos etc.).

Agentes químicos: são as substâncias, os compostos ou produtos que possam penetrar no organismo pela via respiratória, nas formas de poeiras, fumos, névoas, neblinas, gases ou vapores, ou que, pela natureza da atividade de exposição, possam ter contato ou ser absorvidos pelo organismo através da pele ou por ingestão (poeiras de demolição etc.).

Agentes biológicos: podem estar presentes na água, ar, solo e alimentos contaminados. Dentre outros, temos:

- bacilos;
- bactérias;
- fungos;
- parasitas;
- protozoários;
- vírus.

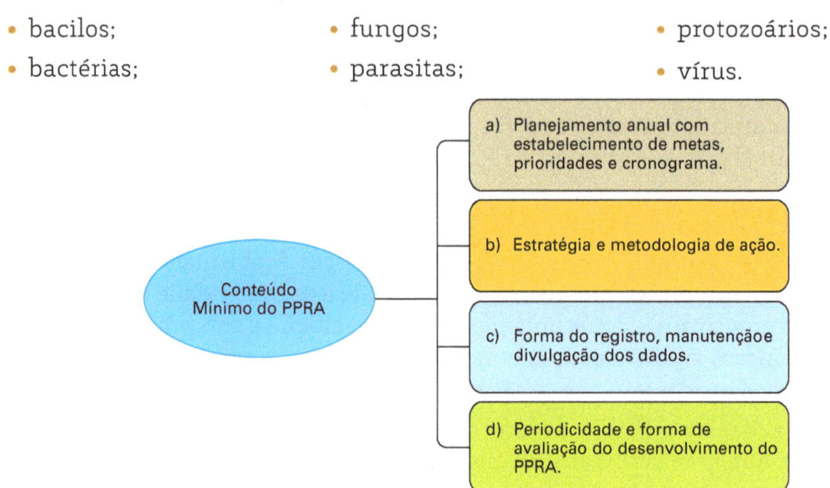

Figura 9.2 • **Conteúdo mínimo do PPRA.**

A NR-9 determina que o PPRA deverá conter, no mínimo, a estrutura da Figura 9.2.

A NR-9 estabelece que deverá ser realizada, sempre que necessária e pelo menos uma vez ao ano, uma análise global do PPRA para avaliação do seu desenvolvimento e da realização dos ajustes necessários, bem como ser feito o estabelecimento de novas metas e prioridades. O PPRA deverá estar descrito num documento-base contendo todos seus aspectos estruturais.

O documento-base e suas possíveis alterações e complementações deverão ser apresentados e discutidos com a Comissão Interna de Prevenção de Acidentes (CIPA), quando existente na empresa, de acordo com a NR-5 - Comissão Interna de Prevenção de Acidentes (MTE), sendo sua cópia anexada ao livro de atas dessa comissão e estar disponível no canteiro de obras.

O cronograma do PPRA deve indicar os prazos para o desenvolvimento das etapas e cumprimento das metas previstas.

LEMBRE-SE!

A NR-9 determina que o PPRA deverá incluir as seguintes etapas:

a) antecipação e reconhecimentos dos riscos;

b) estabelecimento de prioridades e metas de avaliação e controle;

c) avaliação dos riscos e da exposição dos trabalhadores;

d) implantação de medidas de controle e avaliação de sua eficácia;

e) monitoramento da exposição aos riscos;

f) registro e divulgação dos dados.

O Serviço Especializado em Engenharia de Segurança e em Medicina do Trabalho (SESMT) deve elaborar, implementar, acompanhar e avaliar o PPRA. Caso não exista o SESMT, essas atividades poderão ser realizadas por pessoa ou equipe que, a critério do empregador, sejam capazes de desenvolver o disposto na NR-9.

Na análise dos riscos ambientais, deve-se observar os projetos e as memórias executivos da obra, os métodos construtivos ou processos de trabalho adotados. A intenção é a identificação dos riscos potenciais e introduzir medidas de proteção para sua redução ou eliminação.

A NR-9 determina que o reconhecimento dos riscos ambientais deverá conter os itens da Figura 9.3, quando aplicáveis.

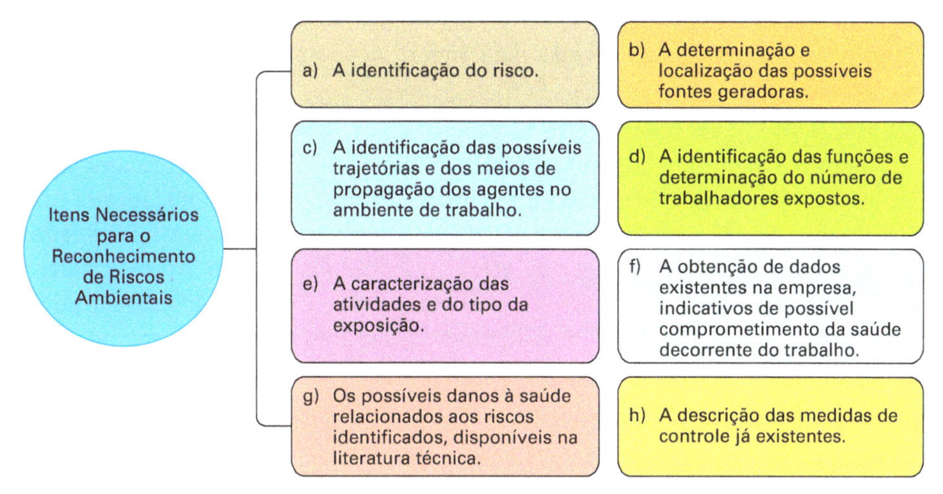

Figura 9.3 • **Itens necessários para o reconhecimento de riscos ambientais.**

Conforme determinação da NR-9, a avaliação quantitativa dos riscos ambientais deverá ser realizada sempre que necessário para:

a) comprovar o controle da exposição ou a inexistência de riscos identificados na etapa de reconhecimento do PPRA;

b) dimensionar a exposição dos trabalhadores aos riscos ambientais;

c) auxiliar no dimensionamento das medidas de controle dos riscos ambientais.

A NR-9 determina que devem ser adotadas as medidas de controle para a eliminação, minimização ou o controle dos riscos ambientais sempre que forem verificadas uma das situações:

a) Identificação de risco potencial à saúde na fase de antecipação.

b) Constatação de risco evidente à saúde na fase de reconhecimento.

c) Os resultados das avaliações quantitativas da exposição dos trabalhadores excederem os valores limites previstos na NR-15 ou, na ausência desses, os valores limites de exposição ocupacional adotados pela American Conference of Governmental Industrial Higyenists (ACGIH), ou aqueles que venham a ser estabelecidos em negociação coletiva de trabalho, desde que mais rigorosos do que os critérios técnico-legais estabelecidos.

d) No controle médico da saúde, ficar caracterizada a relação entre os danos observados na saúde dos trabalhadores e a situação de trabalho a que eles estão expostos.

A NR-9 determina que o estudo, desenvolvimento e a implantação de medidas de proteção coletiva deverão obedecer à seguinte prioridade:

1. Medidas que eliminem ou reduzam a utilização ou a formação de agentes prejudiciais à saúde.
2. Medidas que previnam a liberação ou disseminação desses agentes no ambiente de trabalho.
3. Medidas que reduzam os níveis ou a concentração desses agentes no ambiente de trabalho.

Na implantação de medidas de caráter coletivo, deverá existir o treinamento dos trabalhadores quanto aos procedimentos que assegurem a sua eficiência, bem como quanto à informação sobre as eventuais limitações de proteção que ofereçam. Quando comprovado pelo empregador ou instituição a inviabilidade técnica da adoção de medidas de proteção coletiva ou quando essas não forem suficientes ou encontrarem-se em fase de estudo, planejamento ou implantação, ou ainda em caráter complementar ou emergencial, deverão ser adotadas outras medidas, obedecendo-se à seguinte prioridade:

1. Medidas de caráter administrativo ou de organização do trabalho.
2. Utilização de equipamento de proteção individual (EPI).

A NR-9 determina que a utilização de EPI no âmbito do PPRA deverá considerar as normas legais e administrativas em vigor e envolver no mínimo:

a) Seleção do EPI adequado tecnicamente ao risco ambiental a que o trabalhador está exposto e à atividade exercida. Para isso, deve ser considerada a eficiência necessária para o controle da exposição ao risco e o conforto oferecido segundo avaliação do trabalhador usuário.

b) Programa de treinamento dos trabalhadores quanto à sua correta utilização e orientação sobre as limitações de proteção do EPI.

c) Estabelecimento de normas ou procedimento para promover o fornecimento, uso, a guarda, higienização, conservação, manutenção e reposição do EPI, visando garantir as condições de proteção originalmente estabelecidas para o EPI.

d) Caracterização das funções ou atividades dos trabalhadores, com a respectiva identificação dos EPIs utilizados para os riscos ambientais.

O PPRA deve apresentar critérios e mecanismos de avaliação da eficácia das medidas de proteção implantadas considerando os dados obtidos nas avaliações realizadas e no controle médico da saúde previsto na norma regulamentadora NR-7 - Programa de Controle Médico de Saúde Ocupacional.

Para atender às determinações da NR-9, considera-se nível de ação o valor acima do qual devem ser iniciadas ações preventivas de forma a minimizar a probabilidade de que as exposições a agentes ambientais ultrapassem os limites de exposição. As ações devem incluir o monitoramento periódico da exposição, a informação aos trabalhadores e o controle médico.

O monitoramento da exposição dos trabalhadores e das medidas de controle deve ser feito através de avaliações sistemáticas e repetitivas da exposição a um determinado risco, com o objetivo de introduzir ou modificar as medidas de controle sempre que for necessário.

O empregador deve manter registro de dados a ser estruturado de forma a constituir um histórico técnico e administrativo do desenvolvimento do PPRA. Esses dados deverão ser mantidos por um período mínimo de 20 anos. O registro de dados deverá estar sempre disponível aos trabalhadores, seus representantes e autoridades competentes.

A NR-9 determina que é de responsabilidade do empregador estabelecer, realizar e assegurar o cumprimento do PPRA como atividade permanente da empresa ou instituição. A NR-9 determina que é de responsabilidade dos trabalhadores:

I. Colaborar e participar na implantação e execução do PPRA.

II. Seguir as orientações recebidas nos treinamentos oferecidos dentro do PPRA.

III. Informar ao seu superior hierárquico direto ocorrências que, a seu julgamento, possam implicar riscos à saúde dos trabalhadores.

Os trabalhadores interessados terão o direito de apresentarem propostas e receberem informações e orientações a fim de se assegure a proteção aos riscos ambientais identificados na execução do PPRA. Os empregadores deverão informar os trabalhadores de maneira apropriada e suficiente sobre os riscos ambientais que possam originar-se nos locais de trabalho e sobre os meios disponíveis para prevenir ou limitar tais riscos e para proteger-se dos mesmos.

Sempre que vários empregadores realizarem simultaneamente atividades no mesmo local de trabalho, terão o dever de executar ações integradas para aplicar as medidas previstas no PPRA, visando à proteção de todos os trabalhadores expostos aos riscos ambientais gerados.

O conhecimento e a percepção que os trabalhadores têm do processo de trabalho e dos riscos ambientais presentes, incluindo os dados consignados no Mapa de Riscos, previsto na NR-5 – Comissão Interna de Prevenção de Acidentes – CIPA, deverão ser considerados para fins de planejamento e execução do PPRA em todas as suas fases.

A NR-9 determina que o empregador deverá garantir que, na ocorrência de riscos ambientais nos locais de trabalho que coloquem em situação de grave e iminente risco a um ou mais trabalhadores, os mesmos possam interromper de imediato as suas atividades, comunicando o fato ao superior hierárquico direto para as devidas providências.

9.3.1 MATRIZ DE RISCOS

A *matriz de riscos* é uma forma estruturada de se avaliar o risco ambiental. Essa matriz representa a combinação da probabilidade de ocorrer um risco com a sua consequência. O resultado dessa representação é geralmente feito pela *classificação do risco*, segundo uma escala que pode ser qualitativa ou semiquantitativa.

As ***matrizes de risco qualitativas*** são feitas atribuindo classes de risco (intolerável, substancial, moderado, aceitável, trivial) a combinações entre a probabilidade de ocorrência de um risco associado com a sua consequência potencial (Figura 9.4).

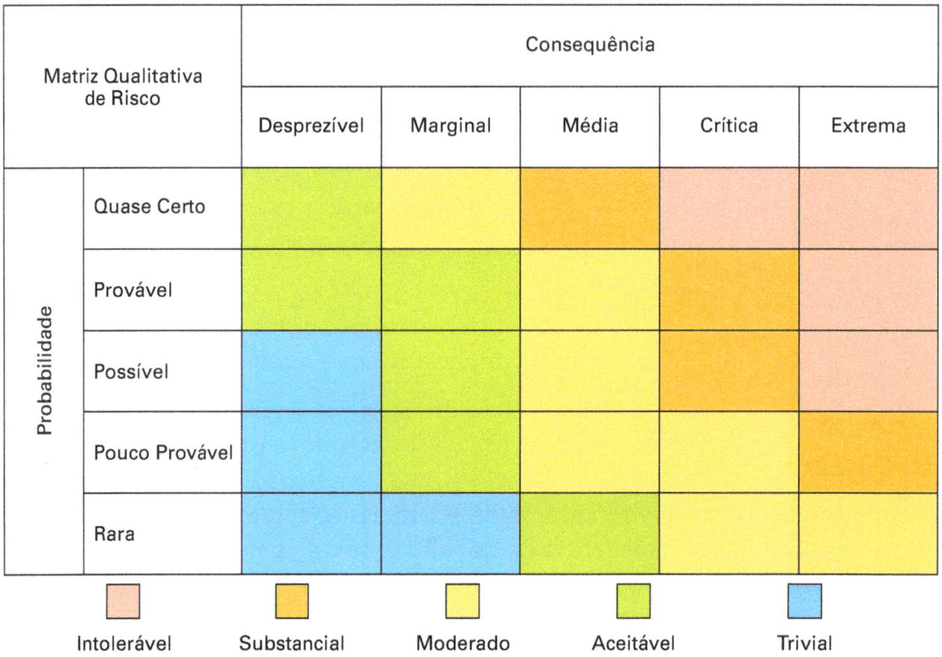

Matriz Qualitativa de Risco		Consequência				
		Desprezível	Marginal	Média	Crítica	Extrema
Probabilidade	Quase Certo					
	Provável					
	Possível					
	Pouco Provável					
	Rara					

Intolerável · Substancial · Moderado · Aceitável · Trivial

Figura 9.4 • **Matriz de risco qualitativa.**

As ***matrizes de risco semiquantitativas*** são feitas atribuindo pesos às classes de probabilidade e de consequência e definindo as classes de risco (intolerável, substancial, moderado, aceitável, trivial) a partir da combinação da classe de probabilidade com a de consequência, atribuindo valores a essas combinações (Figura 9.5a). Existem matrizes de risco semiquantitativas cujos valores dessas combinações são atribuídos previamente e outras matrizes cujos valores são obtidos através da multiplicação do *peso* atribuído à classe de probabilidade pelo *peso* atribuído à classe de consequência. Esses pesos são quaisquer valores que são adotados em função do risco ambiental. Nessa segunda situação, a classe de risco ambiental acaba sendo calculada a partir de uma expressão matemática e tem uma equação que o representa (Figura 9.5b).

Matriz Semiquantitativa de Risco		Consequência				
		Desprezível	Marginal	Média	Crítica	Extrema
Probabilidade	Quase Certo	12	17	21	22	25
	Provável	7	11	16	20	24
	Possível	4	8	9	19	23
	Pouco Provável	3	5	13	15	18
	Rara	1	2	7	10	14

Intolerável Substancial Moderado Aceitável Trivial

Figura 9.5a • **Matriz de risco semiquantitativa com valores atribuídos às combinações.**

Matriz Semiquantitativa de Risco		Consequência				
		Desprezível (1)	Marginal (2)	Média (3)	Crítica (4)	Extrema (5)
Probabilidade	Quase Certo (5)	5	10	15	20	25
	Provável (4)	4	8	12	16	20
	Possível (3)	3	6	9	12	15
	Pouco Provável (2)	2	4	6	8	10
	Rara (1)	1	2	3	4	5

Intolerável (≥18) Substancial (15-17) Moderado (9-14) Aceitável (4-8) Trivial (1-3)

Figura 9.5b • **Matriz de risco semiquantitativa com valores resultantes de expressão matemática para as combinações.**

Existem algumas discrepâncias que podem ocorrer no uso das matrizes de risco. Elas alteram o resultado da avaliação do risco e prejudicam as tomadas de decisão que são baseadas nessas matrizes.

Discrepância 1

O uso da probabilidade atribuída: algumas matrizes são construídas utilizando uma escala de avaliação de probabilidade adotando como critério de avaliação as ocorrências passadas de eventos como orientador para a definição da classe de probabilidade, considerando que *se o evento aconteceu no passado, ele vai se repetir no futuro.* Outras matrizes fazem essa avaliação a partir de um pressuposto subjetivo de possibilidade de ocorrência do evento.

Com exemplos dessa classificação, tem-se:

- **Evento quase certo de acontecer:** existe o registro de ocorrências de um determinado evento no ano e/ou é provável que venha ocorrer novamente no intervalo de um ano.
- **Evento raro de acontecer:** um determinado evento nunca ocorreu e é esperado que ele não ocorra nos próximos 10 anos.

O primeiro pressuposto (evento quase certo de acontecer) é uma interpretação dos acontecimentos passados e, provavelmente, esse tipo de pensamento *é* remanescente do pensamento que existia no início do desenvolvimento da ciência de análise de riscos. Isso ocorre porque nem sempre existem dados históricos confiáveis de ocorrências passadas que possibilitem afirmar que eles vão se repetir no futuro. Na avaliação de risco ambiental e ocupacional, a estatística de acidentes tem pouca validade na valoração da probabilidade de ocorrência futura.

No segundo pressuposto (evento raro de acontecer), a avaliação da probabilidade é subjetiva porque não há parâmetros para sustentar a previsão de ocorrência do evento no tempo futuro. Assim, as avaliações dificilmente podem ser reproduzidas quando feitas por pessoas diferentes. Assim, pessoas diferentes podem fazer análise e classificação de riscos diferentes para um mesmo cenário. Além disso, pode ser um fácil instrumento de manipulação da valoração do risco para mais ou para menos, de acordo com a conveniência de quem faz a análise.

O ideal é que a avaliação da probabilidade seja feita a partir de variáveis rastreáveis e reconhecidas, para que a probabilidade possa ser calculada e não atribuída. Como exemplo dessa prática, tem-se as empresas seguradoras. As seguradoras, por exemplo, quando fixam o prêmio do seguro de um veículo, adotam variáveis objetivas que as auxilia na estimativa da probabilidade de acontecer um sinistro ou de roubarem o veículo:

- A idade e o estado civil do motorista do veículo.
- A quantidade de pessoas que usam o mesmo veículo.
- Regiões em que o veículo circula.
- Distância média percorrida pelo veículo por mês.
- Uso preferencial do veículo.
- O hábito de deixar o veículo em estacionamento ou na rua.

Essas variáveis, dentre outras, são utilizadas para construir o perfil do carro segurado. Elas auxiliam no cálculo da probabilidade, e não a atribuição subjetiva dela.

Assim, sempre que possível, na avaliação da probabilidade do risco, deve-se utilizar variáveis rastreáveis e reconhecidas.

A matriz HRN (*Hazard Risk Number*) *é* amplamente utilizada para a avaliação de riscos em máquinas requerida pela norma regulamentadora NR-12 – Segurança do Trabalho em Máquinas e Equipamentos. Aproxima-se um pouco desse modelo de avaliação o modelo anteriormente mencionado, quando adota como variáveis o número de pessoas expostas na intervenção na máquina e a frequência de exposição dessas pessoas.

Discrepância 2

A avaliação da consequência: a maioria das matrizes de risco disponíveis e utilizadas adota critérios mais uniformes para estimar a consequências dos eventos. Elas não são explícitas em recomendar a avaliação da pior consequência mais provável ao invés da pior consequência possível. Em segurança e saúde ocupacional, as avaliações de consequências dos riscos ambientais são normalmente feitas pela lesão potencial e muitos confundem a consequência do evento com a sua severidade.

A consequência de um evento é avaliada pela lesão potencial (pior consequência mais provável), enquanto a severidade deve levar em conta o número de pessoas que podem ser afetadas pelo mesmo evento, denominada ***escala de abrangência da consequência.***

Algumas matrizes de risco adotam a classe de severidade descrita como "mortes múltiplas" e a classe imediatamente anterior descrita como "uma fatalidade". Na ciência de risco, há de se considerar não a avaliação da consequência, mas sim da severidade da mesma adotando pelo menos duas variáveis para essa avaliação: a consequência do evento e a abrangência dessa consequência. O mesmo raciocínio se aplica à avaliação do impacto ambiental que deveria considerar a abrangência do impacto. Já no caso de avaliação de perdas materiais, a escala é mais coerente para a maioria das matrizes disponíveis e utilizadas.

Discrepância 3

A construção da matriz de risco: essa é uma discrepância que pode comprometer seriamente uma avaliação de risco ambiental, quando essa é feita sem o rigor estatístico de representatividade. Há matrizes que são tendenciosas, para cima ou para baixo, que sobrestimam o risco ou subestimam o risco. Essas matrizes, quando simuladas, apresentam uma distribuição de frequência de resultados possíveis que são ora assintóticos positivos ora assintóticos negativos. No primeiro caso, as avaliações serão sempre subestimadas e, no segundo, sobrestimadas.

Uma matriz de risco precisa ser aferida e a curva de distribuição de frequência das possibilidades de avaliação deve obedecer à uma curva normal ou log-normal; caso contrário, ela será tendenciosa.

9.4 SEGURANÇA E SAÚDE DO TRABALHO NA CONSTRUÇÃO CIVIL

A segurança no canteiro de obras passa necessariamente pela observação às normas regulamentadoras do Ministério do Trabalho (MTE).

A NR-5 explicita que a CIPA tem como objetivo a prevenção de acidentes e doenças decorrentes do trabalho, de modo a tornar compatível permanentemente o trabalho com a preservação da vida e a promoção da saúde do trabalhador. A CIPA deve ser constituída por estabelecimento, e mantida em regular funcionamento por empresas privadas, públicas, sociedades de economia mista, órgãos da administração direta e indireta, instituições beneficentes, associações recreativas, cooperativas, bem como outras instituições que admitam trabalhadores como empregados.

As disposições contidas na NR-5 são aplicadas, no que couber, aos trabalhadores avulsos às entidades que lhes tomem serviços, observadas as disposições estabelecidas em normas regulamentadoras de setores econômicos específicos.

A NR-5 cita que as empresas instaladas em centro comercial ou industrial estabelecerão, através de membros de CIPA ou designados, mecanismos de integração com objetivo de promover o desenvolvimento de ações de prevenção de acidentes e doenças decorrentes do ambiente e instalações de uso coletivo, podendo contar com a participação da administração do mesmo.

A Figura 9.6 apresenta o símbolo da CIPA, que é composto por uma cruz branca no fundo verde. Ele deve ser utilizado por todos os membros e nas ações da CIPA.

alexwhite|Shutterstock.com

Figura 9.6 • Símbolo da CIPA.

A NR-5 determina que a CIPA será composta de representantes do empregador e dos empregados, de acordo com o dimensionamento previsto no Quadro I da NR-5, ressalvadas as alterações disciplinadas em atos normativos para setores econômicos específicos.

Os representantes dos empregadores, titulares e suplentes serão por eles designados. Os representantes dos empregados, titulares e suplentes serão eleitos em escrutínio secreto, do qual participem, independentemente de filiação sindical, exclusivamente os empregados interessados.

O número de membros titulares e suplentes da CIPA, considerando a ordem decrescente de votos recebidos, observará o dimensionamento previsto no Quadro I da NR-5, ressalvadas as alterações disciplinadas em atos normativos de setores econômicos específicos.

A construção de edifícios tem classificação nacional de atividades econômicas - CNAE 41.20-4 - correspondente ao agrupamento para dimensionamento da CIPA C18-a. A Tabela 9.2 apresenta o dimensionamento da CIPA para a atividade de construção de edifícios.

Tabela 9.2 • Dimensionamento da CIPA para a atividade de construção de edifícios

Número de empregados no estabelecimento	Número de membros da CIPA	
	Efetivo	Suplente
0 a 19	--------	--------
20 a 29	--------	--------
30 a 50	--------	--------
51 a 870	3	3
81 a 100	3	3
101 a 120	4	3
121 a 140	4	3
141 a 300	4	3
301 a 500	4	4
501 a 1.000	6	5
1.001 a 2.500	9	7
2.501 a 5.000	12	9
5.001 a 10.000	15	12
Acima de 10.000 para cada grupo de 2.500 acrescentar	2	2

Quando o estabelecimento não se enquadrar no Quadro I da NR-5, a empresa designará um responsável pelo cumprimento dos objetivos da NR-5, podendo ser adotados mecanismos de participação dos empregados através de negociação coletiva.

A NR-5 cita que o mandato dos membros eleitos da CIPA terá a duração de um ano, permitida uma reeleição.

Conforme a NR-5, a CIPA terá por atribuições:

a) identificar os riscos do processo de trabalho, e elaborar o mapa de riscos, com a participação do maior número de trabalhadores, com assessoria do SESMT, onde houver;
b) elaborar plano de trabalho que possibilite a ação preventiva na solução de problemas de segurança e saúde no trabalho;
c) participar da implementação e do controle da qualidade das medidas de prevenção necessárias, bem como da avaliação das prioridades de ação nos locais de trabalho;

d) realizar, periodicamente, verificações nos ambientes e condições de trabalho visando à identificação de situações que venham a trazer riscos para a segurança e saúde dos trabalhadores;
e) realizar, a cada reunião, avaliação do cumprimento das metas fixadas em seu plano de trabalho e discutir as situações de risco que foram identificadas;
f) divulgar aos trabalhadores informações relativas à segurança e saúde no trabalho;
g) participar, com o SESMT, onde houver, das discussões promovidas pelo empregador, para avaliar os impactos de alterações no ambiente e processo de trabalho relacionados à segurança e saúde dos trabalhadores;
h) requerer ao SESMT, quando houver, ou ao empregador, a paralisação de máquina ou setor onde considere haver risco grave e iminente à segurança e saúde dos trabalhadores;
i) colaborar no desenvolvimento e implementação do PCMSO e PPRA e de outros programas relacionados à segurança e saúde no trabalho;
j) divulgar e promover o cumprimento das normas regulamentadoras, bem como cláusulas de acordos e convenções coletivas de trabalho, relativas à segurança e saúde no trabalho;
k) participar, em conjunto com o SESMT, onde houver, ou com o empregador, da análise das causas das doenças e acidentes de trabalho e propor medidas de solução dos problemas identificados;
l) requisitar ao empregador e analisar as informações sobre questões que tenham interferido na segurança e saúde dos trabalhadores;
m) requisitar à empresa as cópias das CAT emitidas;
n) promover, anualmente, em conjunto com o SESMT, onde houver a Semana Interna de Prevenção de Acidentes do Trabalho (Sipat);
o) participar, anualmente, em conjunto com a empresa, de campanhas de prevenção da Aids.

A empresa deverá promover o treinamento para os membros da CIPA, titulares e suplentes, antes de suas posses. O treinamento de CIPA em primeiro mandato será realizado no prazo máximo de trinta dias, contados a partir da data da posse.

As empresas que não se enquadrem no Quadro I da NR-5 promoverão anualmente treinamento para o designado responsável pelo cumprimento do objetivo da NR-5.

Conforme a NR-5, o treinamento para a CIPA deverá contemplar, no mínimo, os seguintes itens:

a) estudo do ambiente, das condições de trabalho, bem como dos riscos originados do processo produtivo;
b) metodologia de investigação e análise de acidentes e doenças do trabalho;
c) noções sobre acidentes e doenças do trabalho decorrentes de exposição aos riscos existentes na empresa;

d) noções sobre a Síndrome da Imunodeficiência Adquirida (Aids), e medidas de prevenção;
e) noções sobre a legislação trabalhista e previdenciária relativas à segurança e saúde no trabalho;
f) princípios gerais de higiene do trabalho e de medidas de controle dos riscos;
g) organização da CIPA e outros assuntos necessários ao exercício das atribuições da Comissão.

O treinamento dos membros da CIPA terá carga horária de 20 horas, distribuídas em no máximo oito horas diárias e será realizado durante o expediente normal da empresa. O treinamento poderá ser ministrado pelo SESMT da empresa, entidade patronal, entidade de trabalhadores ou por profissional que possua conhecimentos sobre os temas ministrados.

A CIPA deverá ser ouvida sobre o treinamento a ser realizado, inclusive quanto à entidade ou profissional que o ministrará, constando sua manifestação em ata, cabendo à empresa escolher a entidade ou profissional que ministrará o treinamento.

Quando comprovada a não observância relacionada ao treinamento, a unidade descentralizada do Ministério do Trabalho e Emprego determinará a complementação ou a realização de outro, que será efetuado no prazo máximo de 30 dias, contados da data de ciência da empresa sobre a decisão.

A NR-6 – EPI – Equipamento de Proteção Individual cita que, para os fins de aplicação dessa Norma Regulamentadora, considera-se EPI todo dispositivo ou produto de uso individual utilizado pelo trabalhador, destinado à proteção de riscos suscetíveis de ameaçar a segurança e a saúde no trabalho.

A NR-6 também cita que deve ser entendido como EPI todo aquele composto por vários dispositivos, que o fabricante tenha associado contra um ou mais riscos que possam ocorrer simultaneamente e que sejam suscetíveis de ameaçar a segurança e a saúde no trabalho.

O equipamento de proteção individual, de fabricação nacional, ou importado, só poderá ser posto à venda ou utilizado com a indicação do Certificado de Aprovação (CA), expedido pelo órgão nacional competente em matéria de segurança e saúde no trabalho do Ministério do Trabalho e Emprego (Figura 9.7).

Phat1978|Shutterstock.com

Figura 9.7 • **Capacete de obra.**

A NR-6 determina que a empresa é obrigada a fornecer aos empregados, gratuitamente EPI adequado ao risco, em perfeito estado de conservação e funcionamento, nas seguintes circunstâncias:

a) sempre que as medidas de ordem geral não ofereçam completa proteção contra os riscos de acidentes do trabalho ou de doenças profissionais e do trabalho;
b) enquanto as medidas de proteção coletiva estiverem sendo implantadas;
c) para atender a situações de emergência.

Atendidas as peculiaridades de cada atividade profissional, o empregador deve fornecer aos trabalhadores os EPI adequados. Compete ao Serviço Especializado em Engenharia de Segurança e em Medicina do Trabalho (SESMT), ouvida a CIPA e trabalhadores usuários, recomendar ao empregador o EPI adequado ao risco existente em determinada atividade. Nas empresas desobrigadas a constituir SESMT, cabe ao empregador selecionar o EPI adequado ao risco, mediante orientação de profissional tecnicamente habilitado, ouvida a CIPA ou, na falta dessa, o designado e trabalhadores usuários.

A NR-6 determina que cabe ao empregador quanto ao EPI:

a) adquirir o adequado ao risco de cada atividade;
b) exigir seu uso;
c) fornecer ao trabalhador somente o aprovado pelo órgão nacional competente em matéria de segurança e saúde no trabalho;
d) orientar e treinar o trabalhador sobre o uso adequado, a guarda e conservação;
e) substituir imediatamente, quando danificado ou extraviado;
f) responsabilizar-se pela higienização e manutenção periódica;
g) comunicar ao MTE qualquer irregularidade observada.
h) registrar o seu fornecimento ao trabalhador, podendo ser adotados livros, fichas ou sistema eletrônico.

A NR-6 determina que cabe ao empregado quanto ao EPI:

a) usar, utilizando-o apenas para a finalidade a que se destina;
b) responsabilizar-se pela guarda e conservação;
c) comunicar ao empregador qualquer alteração que o torne impróprio para uso;
d) cumprir as determinações do empregador sobre o uso adequado.

A NR-7 cita que essa norma estabelece a obrigatoriedade de elaboração e implementação, por parte de todos os empregadores e instituições, que admitam trabalhadores como empregados, do Programa de Controle Médico de Saúde Ocupacional (PCMSO), com o objetivo de promoção e preservação da saúde do conjunto dos seus trabalhadores.

A NR-7 estabelece os parâmetros mínimos e diretrizes gerais a serem observados na execução do PCMSO, podendo os mesmos ser ampliados mediante negociação coletiva de trabalho.

Caberá à empresa contratante de mão de obra prestadora de serviços informar a empresa contratada dos riscos existentes e auxiliar na elaboração e implementação do PCMSO nos locais de trabalho onde os serviços estão sendo prestados.

A NR-7 determina que o PCMSO é parte integrante do conjunto mais amplo de iniciativas da empresa no campo da saúde dos trabalhadores, devendo estar articulado com o disposto nas demais Normas Regulamentadoras. O PCMSO deverá considerar as questões incidentes sobre o indivíduo e a coletividade de trabalhadores, privilegiando o instrumental clínico-epidemiológico na abordagem da relação entre sua saúde e o trabalho.

O PCMSO deverá ter caráter de prevenção, rastreamento e diagnóstico precoce dos agravos à saúde relacionados ao trabalho, inclusive de natureza subclínica, além da constatação da existência de casos de doenças profissionais ou danos irreversíveis à saúde dos trabalhadores.

O PCMSO deverá ser planejado e implantado com base nos riscos à saúde dos trabalhadores, especialmente os identificados nas avaliações previstas nas demais Normas Regulamentadoras. A NR-7 determina que compete ao empregador:

a) garantir a elaboração e efetiva implementação do PCMSO, bem como zelar pela sua eficácia;
b) custear sem ônus para o empregado todos os procedimentos relacionados ao PCMSO;
c) indicar, dentre os médicos dos Serviços Especializados em Engenharia de Segurança e Medicina do Trabalho (SESMT), da empresa, um coordenador responsável pela execução do PCMSO;
d) no caso de a empresa estar desobrigada de manter médico do trabalho, de acordo com a NR-4, deverá o empregador indicar médico do trabalho, empregado ou não da empresa, para coordenar o PCMSO;
e) inexistindo médico do trabalho na localidade, o empregador poderá contratar médico de outra especialidade para coordenar o PCMSO.

A NR-7 determina que o PCMSO deve incluir, entre outros, a realização obrigatória dos exames médicos:

a) admissional;
b) periódico;
c) de retorno ao trabalho;
d) de mudança de função;
e) demissional.

A NR-8 – Edificações estabelece requisitos técnicos mínimos que devem ser observados nas edificações, para garantir segurança e conforto aos que nelas trabalhem. Os locais de trabalho devem ter a altura do piso ao teto, pé direito, de acordo com as posturas municipais, atendidas as condições de conforto, segurança e salubridade, estabelecidas na Portaria nº 3.214/78.

A NR-8 determina que, para a circulação, deve-se:

a) Os pisos dos locais de trabalho não devem apresentar saliências nem depressões que prejudiquem a circulação de pessoas ou a movimentação de materiais.
b) As aberturas nos pisos e nas paredes devem ser protegidas de forma que impeçam a queda de pessoas ou objetos.
c) Os pisos, as escadas e rampas devem oferecer resistência suficiente para suportar as cargas móveis e fixas, para as quais a edificação se destina.
d) As rampas e as escadas fixas de qualquer tipo devem ser construídas de acordo com as normas técnicas oficiais e mantidas em perfeito estado de conservação.

e) Nos pisos, escadas, rampas, corredores e passagens dos locais de trabalho, onde houver perigo de escorregamento, serão empregados materiais ou processos antiderrapantes.

f) Os andares acima do solo devem dispor de proteção adequada contra quedas, de acordo com as normas técnicas e legislações municipais, atendidas as condições de segurança e conforto.

A NR-8 determina que para proteção contra intempéries:

a) As partes externas, bem como todas as que separem unidades autônomas de uma edificação, ainda que não acompanhem sua estrutura, devem, obrigatoriamente, observar as normas técnicas oficiais relativas à resistência ao fogo, isolamento térmico, isolamento e condicionamento acústico, resistência estrutural e impermeabilidade.

b) Os pisos e as paredes dos locais de trabalho devem ser, sempre que necessário, impermeabilizados e protegidos contra a umidade.

c) As coberturas dos locais de trabalho devem assegurar proteção contra as chuvas.

d) As edificações dos locais de trabalho devem ser projetadas e construídas de modo a evitar insolação excessiva ou falta de insolação.

9.5 LICENCIAMENTO AMBIENTAL (LA)

O Licenciamento Ambiental (LA) é um instrumento de gestão instituído pela Política Nacional do Meio Ambiente. Ele é de utilização compartilhada entre a União e os estados da federação, o Distrito Federal e os municípios de acordo com as respectivas competências, com o objetivo de regulamentar as atividades e empreendimentos que utilizam os recursos naturais e que podem causar a degradação ambiental nos locais de suas instalações. Esse instrumento de gestão proporciona ganhos de qualidade ao meio ambiente e à vida das comunidades, proporcionando melhoria na perspectiva de desenvolvimento social.

O licenciamento ambiental ainda enfrenta problemas que não permitem que ele atinja um padrão ideal de funcionamento. Isso ocorre pela falta de informação adequada pela maioria dos interessados, quanto aos procedimentos e trâmites necessários para a sua concessão.

OBSERVAÇÃO

O meio ambiente natural é preocupação do Ibama em sua função no licenciamento ambiental.

A Lei nº 6.938, de 31 de agosto de 1981, que dispõe sobre as diretrizes da Política Nacional de Meio Ambiente, introduziu o conceito de licenciamento ambiental. A licença ambiental representa o reconhecimento, pelo Poder Público, de que a construção e a ampliação de empreendimentos e atividades considerados efetiva ou potencialmente poluidores devem adotar critérios capazes de garantir a sua sustentabilidade sob o ponto de vista ambiental.

O artigo 1º, inciso I, da Resolução Conama nº 237, de 19 de dezembro de 1997, traz o conceito de licenciamento ambiental:

> Procedimento administrativo pelo qual o órgão ambiental competente licencia a localização, instalação, ampliação e a operação de empreendimentos e atividades utilizadoras de recursos ambientais, consideradas efetiva ou potencialmente poluidoras; ou aquelas que, sob qualquer forma, possam causar degradação ambiental, considerando as disposições legais e regulamentares e as normas técnicas aplicáveis ao caso.

A previsão do licenciamento ambiental na legislação comum surgiu com a edição da Lei nº 6.938/1981, que diz em seu artigo 10:

> A construção, instalação, ampliação e funcionamento de estabelecimentos e atividades utilizadoras de recursos ambientais, considerados efetiva ou potencialmente poluidores, bem como os capazes, sob qualquer forma, de causar degradação ambiental, dependerão de prévio licenciamento por órgão estadual competente, integrante do Sisnama, sem prejuízo de outras licenças exigíveis.

A licença ambiental é uma autorização, que é emitida pelo órgão público competente, concedida ao empreendedor para que esse exerça o seu direito à livre iniciativa, desde que atendidos os cuidados necessários, com o objetivo de resguardar o direito coletivo ao meio ambiente ecologicamente equilibrado.

O licenciamento ambiental é constituído pela Licença Prévia, Licença de Instalação e Licença de Operação.

9.5.1 LICENÇA PRÉVIA (LP)

A LP é uma autorização do órgão ambiental para o início do planejamento do empreendimento. Os artigos 4º a 6º da Resolução Conama nº 06, de 16 de setembro de 1987, determinam que a licença prévia deve ser requerida ainda na fase de avaliação da viabilidade do empreendimento.

A LP é que aprova a localização e a concepção, bem como atesta a viabilidade ambiental do empreendimento ou atividade. Ela é de grande importância para atender ao princípio da precaução (inciso IV do artigo 225 da Constituição Federal), pois é nessa fase que são:

- levantados os prováveis impactos ambientais do empreendimento;
- avaliados os impactos, quanto à magnitude e abrangência;
- formuladas as medidas mitigadoras dos impactos ambientais;
- recebidas às exigências dos órgãos ambientais das esferas competentes;
- discutidos com a comunidade (caso haja audiência pública) os impactos ambientais e suas medidas mitigadoras;
- tomadas as decisões quanto à viabilidade ambiental do empreendimento.

O prazo de validade da LP deverá ser, no mínimo, igual ao estabelecido pelo cronograma de elaboração dos planos, programas e projetos relativos ao empreendimento ou atividade, ou seja, ao tempo necessário para a realização do planejamento, não podendo ser superior a cinco anos, conforme preceitua o artigo 18, inciso I, da Resolução Conama nº 237, de 1997.

9.5.2 LICENÇA DE INSTALAÇÃO (LI)

Segundo o artigo 8º, inciso II, da Resolução Conama nº 237, de 1997, a LI autoriza a instalação do empreendimento, ou atividade, com a concomitante aprovação dos detalhamentos e cronogramas de implementação dos planos e programas de controle ambiental. Então a LI dá validade à estratégia proposta para o trato das questões ambientais durante a fase de construção.

A concessão da LI significa que o órgão gestor de meio ambiente terá:

- Autorizado o construtor a iniciar as obras.
- Concordado com as especificações constantes nos planos, programas e projetos ambientais, seus detalhamentos e respectivos cronogramas de implantação.
- Estabelecido medidas de controle ambiental, com o objetivo de garantir que a fase de implantação do empreendimento obedecerá aos padrões de qualidade ambiental estabelecidos em lei ou regulamentos.
- Fixado as medidas mitigadoras da licença.
- Determinado que, se as medidas mitigadoras não forem cumpridas na forma estabelecida, a licença poderá ser suspensa ou cancelada (inciso I do artigo 19 da Resolução Conama nº 237, de 1997).

O prazo de validade da LI será, no mínimo, igual ao estabelecido pelo cronograma de instalação do empreendimento ou atividade, não podendo ser superior a seis anos, de acordo com o artigo 18, inciso II, da Resolução Conama nº 237, de 1997.

9.5.3 LICENÇA DE OPERAÇÃO (LO)

A LO autoriza o construtor a iniciar a operação do empreendimento. Tem como objetivo aprovar a forma proposta de convívio do empreendimento com o meio ambiente, durante um tempo finito, equivalente aos seus primeiros anos de operação.

O prazo de validade da LO deverá considerar os planos de controle ambiental e será de, no mínimo, quatro anos e, no máximo, dez anos, conforme artigo 18, inciso II, da Resolução Conama nº 237, de 1997. O ideal é que o prazo termine quando terminarem os programas de controle ambiental, o que possibilitará uma melhor avaliação de seus resultados, bem como a consideração desses resultados no mérito da renovação da licença.

De acordo com o artigo 8º, inciso III, da Resolução Conama nº 237, de 1997, a licença de operação possui três características básicas:

1. É concedida após a verificação, pelo órgão ambiental, do efetivo cumprimento das condicionantes estabelecidas nas licenças anteriores (prévia e de instalação).
2. Contém as medidas de controle ambiental (padrões ambientais) que servirão de limite para o funcionamento do empreendimento ou atividade.
3. Especifica as condicionantes determinadas para a operação do empreendimento, cujo cumprimento é obrigatório sob pena de suspensão ou cancelamento da operação.

OBSERVAÇÃO

A preocupação com o meio ambiente é de todos. Verifique quais são as ações ambientais em cada Estado e na cidade onde será executado o empreendimento.

A Figura 9.8 apresenta a sequência dos três tipos de licenciamento ambientais.

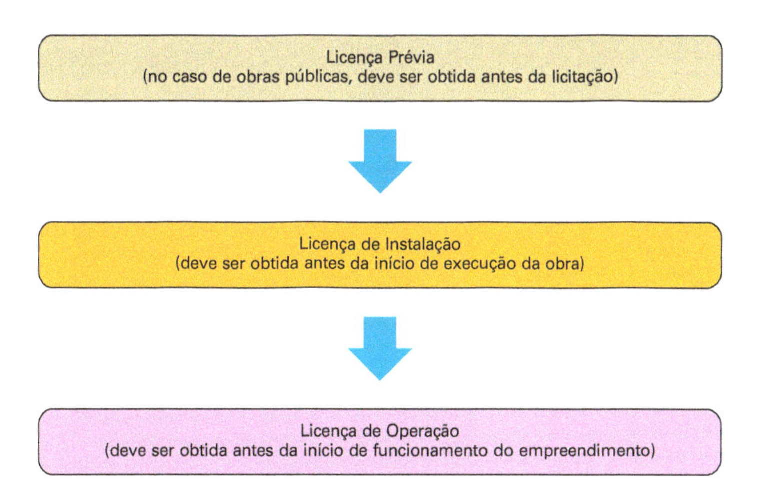

Figura 9.8 • **Tipos de licenciamento ambiental.**

O alvará de construção de obras de construção civil tem como um dos fatores intervenientes o projeto de gerenciamento de resíduos (RCC). A Figura 9.9 apresenta alguns dos intervenientes relacionados no processo para obras privadas e para obras públicas.

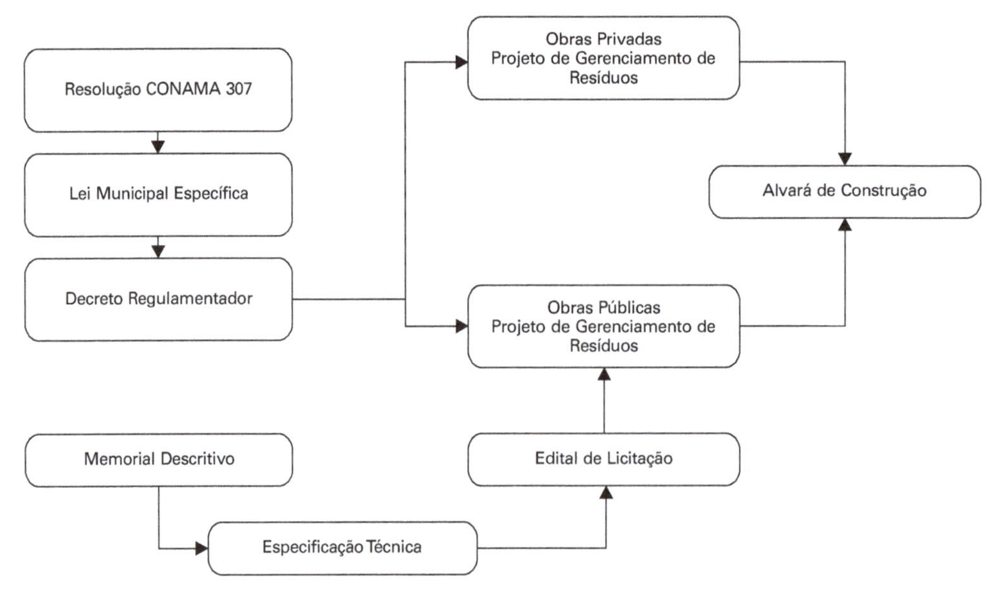

Figura 9.9 • Gerenciamento de resíduos para obtenção do alvará de construção.

SÍNTESE

Verificou-se a importância do meio ambiente, os impactos ambientais de obras e serviços na indústria da construção civil, além dos principais aspectos dos resíduos nessa área que é uma grande produtora desses. Apresentou-se a importância da construção enxuta e da identificação, análise, avaliação e tratamento dos riscos. Detalhou-se os procedimentos de segurança e saúde do trabalho e o licenciamento ambiental.

CAPÍTULO

10

CONTROLE DE OBRAS E SERVIÇOS DE CONSTRUÇÃO CIVIL

INTRODUÇÃO

O objetivo deste capítulo é apresentar os conceitos básicos de gerenciamento e monitoramento de empreendimentos na indústria da construção civil e os principais aspectos da produção e produtividade. Destaca-se aqui também o marketing de relacionamento como ferramenta de negócios corporativos e as atividades de medição e recebimento de obras e serviços.

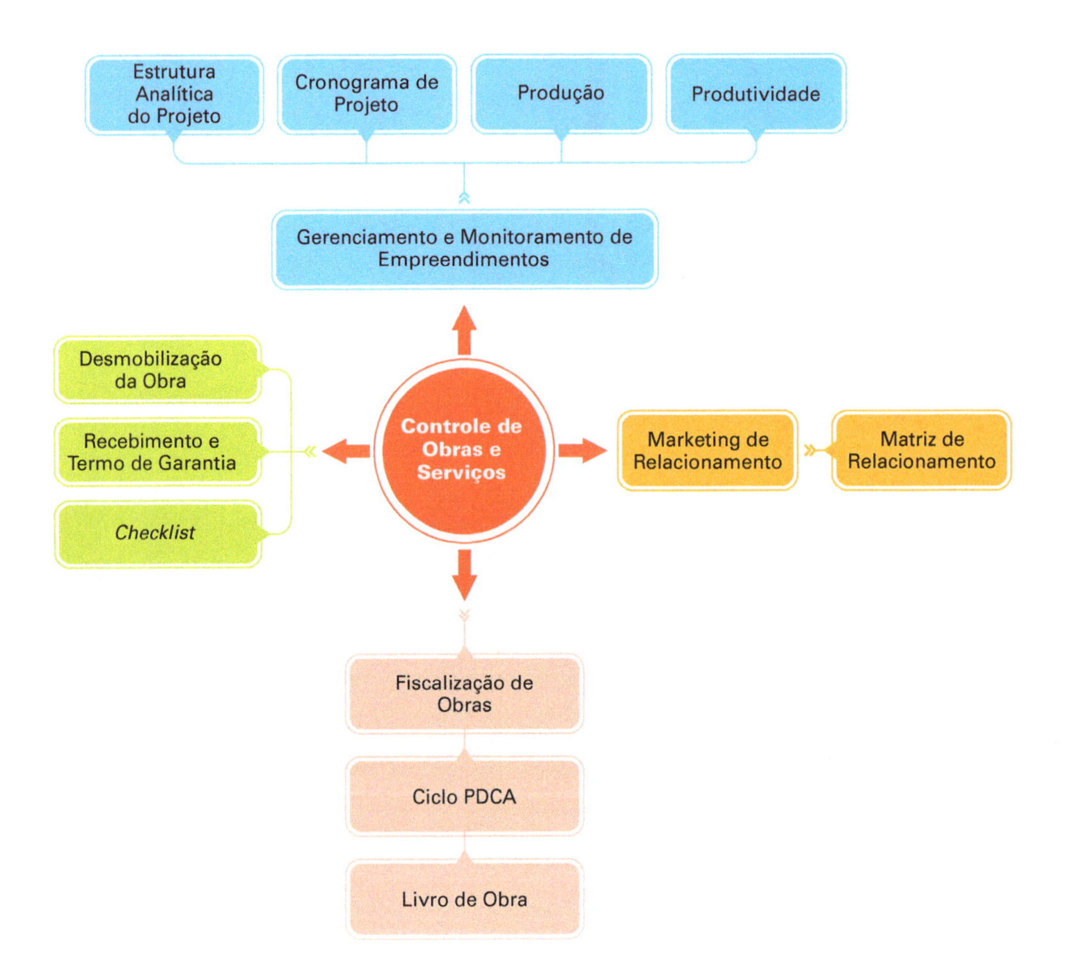

10.1 GERENCIAMENTO E MONITORAMENTO DE EMPREENDIMENTOS

Um dos grandes desafios dos gestores de empreendimentos no segmento de obras de construção civil é o monitoramento e o controle da execução do escopo, do cronograma, dos custos e prazos, além de outros controles considerados periféricos, que são menos expressivos que os anteriores.

O monitoramento e o controle são processos que têm como objetivo observar e acompanhar a execução do projeto, permitindo que os potenciais problemas possam ser antecipadamente identificados, para que sejam realizadas ações corretivas, antes de os problemas tomarem proporções que possam ser incontroláveis.

A realização do monitoramento e o controle do desempenho da obra é importante, na medida em que essas ações possibilitam a observação e a medição regular do desenvolvimento do empreendimento, identificando suas variações em relação ao planejamento pré-concebido.

Assim, dessa maneira, tem-se o planejamento do empreendimento sendo acompanhado continuamente, através de gestores nas várias especialidades da equipe, com o objetivo de que os recursos utilizados e os custos envolvidos estejam dentro dos valores estabelecidos no orçamento do empreendimento.

Para gerenciamento e monitoramento de empreendimento, uma ferramenta de gestão importante é a Estrutura Analítica de Projetos (EAP), ou no inglês *Work Breakdown Structure* (WBS), que é um processo de subdivisão das entregas e do trabalho do projeto em componentes menores e mais facilmente gerenciáveis. A EAP é estruturada em árvore exaustiva, hierárquica, que é utilizada para evidenciar o que é realmente necessário para a execução de um projeto, desmembrando as fases e facilitando a realização das tarefas

O gerenciamento de projetos é muito complexo quando o número de tarefas necessárias para sua conclusão começa a se elevar. Isso ocorre porque, além de terem diferentes tipos de relação entre si, as atividades também possuem níveis de importância variados e precisam ser organizadas de forma objetiva, para que o projeto possa ser bem planejado e executado pela equipe de obra.

O EAP tem como principal objetivo a divisão do projeto em partes menores, também chamadas de tarefas ou pacotes de trabalho. Essas partes são mais fáceis de serem compreendidas pelos diversos membros das equipes de execução, de controle, bem como facilita o gerenciamento pelo gestor do projeto.

A estrutura do EAP é organizada como a raiz de uma árvore, onde as entregas mais abrangentes são posicionadas no topo e as mais específicas ficam na parte inferior, agrupadas por níveis hierárquicos (Figura 10.1).

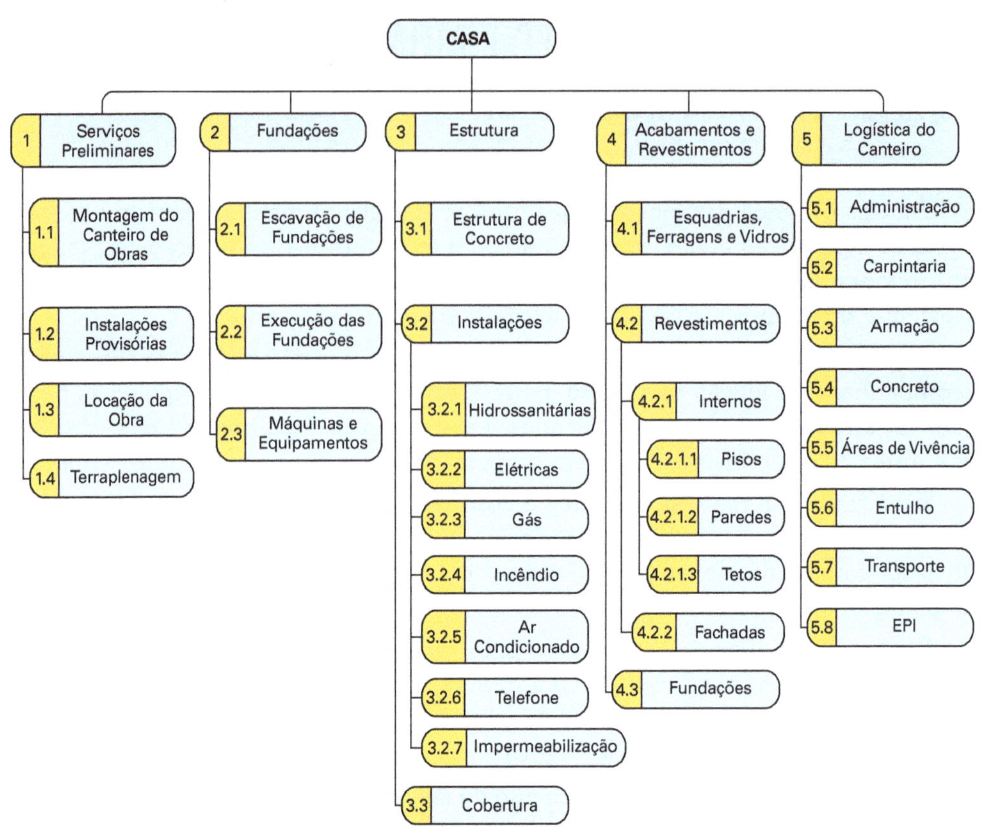

Figura 10.1 • **EAP – Estrutura analítica de projeto para construção de edificações.**

Para o EAP, é necessário desenvolver um documento auxiliar que traz informações detalhadas sobre cada pacote de trabalho e seus critérios de aceitação no momento da entrega.

A criação da estrutura analítica do projeto ocorre a partir da identificação das principais entregas funcionais e com a subdivisão delas em sistemas menores e subprodutos finais. Esses subprodutos são decompostos até que possam ser atribuídos a uma única pessoa, por exemplo. Nesse nível, os pacotes de trabalho específicos necessários para produzir as sub entregas são identificados e agrupados. O pacote de trabalho representa a lista de tarefas para produzir a unidade específica.

A utilização da EAP traz uma série de benefícios, bem como define e organiza o trabalho do projeto. Um orçamento do projeto pode ser alocado para os níveis superiores da estrutura e orçamentos dos departamentos podem ser rapidamente calculados com base na EAP. Ao alocar as estimativas de tempo e custo para seções específicas, tanto o cronograma quanto o orçamento podem ser rapidamente desenvolvidos.

A EAP, também, pode ser utilizada para identificar riscos potenciais em um determinado projeto. Se uma estrutura de divisão de trabalho tem um ramo que não está bem definido, em seguida, ele representa um risco na definição do escopo. Esses riscos devem ser monitorados e avaliados durante toda a execução do projeto.

Integrando a EAP com uma estrutura de divisão organizacional, o gerente de projetos pode identificar as possíveis dificuldades de comunicação e, assim, formular um plano de comunicação mais eficaz.

O PMBOK indica quais seriam as diretrizes necessárias para a criação de uma Estrutura Analítica do Projeto:

- O nível superior da EAP representa o produto final do projeto.
- As sub entregas devem conter pacotes de trabalho que são atribuídos aos departamentos, ou unidades, da construtora.
- Todos os elementos da estrutura de divisão de trabalho não precisam ser definidos para o mesmo nível.
- O pacote de trabalho define o trabalho, a duração e os custos para as tarefas necessárias para produzir as sub entregas.
- Pacotes de trabalho não devem exceder dez dias de duração.
- Pacotes de trabalho devem ser independentes uns dos outros.
- Os pacotes de trabalho são únicos e não devem ser duplicados em toda a estrutura analítica do projeto.

Para a concepção de uma EAP, deve-se:

- Decompor a EAP em fases e atividades em níveis, que sejam fáceis de serem gerenciados pelos gestores de projeto.
- Planejar as entregas (não as ações).
- Projetar os pacotes de trabalho com durações adequadas.
- Utilizar modelos de EAP de projetos já finalizados, para poder acelerar o trabalho de elaboração da EAP e aproveitar as lições aprendidas de outros empreendimentos.
- Tomar cuidado para que o custo do gerenciamento não seja maior que o custo da tarefa a ser realizada.

Outra ferramenta muito utilizada para a gestão e o controle de obras é o cronograma de projetos, ou cronograma de obras. Essa ferramenta é bem parecida com o diagrama de barras. Esse cronograma pode ser entendido como uma matriz que apresenta graficamente para cada item da EAP, em uma escala de tempo, isto é, o período que deve ser realizado (Figura 10.2).

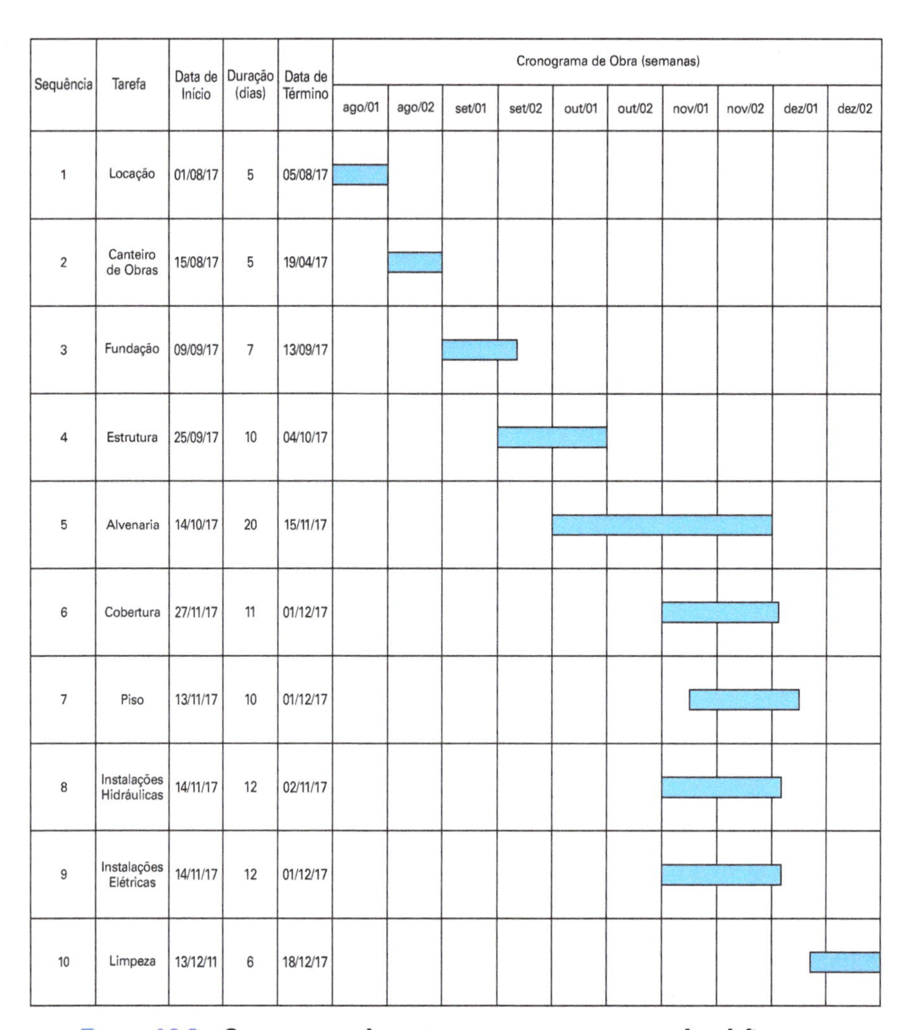

Sequência	Tarefa	Data de Início	Duração (dias)	Data de Término	Cronograma de Obra (semanas)									
					ago/01	ago/02	set/01	set/02	out/01	out/02	nov/01	nov/02	dez/01	dez/02
1	Locação	01/08/17	5	05/08/17										
2	Canteiro de Obras	15/08/17	5	19/04/17										
3	Fundação	09/09/17	7	13/09/17										
4	Estrutura	25/09/17	10	04/10/17										
5	Alvenaria	14/10/17	20	15/11/17										
6	Cobertura	27/11/17	11	01/12/17										
7	Piso	13/11/17	10	01/12/17										
8	Instalações Hidráulicas	14/11/17	12	02/11/17										
9	Instalações Elétricas	14/11/17	12	01/12/17										
10	Limpeza	13/12/11	6	18/12/17										

Figura 10.2 • **Cronograma de projetos para a construção de edificações.**

A duração de uma determinada tarefa é o intervalo entre o início e o término de uma tarefa específica, sem levar em conta o número de pessoas necessárias para que isso aconteça.

O cronograma de projetos também pode ser visto como sendo uma ferramenta de comunicação que apresenta todo o trabalho a ser realizado, quais os recursos que serão empregados e quais os prazos que precisam ser cumpridos para que esse trabalho seja realizado. Ele deve prever e apresentar todos os esforços necessários para a entrega do projeto finalizado.

Por ser de forma visual, o cronograma de projetos exibe a sequência de atividades que precisam ser realizadas, possibilitando ao gestor a verificação das interdependências de tarefas e que construa seu caminho crítico para otimizar as entregas.

O cronograma permite identificar os pontos de tensão da iniciativa, verificar exatamente onde a equipe de controle de obra precisará ter mais atenção, para não perder os prazos e realizar as entregas conforme definidas no planejamento da obra.

Esse cronograma possibilita, também, que o gestor do projeto possa cobrar o cumprimento dos prazos, evitando conflitos com a equipe e entre os profissionais envolvidos na execução da obra.

A sequência indicada para a elaboração do cronograma de projetos é:

- Definir detalhadamente o escopo do seu projeto (objetivos e abrangência).
- Construir detalhadamente a EAP.
- Estimar precisamente a duração de cada uma das atividades do projeto.
- Acompanhar e atualizar o cronograma ao longo do desenvolvimento do projeto.

No cronograma de projetos e na estrutura analítica do projeto, o nível de divisão das tarefas dependerá da necessidade ou da capacidade da empresa em gerenciar cada detalhe indicado. Por exemplo, projetos de grande porte, geralmente, não são quebrados em tarefas muito pequenas, pois são tantas tarefas que esse nível de detalhamento pode tornar essas atividades praticamente impossíveis de serem controladas adequadamente. Entretanto, os projetos menores podem ser divididos em pacotes menores, permitindo o aprimoramento de suas execuções e controles.

Durante a execução da obra, a EAP rapidamente se torna um documento de consulta, praticamente estático, desde que não ocorram significativas mudanças requisitos durante a execução da obra. O cronograma é uma ferramenta dinâmica, que é constantemente alterado e revisto em função das dificuldades que ocorrem durante a execução da obra.

O processo deve ser iniciado pela criação da EAP para que os gestores do projeto consigam analisá-lo de maneira mais abrangente. Assim, os pacotes de trabalho da EAP contribuirão para a correta elaboração do cronograma. Com a EAP pronta, é mais fácil lançar as informações de forma ordenada dentro do cronograma do projeto.

A utilização de *softwares* de gerenciamento de projetos facilita muito o trabalho de gestão e controle das obras. A escolha de um bom *software* ajuda o gestor a estruturar todas as etapas, incluindo a definição da EAP e a elaboração e acompanhamento do cronograma. Esses cuidados fazem toda a diferença na hora de conduzir o desenvolvimento do projeto e, também, para apresentar indicadores que facilitem a mensuração dos resultados de desempenho da execução da obra.

OBSERVAÇÃO

As atividades importantes para o gerenciamento e controle de obras incluem os seguintes processos de gerenciamento de projetos:

- *Monitorar e controlar o trabalho do projeto.*
- *Controle integrado de mudanças.*
- *Verificação do escopo.*
- *Controle do escopo.*
- *Controle do cronograma.*
- *Controle de custos.*
- *Realizar o controle da qualidade.*
- *Gerenciar a equipe do projeto.*
- *Relatório de desempenho.*
- *Gerenciar as partes interessadas.*
- *Monitoramento e controle de riscos.*
- *Administração de contrato.*

10.2 PRODUÇÃO E PRODUTIVIDADE EM OBRAS DE CONSTRUÇÃO CIVIL

A produção é uma medida que avalia os resultados de uma atividade, por exemplo, a área de um piso cerâmico que foi colocado por determinado pedreiro em um período de tempo. Conhecer a produção das obras de construção civil é importante para a realização do planejamento e controle de produção (PCP), que irá decidir sobre o melhor uso dos recursos disponíveis para a produção.

A produtividade é a capacidade de se produzir mais utilizando cada vez menos recursos em menos tempo. Assim, quando se fala em produtividade, a intenção é diminuir o uso de recursos materiais, mão de obra, máquinas, equipamentos etc. O foco da produtividade é a redução de custos da produção para a melhoria competitiva no mercado.

A construção de uma edificação é caracterizada pela sua construção em uma posição pré-fixada em projeto. A construção de edificações pode ser classificada em:

- **Edificações convencionais:** executadas de forma artesanal, com equipamentos e ferramentas tradicionais.
- **Edificações pré-fabricadas:** executadas de forma padronizada, sendo os elementos pré-fabricados, executados em fábricas e, posteriormente, montados no local da obra.
- **Edificações industrializadas:** executadas de forma padronizada, sendo os elementos executados na obra, através de gabaritos e moldes.

A produtividade pode ser estimada com a expressão:

$$D = (Q \times IP) / (N \times h) \quad \textbf{(Eq. 10.1)}$$

Em que: D: duração do serviço.

Q: quantidade de serviço.

IP: índice de produtividade.

N: número de pessoas que executariam a atividade.

H: número de horas diárias disponíveis para a atividade.

Exemplo 10.1

Em uma edificação, é necessário executar 168 m^2 (2,80m de altura × 60 m de comprimento – obtidos da planta de execução) de alvenaria de vedação com blocos cerâmicos furados 9 x 19 x 19 cm (furos horizontais), espessura de 19 cm, juntas de 12 mm com argamassa mista de cimento, cal hidratada e areia sem peneirar traço 1:2:8. Foi apropriado que a produtividade média do pedreiro é 1,50 h/m^2 e a do servente é de 1,92 h/m^2 e o trabalho será executado em jornadas diárias de 8 horas.

Pergunta-se:

Caso 1: quantos dias úteis serão necessários se somente existir um (1) pedreiro e um (1) servente?

Caso 2: quantos pedreiros e serventes serão necessários para que a parede seja executada em 5 dias úteis?

Solução

Atividade = execução de alvenaria de blocos cerâmicos

Serviço (Q) = 168 m^2 de alvenaria de blocos cerâmicos

Quantidade de pedreiros ($N_{PEDREIRO}$)

Produtividade média de pedreiro ($IP_{PEDREIRO}$) = 1,50 horas-homem/m^2

Quantidade de serventes ($N_{SERVENTE}$)

Produtividade média de serventes ($IP_{SERVENTE}$) = 1,92 horas-homem/m^2

Tempo de Trabalho (h) = 8 horas/dia

1. Caso 1
   Duração do serviço (D) = ?
   Quantidade de pedreiros ($N_{PEDREIRO}$) x 1
   Quantidade de serventes ($N_{SERVENTE}$) x 1

   Duração do serviço de pedreiro ($D_{PEDREIRO}$)
   $(D_{PEDREIRO}) = (Q \times IP_{PEDREIRO}) / (N_{PEDREIRO} \times h)$
   $(D_{PEDREIRO}) = (168 \times 1{,}5) / (1 \times 8) \approx 32$ dias

   Duração do serviço de servente ($D_{SERVENTE}$)
   $(D_{SERVENTE}) = (Q \times IP_{SERVENTE}) / (N_{SERVENTE} \times h)$
   $(D_{SERVENTE}) = (168 \times 1{,}92) / (1 \times 8) \approx 41$ dias

O tempo necessário para executar a parede será o maior dos dois valores de duração obtidos. Portanto, serão necessários 41 dias para executar a parede.

2. Caso 2
   Quantidade de pedreiros ($N_{PEDREIRO}$) x ?
   Quantidade de serventes ($N_{SERVENTE}$) x ?
   Duração do serviço (D) x 5 dias

   a) Quantidade de pedreiros ($N_{PEDREIRO}$)
   $N_{PEDREIRO} = (Q \times IP_{PEDREIRO}) / (D \times h)$
   $N_{PEDREIRO} = (168 \times 1{,}5) / (5 \times 8) = 6{,}30$ x 7 pedreiros

a) Quantidade de serventes ($N_{SERVENTE}$)

$N_{SERVENTE} = (Q \times IP_{SERVENTE}) / (D \times h)$

$N_{SERVENTE} = (168 \times 1{,}92) / (5 \times 8) = 8{,}06 \approx 9$ serventes

Portanto, serão necessários 7 pedreiros e 9 serventes para executar a parede em 5 dias com jornada diária de 8 horas.

Para o aumento da produtividade nas obras de construção civil, é importante ter ações como:

- Equipamentos adequados para cada tipo de atividade e que sejam disponibilizados nas datas previstas no planejamento.
- Mão de obra qualificada e adequadamente quantificação para cada atividade.
- Materiais de qualidade, com quantidade, preço e prazo de entrega adequados ao memorial descritivo, ao orçamento e ao planejamento da obra.
- Terceiros contratados quando necessário, por exemplo, em períodos posteriores a situações que impliquem a redução das atividades previstas no planejamento da obra.

10.3 MARKETING DE RELACIONAMENTO

No campo dos negócios, a função do marketing é entender, criar, comunicar e proporcionar aos clientes valor e satisfação. Assim, o marketing proporciona a entrega de satisfação para o cliente em forma de benefícios. Marketing, ou mercadologia, é um processo administrativo e social onde pessoas obtêm o que necessitam e desejam, através da criação, oferta e troca de produtos e valor.

Os objetivos do marketing são: atrair novos cliente, através de promessas de valor superior, e manter os atuais clientes, proporcionando-lhes satisfação.

Para compreender melhor o marketing, é importante conhecer algumas definições básicas, como:

- **Mercado:** conjunto de compradores atuais e potenciais de um produto.
- **Mercado-alvo:** conjunto de compradores que possuem necessidade e características comuns, às quais a empresa pretende atender.
- **Cliente:** quem compra os produtos.
- **Consumidor**: quem consome os produtos.
- **Produto:** tudo o que pode ser ofertado e satisfazer uma necessidade ou um desejo. Pode ser comercializado, sendo segmentado em bens e serviços.
- **Bem:** produto que o cliente pode ter propriedade, sendo tangível (como os produtos manufaturados) ou intangível (como as ideias e os projetos).

- **Serviço:** produto intangível que não se tem propriedade, consistindo de atividades, benefícios ou satisfações oferecidas à venda.
- **Marca:** desenho, nome, símbolo, sinal ou termo, ou combinação desses que identifica fabricante ou vendedor de um produto.
- **Eficiência:** medida de desempenho que relaciona o consumo e o disponível. Por exemplo, a comparação entre o consumo de energia elétrica de duas máquinas similares.
- **Eficácia:** medida de desempenho que relaciona as ações realizadas e às propostas. Por exemplo, um aumento ou redução da produção realizada em relação à produção planejada.
- **Matérias-primas:** os materiais básicos empregados para a execução de um produto. A matéria-prima é o material base de um produto, sendo a ele agregada. Por exemplo, o plástico é materia prima na produção de acabamentos de automóveis.
- **Insumos:** todos os tipos de produtos que são necessários para a fabricação de outro, mas não fazem parte dele. Por exemplo, máquinas, água e energia elétrica.

O marketing de relacionamento é uma segmentação do marketing a qual tem como foco criar, manter e aprimorar os relacionamentos com os clientes e demais interessados. Essa posição faz com que o marketing seja percebido como a ciência e a arte em descobrir, reter e cultivar clientes lucrativos. Esse segmento do marketing pode ser utilizado internamente na obra com todos os trabalhadores (clientes internos) ou externamente (clientes externos).

Quanto aos trabalhadores, o marketing de relacionamento procura disseminar a cultura da empresa, gerando nos trabalhadores, diretos e terceirizados, a satisfação de trabalhar para a empresa e participar da realização de suas obras.

No que diz respeito aos clientes externos, eles acreditam que compram das empresas que lhes oferecem o mais alto valor entregue ao cliente. Os consumidores criam expectativas sobre o valor das ofertas de marketing e tomam as decisões de compra a partir dessas expectativas. A satisfação do cliente com uma compra depende do desempenho real do produto em relação às suas expectativas.

As expectativas dos compradores são baseadas em experiências de compra anteriores, na opinião de pessoas próximas e nas informações obtidas na mídia e informações e promessas da empresa vendedora e dos concorrentes.

Assim, é possível entender a importância de se criar um ambiente agradável nas obras, onde todos tenham satisfação de participar da construção do empreendimento. Essa imagem positiva irá ser percebida pelos futuros compradores, gerando novas vendas e o crescimento da empresa.

Por isso, se o desempenho do produto ficar abaixo das expectativas do comprador, ele ficará insatisfeito; se ficar no nível de suas expectativas, ficará satisfeito; e se ficar acima de suas expectativas, ficará muito satisfeito.

Os clientes satisfeitos são menos sensíveis aos preços dos produtos, falam bem do produto e da empresa e permanecem fiéis mais tempo. A relação entre a satisfação e a fidelidade do cliente depende do produto e da situação competitiva.

Em mercados com grande competitividade, existe pouca diferença entre a fidelidade dos clientes menos satisfeitos e a dos razoavelmente satisfeitos. Mas existe uma grande diferença entre a fidelidade dos clientes satisfeitos e dos muito satisfeitos. Em mercados não competitivos, como os de monopólios, ou dominados por fortes marcas, os clientes tendem a permanecer fiéis, não importando o grau de satisfação. Nesse caso, a alta satisfação do cliente não garante sua fidelidade. A matriz de relacionamento é uma ferramenta útil para analisar o nível de satisfação do cliente em relação aos produtos ofertados ao mercado (Figura 10.3).

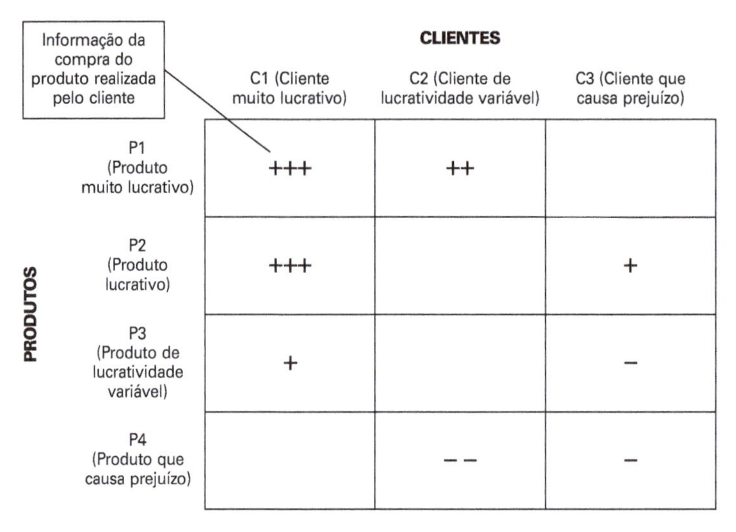

Figura 10.3 • **Matriz de relacionamento cliente *versus* produto.**

No caso do exemplo da Figura 10.3, o cliente C1 é um investidor muito lucrativo, porque compra três produtos P1 (muito lucrativos), três P2 (lucrativos) e um P3 (lucratividade variável). O cliente C2 é um investidor de lucratividade variável, porque a quantidade de produtos lucrativos é igual à quantidade de produtos que causam prejuízo para a construtora. Finalmente, o cliente C3 é considerado um investidor que causa prejuízo, porque a quantidade de produtos lucrativos é baixa se comparada aos produtos de lucratividade variável e que causam prejuízo.

Para conquistar clientes, é necessário construir relacionamentos, por exemplo, nos níveis:

- **Econômico:** premiando os clientes (por exemplo, milhas de viagem, outros produtos extras, mesmos produtos gratuitamente etc.) com compras regulares ou em grandes quantidades.
- **Social:** personalizando seu atendimento aos desejos de cada cliente (por exemplo, avisos de ofertas e entrega de produtos a domicílio).
- **Técnico:** estendendo seu atendimento a outras necessidades dos clientes (por exemplo, oferta de pequenos consertos residenciais na aquisição de seguro de automóvel).

Na construção de edificações, a *cadeia de valor da empresa* é formada por todos os departamentos da empresa, isto é, todos os departamentos da empresa participam de atividades que geram valor para projetar, produzir, comercializar, entregar e apoiar os produtos de empresa. Também é importante relacionar a *rede de entrega de valor para o cliente*, que é formada pelos distribuidores dos produtos (setor comercial, corretores de imóveis), até que eles sejam entregues aos clientes.

A venda pessoal é dirigida para a transação, isto é, para a venda. Para conquistar e manter um cliente mutuamente lucrativo, é necessário que a empresa pratique o marketing de relacionamento.

O marketing de relacionamento tem como finalidade a manutenção de relacionamentos duradouros, através da criação de altos níveis de valor e satisfação para o cliente. Assim, as contas mais importantes exigem que a empresa tenha em relação a eles uma atenção focada e contínua.

A empresas construtoras podem agir no mercado com a visão onde todos os clientes são potencialmente importantes (maketing de massa) ou que determinados clientes são mais importantes (marketing customizado).

O *marketing de massa* aplicado a empreendimentos imobiliários tem características como:

- **Cliente médio:** avaliado o potencial de negócios em função da estratificação do público-alvo do empreendimento.
- **Anonimato do cliente:** não há preferência para um dos compradores.
- **Produto padrão:** os imóveis em suas características irão atender à necessidade geral dos compradores.
- **Produção em massa:** os imóveis seram únicos, sem variações.
- **Distribuição em massa:** o emprendimento deve ser construído em local de fácil acesso, para atendimento a qualquer comprador.
- **Propaganda maciça:** a divulgação deve ser ampla, para poder atingir a todos indivíduos do público-alvo.
- **Promoção em massa:** as atenções de promoção devem ser genéricas.
- **Mensagem somente de ida:** como o empreendimento é de massa, a mensagem não necessita de *feedback* instantâneo.
- **Economia de escala:** o lucro das vendas é consequência da quantidade vendida do empreendimento.
- **Participação de mercado:** a lucratividade ocorre em função da fatia de mercado que o empreendimento reter.
- **Todos clientes:** todos os clientes têm a mesma importância para a empresa.
- **Atração de clientes:** as campanhas de marketing têm como objetivo atrair cada vez mais clientes.

O *marketing customizado* aplicado à empreendimentos imobiliários tem características como:

- **Cliente individual:** as ações são personalizadas para cada cliente.
- **Perfil do cliente:** a empresa necessita conhecer o perfil da cada cliente para conhecer suas necessidades, desejos e potencial de compras.
- **Oferta customizada ao mercado:** a oferta de empreendimentos é dirigida para cada cliente em potencial.
- **Produção customizada:** a produção é dirigida as especificações de produto exigidas pelos clientes.

- **Distribuição personalizada:** a distribuição é dirigida para cada comprador, conforme suas características individuais.
- **Mensagem personalizada:** cada cliente tem uma característica própria identificada pelo vendedor.
- **Incentivos personalizados:** com o conhecimento das características dos clientes, é possível oferecer incentivos distintos.
- **Mensagens de ida e volta:** para manter a customização, qualquer mensagem deve ser acompanhada de *feedback*.
- **Economia de escopo:** o retorno financeiro ocorre pela customização de cada empreendimento às necessidades e desejos dos clientes.
- **Participação do cliente:** o *feedback* dos clientes informa ao vendedor as mudanças necessárias para a manutenção da fidelização.
- **Clientes rentáveis:** será dada mais atenção aos clientes mais rentáveis.
- **Retenção dos clientes:** a grande ação do marketing customizado é a retenção de clientes.

O marketing de relacionamento aplicado a empreendimentos imobiliários é exercido de várias maneiras, sendo uma delas através de feiras de imóveis e eventos de lançamento de empreendimentos. Algumas das regras básicas para participação de uma empresa em uma feira são:

- Os clientes da empresa devem ser convidados a uma visita ao estande de exposição dos empreendimentos.
- Os representantes presentes no estande devem ser pessoas preparadas para atender os visitantes, clientes e clientes potenciais.
- O estande é um local neutro, isto é, não é território nem do vendedor nem do comprador.
- O local deve proporcionar um ambiente que estimule os sentidos dos visitantes.
- Os vendedores devem apresentar um plano de argumentação para cada empreendimento exposto.
- Os vendedores devem saber contornar as possíveis objeções.
- No estande, deve ter documentação institucional (blocos de pedido, blocos de anotações, cartões de visita etc.).
- Os vendedores devem estar descansados.
- Os vendedores devem manter aparência discreta, bem cuidada e usar roupas confortáveis.
- Os vendedores têm que tomar cuidado para não se colocar na frente do ponto de atração do estande.
- Os visitantes devem ser acolhidos com gentileza.
- Os vendedores devem demonstrar satisfação com os visitantes.
- Os vendedores devem manter atitudes que encorajem a entrada dos visitantes.

- Os vendedores devem ter cuidado para não bloquear acidentalmente o acesso ao estande.
- Deve-se deixar o visitante livre para encontrar o seu centro de interesse.
- Deve-se deixar que o visitante perceba que o vendedor está perto para ajudá-lo.
- O vendedor deve ter o cuidado para nunca abordar um visitante pelas costas.
- O vendedor deve tomar a iniciativa, começando a conversa com o visitante.
- O vendedor deve despertar o interesse do visitante pelo produto.
- O vendedor não deve ser prolixo, procurando ouvir atentamente o visitante.
- O vendedor deve tentar descobrir rapidamente quem é o visitante e o que procura.
- O vendedor deve anotar todas as informações em documento próprio.
- O vendedor não deve alimentar-se no estande.
- O estande nunca ficar vazio ou com gente despreparada;
- O vendedor deve informar suas ausências do estande e o instante de seu retorno.
- O ambiente do estande deve ser limpo e asseado.
- O material promocional deve ser distribuído somente para as pessoas interessadas.
- Os vendedores devem ter cuidados com conversas informais.
- Os vendedores devem estar identificados apropriadamente.
- Todos os contatos devem ser avaliados.
- Todos os visitantes classificados como clientes potenciais devem ser identificados para futuros contatos.

10.4 CICLO PDCA

A utilização do Ciclo PDCA está relacionada diretamente à melhoria da qualidade dos produtos e processos realizados pelas empresas. Essa ferramenta é muito importante para as atividades relacionadas à construção de empreendimentos na construção civil.

O Ciclo PDCA é associado, de maneira geral, com o conceito de melhorias e foi desenvolvido na década de 1930, na Bell Laboratories dos Estados Unidos, pelo estatístico Walter A. Shewhart. Esse conceito somente foi popularizado na década de 1950, pelo especialista em qualidade W. Edwards Deming. Ele aplicou o procedimento em trabalhos desenvolvidos no Japão, chamando de Ciclo PDCA (Figura 10.4).

As letras PDCA estão em inglês e significam:

PLAN (Planejar): significa estabelecer os objetivos e processos necessários para fornecer os resultados de acordo com os requisitos estabelecidos. O planejamento envolve:

1. Localizar o problema.
2. Estabelecer metas.
3. Analisar fenômenos (utilizar o gráfico da curva ABC).
4. Analisar o processo (utilizar o diagrama causa e efeito de Ishikawa).
5. Elaborar plano de ação.

DO (Executar): tem a ver com implementar os processos. Após a elaboração do plano de ação, deve ser feita sua divulgação para todos os trabalhadores da empresa, bem como realizar o treinamento necessário para que o plano possa atingir seus objetivos. As ações estabelecidas no plano de ações devem ser executadas de acordo com o planejamento, dentro do cronograma estabelecido, sendo registradas e supervisionadas.

CHECK (Verificar): significa monitorar e medir os produtos e processos, em relação às políticas da empresa e aos requisitos para os produtos e relatar seus resultados. Nessa etapa, a empresa deve executar a verificação da eficácia das ações realizadas na fase anterior. Essa fase consiste das seguintes tarefas:

1. Comparação de resultados (planejado *versus* executado).
2. Listagem dos efeitos secundários (provenientes das ações executadas).
3. Verificação da continuidade dos problemas (eficácia das ações tomadas).

ACT (Atuar): executar as ações para promover a melhoria contínua do desempenho do processo. Essa fase é responsável pela padronização dos procedimentos implantados. Isso é, tendo comprovado a eficácia das ações tomadas e sendo o resultado satisfatório, deve-se padronizar essas ações, transformando-as em procedimentos padrão. Para realizar o processo de padronização, tem-se as etapas:

1. Elaboração, ou alteração, do padrão.
2. Comunicação.
3. Educação e treinamento.
4. Acompanhamento da utilização do padrão.

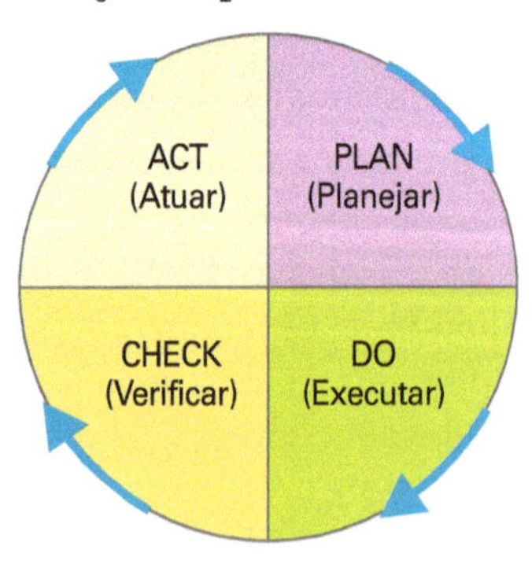

Figura 10.4 • **Ciclo PDCA.**

O ciclo PDCA é dinâmico, pois procura a melhoria contínua da qualidade, pois o processo pode ser reanalisado e um novo processo de mudança poderá ser iniciado. O PDCA, além de ser utilizado para o estabelecimento de metas de melhoria da alta administração da empresa, pode ser utilizado para a solução de problemas críticos da empresa.

10.5 FISCALIZAÇÃO DE OBRAS DE CONSTRUÇÃO CIVIL

A fiscalização de obras é uma atividade muito importante no processo de gerenciamento de empreendimentos. Ela tem a intenção de controlar a produção (medida que avalia os resultados de uma atividade) e a produtividade (capacidade de produzir mais utilizando cada vez menos recursos em menos tempo) prevista na etapa de planejamento do empreendimento.

Com a fiscalização, é possível identificar as possíveis situações de não conformidade e solicitar os devidos ajustes de conduta. Esse procedimento pode evitar conflitos futuros, seja por atrasos nos prazos de entrega ou por problemas da qualidade dos serviços executados.

Todas as ações da fiscalização de obras devem ser registradas no Livro de Ordem de Obras e Serviços, também chamado de Diário de Obras, Boletim Diário, Livro de Ocorrências Diárias, Caderneta de Obras etc., podendo ser físico ou eletrônico.

O Conselho Federal de Engenharia e Agronomia (Confea), por intermédio da Resolução nº 1.094, de 31 de outubro de 2017, publicada no Diário Oficial da União de 6 de novembro de 2017 - Seção 1, p. 155, dispôs sobre a obrigatoriedade da adoção do livro de ordem em obras e serviços de engenharia, agronomia, geografia, geologia, meteorologia e demais profissões vinculadas ao sistema Confea/CREA.

A intenção do Livro de Ordem é proporcionar aos CREAs melhores condições de fiscalização das atividades desenvolvidas pelos profissionais pertencentes ao Sistema Confea/CREA.

O Livro de Ordem é o registro escrito de todas as atividades relacionadas com a obra, ou serviço, sendo subsídio para:

- Comprovar autoria de trabalhos técnicos de engenharia.
- Garantir o cumprimento das instruções, tanto técnicas quanto administrativas.
- Tirar dúvidas sobre as orientações técnicas relativas às obras.
- Possibilitar a avaliação dos motivos de eventuais falhas técnicas, gastos imprevistos e acidentes de trabalho.
- Ser fonte de dados para trabalhos estatísticos.

Por meio do Livro de Ordem, é possível confirmar, juntamente com a ART, a efetiva participação dos profissionais na execução dos trabalhos das obras ou serviços, de modo a permitir a verificação da medida dessa participação, inclusive para a expedição de Certidão de Acervo Técnico (CAT).

O Livro de Ordem deve conter o registro, a cargo do responsável técnico, de todas as ocorrências relevantes dos empreendimentos.

A Resolução nº 1.094 determina que serão, obrigatoriamente, registrados no Livro de Ordem:

- Dados do empreendimento, de seu proprietário, do responsável técnico e da respectiva ART.
- As datas de início e de previsão da conclusão das obras ou serviços.
- As datas de início e de conclusão de cada etapa programada para as obras.
- Os relatos de visita do responsável técnico.
- O estágio de desenvolvimento do empreendimento no dia de cada visita técnica.
- Orientação de execução, mediante a determinação de providências relevantes para o cumprimento dos projetos e especificações.
- Acidentes e danos materiais ocorridos durante os trabalhos nas obras.
- Nomes de empresas e prestadores de serviços contratados ou subcontratados, caracterizando as atividades e seus encargos, com as datas de início e conclusão, e números das respectivas ARTs.
- Os períodos de interrupção dos trabalhos e seus motivos, quer de caráter financeiro ou meteorológico, quer por falhas em serviços de terceiros não sujeitas à ingerência do responsável técnico.
- Outros fatos e observações que, a juízo ou conveniência do responsável técnico pelo empreendimento, devam ser registrados.

LEMBRE-SE!

- **Todos os relatos de visitas deverão ser datados e assinados pelo responsável técnico pela obra ou serviço.**
- **Quem receber orientação de execução dada pelo responsável técnico deverá dar ciência da orientação por meio da sua assinatura no Livro de Ordem.**
- **A data de encerramento do Livro de Ordem deve ser a mesma de solicitação da baixa de responsabilidade técnica junto ao CREA, por conclusão do empreendimento, por distrato ou por outro motivo relacionado.**

Uma mesma obra ou empreendimento poderá ter mais de um Livro de Ordem, conforme a quantidade de responsáveis técnicos cujas atividades técnicas tenham obrigatoriedade de registro para emissão de CAT.

O exemplo a seguir mostra um modelo de Livro de Ordem, ou Diário de Obra.

Exemplo 10.2 • LIVRO DE ORDEM

Termo de abertura

Livro de ordem nº ______________/__________ - CREA-SP

ART nº ____

Identificação do empreendimento

ART nº		Nº Contrato	
End. obra/serviço			
Tipo de obra/serv.			
Data de início obra/serv.	___/___/___	Data da conclusão	___/___/___
Identificação do(a) proprietário(a)			
Nome			
Endereço			
Telefone			
Autores dos projetos da obra/serviço			
Projeto	Profissional	Nº CREA	Nº ART
Arquitetura			
Fundações			
Muros de arrimo			
Estruturas de concreto armado			
Estruturas metálicas			
Instal. hidráulicas			
Instal. elétricas			
Rede estruturada (telefonia, internet)			
Rede de vigilância			
Automação			
Prev. de incêndio			
Ar condicionado			
Elevadores			

Responsáveis técnicos pela execução da obra/serviço			
Profissional		Nº CREA	Nº ART
Eng. residente			
Eng. fiscal			
Eng. fiscal			
Construtora		Nº CREA	Nº ART

DECLARAÇÃO

Declaro que em cumprimento à Resolução nº 1.094, de 2017 - Confea, me comprometo a manter este Livro de Ordem permanentemente no local da obra/serviço, utilizando-o regularmente para os registros e providências.

São Paulo/SP, ___/___/___ ________________________

assinatura do profissional

Livro de ordem nº ___________/_______ - CREA-SP página 001

ART nº ______________________________

Registro de fatos, determinações e providências

Data	Anotações	Ciente

Livro de ordem nº ___________/_______ - CREA-SP

ART nº ______________________________

Outros fatos relevantes

Ocorrência de acidentes	Sim		Não	

Data	Tipo de acidente

Períodos de interrupção

Data	Motivos

Declaração de paralisação dos serviços da obra

Por esse termo, declaro que os serviços da obra foram paralisados pelos motivos acima expostos, devendo a obra/serviço ficar em inatividade pelo período de ____/____/____ a ____/____/____. Me comprometo em informar o seu reinício em declaração escrita.

São Paulo/SP, ____/____/____ ____________________

assinatura do profissional

Declaração de reinício dos serviços da obra

Declaro que a obra/serviço teve seu reinício efetivado nesta data em virtude de paralisação declarada em termo próprio.

São Paulo/SP, ____/____/____ ____________________

assinatura do profissional

Ficha de andamento das etapas da obra/serviço

Livro de ordem nº ________/______ - CREA-SP

ART. nº ____________________

Data ____/____/____

Situação dos serviços hoje (assinalar com "X")						Anotações relevantes
Item	Projetos	Iniciado	Andamento	Prejudicado	Concluindo	
1	Arquitetura					
2	Terraplenagem					
3	Fundações					
4	Muros de arrimo					
5	Estruturas de concreto armado					
6	Estruturas metálicas					
7	Instal. hidráulicas					
8	Instal. elétricas					

9	Rede estruturada (telefonia, internet)					
10	Rede de vigilância					
11	Automação					
12	Prev. de incêndio					
13	Ar condicionado					
14	Elevadores					
15	Cobertura					
16	Revestimentos					
17	Limpeza					

Observações:

Relação de subcontratos

Livro de ordem nº ____________/________ - CREA-SP

ART nº ________________________________

Subempreitadas e prestação de serviços

Nome	Serviços a seu encargo	nº ART	Início e conclusão

Livro de ordem nº ____________/________ - CREA-SP

ART nº ________________________________

Termo de encerramento

Declaro para fins que se fizerem necessários, que a obra/serviço, descritos neste Livro de Ordem, foi concluída(o), bem como a(s) ART(s) correspondente(s) foi(ram) baixada(s), e me comprometo em anexá-la(s) e este Termo de Encerramento e entregar no Departamento de Fiscalização do CREA-SP.

São Paulo/SP, ___/___/___ ________________________

assinatura do profissional

OBSERVAÇÃO

A falta do Livro de Ordem no local da obra ou serviço, bem como dos respectivos registros e das providências estabelecidas nessa resolução, ensejará na apuração de infração à alínea *c* do art. 6º da Lei nº 5.194 de 24 de dezembro de 1966, e ao art. 9º do código de ética do profissional da engenharia e agronomia, com a aplicação das penalidades previstas nos artigos 72 e 73 da Lei nº 5.194, de 1966.

10.6 DESMOBILIZAÇÃO DA OBRA

A desmobilização de um empreendimento começa antes mesmo da limpeza do terreno, pois deverá fazer parte do planejamento executivo da obra. No planejamento executivo, deve haver um plano da qualidade, com as diretrizes gerais e as definições de responsabilidades

O plano da qualidade deve ter os itens:

- Nome da Obra.
- Dados da Obra (descrição detalhada da obra).
- Organograma da obra.
- Responsabilidades e autoridades (descrição para cada cargo da obra).
- Descrição dos serviços críticos (tabela com o código de todos os serviços da obra, suas descrições e indicação se são críticos ou não).
- Descrição dos materiais críticos (tabela como código de todos os materiais a serem utilizados na obra, suas descrições e indicação se são críticos ou não).
- Registro de inspeção (registro de inspeção de serviços e registro de inspeção de materiais).
- Propriedades do cliente (quais solicitações de modificações durante a execução da obra podem ser feitas pelos clientes).
- Infraestrutura e recursos (canteiro de obras, equipamentos de produção, equipamentos de escritório, dispositivos de medição e monitoramento)
- Disposições sobre segurança (PCMAT, PCMSO, CIPA, EPI, EPC, Reuniões de Segurança, Brigada de Incêndio).
- Tratamento de resíduos (resíduos sólidos, esgoto).

- Fiscalização e controle da obra (responsáveis e periodicidade).
- Mecanismos de divulgação da política da qualidade (*banners*, cartazes).
- Documentação disponível na obra (ART, PCMAT, PCMSO, Alvará de Construção, Contrato).
- Cronograma (inicial, executado com atualização mínima mensal).
- Aprovação do Plano da Qualidade (Assinatura do Responsável pela obra).

Alguns tipos de desmobilização podem ser considerados como parte integrante das obras, como por exemplo:

1. Desmobilização de materiais para bota-fora (entulhos).
2. Desmobilização de materiais não usados e/ou reutilizáveis.
3. Desmobilização de equipamentos.

Os entulhos gerados no canteiro de obras devem atender às exigências das legislações locais, bem como as normas de segurança para acondicionamento e remoção dos diversos materiais (NR-18 - Condições e Meio Ambiente de Trabalho na Indústria da Construção).

É importante identificar os materiais que são considerados "sobras" e que podem ainda ser utilizados - por exemplo os materiais de pintura, fios e cabos de redes provisórias, madeiramento dos barracões e silos, telhas, entre outros e também os materiais que não chegaram a ser utilizados, como PVC, argamassas industrializadas, pisos etc. Para esses grupos de materiais, há uma destinação específica que, na maioria dos casos, é feita através de negociação interna entre os responsáveis diretos das obras sob supervisão, em alguns casos da diretoria, ou conduzidos a um local pré-determinado para estocagem e futura reutilização.

No caso dos equipamentos, esses podem ser classificados em próprios e não próprios no caso de equipamentos alugados, com a desmobilização definida muitas vezes através do cronograma físico da obra (gruas, torres Hércules etc.). Todos os materiais e equipamentos do barracão de escritórios, como computadores, aparelhos de ar condicionado, impressoras, mobiliário, instalações especiais e outros, serão vendidos ou guardados para futura utilização em outras obras.

Essas medidas têm como objetivo auxiliar os responsáveis pela obra (engenheiros, equipes, diretores), no pós-entrega das obras, evitando passivos financeiros (aluguéis) ou situações desagradáveis com o cliente final, pois o que ocorre com grande facilidade nos canteiros de obra é a improvisação no trato dos diversos materiais que entram e saem, como os restos de equipamentos danificados que são guardados e os entulhos em áreas ditas "perdidas" nas garagens, ou terrenos baldios vizinhos que podem vir a acarretar multas, custo para retirada com a obra pronta e, consequentemente, insatisfação do cliente.

10.7 RECEBIMENTO E TERMO DE GARANTIA DA OBRA

A melhoria da qualidade nos processos de produção das edificações introduziu significativas mudanças na construção civil. Essa melhoria veio com a abordagem mais ampla de todo o processo construtivo e dos fatores intervenientes envolvidos.

O processo de produção das edificações geralmente era constituído de duas etapas:

1. **Etapa de projeto:** desde a definição conceitual até a produção de detalhes executivos.
2. **Etapa de execução da edificação em canteiro de obras:** desde os serviços preliminares até a entrega da obra.

Em uma abordagem sistêmica, a edificação construída deve ser vista como a realização do objetivo do processo de produção da edificação, pois somente após à conclusão dos projetos e da execução da edificação é que ela poderá ser colocada a serviço dos seus usuários.

As etapas posteriores à construção da edificação (operação, uso e manutenção) estão diretamente relacionadas com os objetivos do processo de produção das edificações e, portanto, com a qualidade do processo.

Em função de suas características intrínsecas, existe uma integração entre as etapas posteriores à execução da edificação. Existe também de forma própria a integração entre as etapas de projeto e a de execução da edificação em canteiro de obras.

As técnicas de avaliação pós-ocupação (APC) têm sido utilizadas para descrever às etapas de projeto e execução as condições reais de apropriação pelos usuários do espaço construído, identificadas a partir de observações das etapas de operação, uso e manutenção.

A qualificação da documentação técnica produzida ao longo das etapas de projeto e execução (*as built*) e seu direcionamento para esclarecer dúvidas relativas às etapas de operação, uso e manutenção, sistematizada na forma de manuais de operação, uso e manutenção das edificações, tem sido outro instrumento útil para melhorar a comunicação no processo.

Para o termo de garantia e manual da edificação, devem ser observadas as normas da ABNT:

- **NBR 5674:2012:** manutenção de edificações – procedimento.
- **NBR 13531:1995:** elaboração de projetos de edificações – atividades técnicas.

O manual da edificação deve ser um instrumento observado como parte das garantias oferecidas pelo construtor ao comprador, ou usuário do imóvel, em decorrência do estabelecido no Código de Defesa do Consumidor (CDC) em seu artigo 50 e seu parágrafo único:

> Art. 50 – A garantia contratual é complementar à legal e será conferida mediante termo escrito.
>
> Parágrafo único – O termo de garantia ou equivalente deve ser padronizado e esclarecer, de maneira adequada, em que consiste a mesma garantia, bem como a forma, o prazo e o lugar em que pode

ser exercitada e os ônus a cargo do consumidor, devendo ser-lhe entregue, devidamente preenchido pelo fornecedor, no ato do fornecimento, acompanhado de manual de instrução, de instalação e uso de produto em linguagem didática, com ilustrações.

O manual da edificação deverá acompanhar o termo de garantia contratual que, por sua vez, é complementar à garantia legal especificada no Art. 1245 do Código Civil Brasileiro:

> Art. 1245 - Nos contratos de empreitada de edifícios ou outras construções consideráveis, o empreiteiro de materiais e execução responderá, durante 5 (cinco) anos, pela solidez e segurança do trabalho, assim em razão dos materiais, como do solo, exceto, quanto a este, se, não o achando firme, preveniu em tempo o dono da obra.

Esse prazo de garantia legal, que no caso dos edifícios é também chamado de garantia quinquenal, refere-se exclusivamente aos casos de solidez e segurança da edificação, ou seja, ocorrências que possam vir a causar ameaças à integridade física de pessoas. São ocorrências que se enquadram na definição de defeito estabelecida também no CDC:

> Art. 12 - O fabricante, o produtor, o construtor, nacional ou estrangeiro, e o importador respondem, independentemente da existência de culpa, pela reparação dos danos causados aos consumidores por defeitos decorrentes de projeto, fabricação, construção, montagem, fórmulas, manipulação, apresentação ou acondicionamento de seus produtos, bem como por informações insuficientes ou inadequadas sobre sua utilização e riscos.
>
> § 1º - O produto é defeituoso quando não oferece a segurança que dele legitimamente se espera, [...].

O Termo de Garantia Contratual é complementar à garantia legal. É um termo que precede e acompanha o manual da edificação. O termo de garantia, ou equivalente, deve esclarecer, de maneira adequada, em que consiste a mesma garantia, bem como a forma, o prazo e o lugar em que pode ser exercitada e os ônus a cargo do consumidor, devendo ser-lhe entregue, devidamente preenchido pelo construtor, no ato da entrega e recebimento do imóvel.

As garantias oferecidas pelo Construtor devem especificar as exigências quanto aos prazos de atendimento aos vícios da construção, tal como mencionado no CDC:

> Art. 18 - Os fornecedores de produtos de consumo duráveis ou não duráveis respondem solidariamente pelos vícios de qualidade ou quantidade que os torne impróprios ou inadequados ao consumo a que se destinam ou lhes diminuam o valor, assim como por aqueles decorrentes da disparidade, com as indicações constantes do recipiente, da embalagem, rotulagem ou mensagem publicitária, respeitadas as variações decorrentes de sua natureza, podendo o consumidor exigir a substituição das partes viciadas.

Os vícios da construção (não confundir com defeito, citado anteriormente) podem ser de duas naturezas:

- vícios aparentes ou de fácil constatação;
- vícios ocultos, qualificados como vícios redibitórios.

Os vícios têm prazo de prescrição semestral fixado pelo Código Civil e, dessa maneira, o momento para que o vício fique evidenciado não deverá ultrapassar esse tempo: "Art. 178. Prescreve-se: [...] §5º Em 6 (seis) meses: [...] IV - a ação para haver o abatimento do preço da coisa imóvel, recebida com vício redibitório, [...]".

Já o termo de garantia contratual, complementar à garantia legal, poderá conter a descrição das garantias complementares oferecidas pelos fornecedores de componentes, instalações e equipamentos da edificação, identificando-se prazos de validade e responsabilidades dos usuários da edificação para a validade dessas garantias.

Na identificação dos fornecedores de componentes, instalações e equipamentos, incluindo nomes, registros profissional e/ou empresarial, endereço e telefone, deve ser feita a observação de que o contato direto com esses fornecedores é uma faculdade e não uma responsabilidade dos usuários da edificação. A inspeção final da obra deve ser feita com a utilização de uma planilha denominada *checklist*. A seguir, é apresentado um exemplo de Planilha de Inspeção Final de Obra.

Exemplo 10.3 • *CHECKLIST* - INSPEÇÃO FINAL DE OBRA

Quando as obras de construção civil terminam, é necessário que seja realizado com o cliente a verificação da qualidade de todas atividades realizadas - *checklist* (Tabela 10.1).

Tabela 10.1 • **Exemplo de *checklist* - inspeção final da obra**

Obra						
Quadra		Lote		Prédio	Apartamento	
Fiscal						
Cliente						
Item	Ambiente		OK	Não	Observação	
1	Sala					
1.1	Porta de entrada					
1.2	Janela					
1.3	Vidros					
1.4	Tomadas					
1.5	Interruptores					

1.6	Quadro de luz			
1.7	Pintura			
1.8	Piso			
Item	Ambiente	OK	Não	Observação
2	Cozinha			
2.1	Porta para sala			
2.2	Pia			
2.3	Válvula da pia			
2.4	Sifão da pia			
2.5	Torneira			
2.6	Janela			
2.7	Vidros			
2.8	Tomadas			
2.9	Interruptores			
2.10	Pintura			
2.11	Azulejos			
2.12	Piso			
Item	Ambiente	OK	Não	Observação
3	Área de serviço			
3.1	Porta para cozinha			
3.2	Tanque			
3.3	Válvula do tanque			
3.4	Sifão do tanque			
3.5	Torneira			
3.6	Tomadas			
3.7	Pintura			
3.8	Azulejos			
3.9	Piso			

Item	Ambiente	OK	Não	Observação
4	Banheiro			
4.1	Porta			
4.2	Lavatório			
4.3	Válvula do lavatório			
4.4	Sifão do lavatório			
4.5	Torneira			
4.6	Bacia sanitária			
4.7	Caixa acoplada			
4.8	Ralos			
4.9	Janela			
4.10	Vidros			
4.11	Tomadas			
4.12	Interruptores			
4.13	Pintura			
4.14	Azulejos			
4.15	Piso			
Item	Ambiente	OK	Não	Observação
5	Quarto 1			
5.1	Porta			
5.2	Janela			
5.3	Vidros			
5.4	Tomadas			
5.5	Interruptores			
5.6	Pintura			
5.7	Piso			
Item	Ambiente	OK	Não	Observação
6	Quarto 2			
6.1	Porta			
6.2	Janela			

6.3	Vidros			
6.4	Tomadas			
6.5	Interruptores			
6.6	Pintura			
6.7	Piso			
Item	**Ambiente**	**OK**	**Não**	**Observação**
7	Ambiente externo			
7.1	Telhado			
7.2	Calha			
7.3	Pintura			
7.4	Calçamento			
7.5	Jardim			
7.6	Gradil			
OBSERVAÇÃO: a garantia da integridade de vidros, pintura, louças e metais não se extingue na entrega das chaves.				

A seguir, algumas definições da NBR 13531:1995 - Elaboração de projetos de edificações - Atividades técnicas:

- **Colocação em uso:** atividades necessárias para permitir a ocupação inicial da edificação e a colocação em condições de funcionamento de suas instalações e equipamentos.
- **Componente:** produto constituído por materiais definidos e processados em conformidade com princípios e técnicas específicos da Engenharia e da Arquitetura para, ao integrar elementos ou instalações prediais da edificação, desempenhar funções específicas em níveis adequados.
- **Discriminação técnica:** descrição qualitativa e quantitativa de materiais, componentes, equipamentos e técnicas a serem empregados na realização de um serviço ou obra.
- **Durabilidade:** propriedade da edificação e de suas partes constituintes de conservarem a capacidade de atender aos requisitos funcionais para os quais foram projetadas, quando expostas às condições normais de utilização ao longo da vida útil projetada.
- **Edificação:** ambiente construído constituído de uma ou mais unidades autônomas e partes de uso comum.
- **Equipamento:** utensílio ou máquina que complementa o sistema construtivo para criar as condições de uso da edificação.

- **Garantia:** termo de compromisso de funcionamento adequado de uma edificação, componente, instalação, equipamento, serviço ou obra, emitido pelo seu fabricante ou fornecedor.
- **Inspeção:** avaliação do estado da edificação e de suas partes constituintes com o objetivo de orientar as atividades de manutenção.
- **Instalações:** produto constituído pelo conjunto de componentes construtivos definidos e integrados em conformidade com princípios e técnicas da engenharia e da arquitetura para, ao integrar a edificação, desempenhar em níveis adequados determinadas funções ou serviços de controle e condução de sinais de informação, energia, gases, líquidos e sólidos.
- **Manual de operação, uso e manutenção:** documento que reúne apropriadamente todas as informações necessárias para orientar as atividades de operação, uso e manutenção da edificação.
- **Manutenção:** conjunto de atividades a serem realizadas para conservar ou recuperar a capacidade funcional da edificação e de suas partes constituintes de atender às necessidades e à segurança dos seus usuários.
- **Operação:** conjunto de atividades a serem realizadas para controlar o funcionamento de instalações e equipamentos com a finalidade de criar condições adequadas de uso da edificação.
- **Projeto:** descrição gráfica e escrita das características de um serviço ou obra de engenharia ou de arquitetura, definindo seus atributos técnicos, econômicos, financeiros e legais.
- **Proprietário:** pessoa física ou jurídica que tem o direito de dispor da edificação.
- **Sistema construtivo:** conjunto de princípios e técnicas da engenharia e da arquitetura utilizado para compor um todo capaz de atender aos requisitos funcionais para os quais a edificação foi projetada, integrando componentes, elementos e instalações.
- **Uso:** atividades normais projetadas para serem realizadas pelos usuários dentro das condições ambientais adequadas criadas pela edificação.
- **Usuário:** pessoa física ou jurídica, ocupante permanente ou não permanente da edificação.
- **Vida útil:** intervalo de tempo ao longo do qual a edificação e suas partes constituintes atendem aos requisitos funcionais para os quais foram projetadas, obedecidos os planos de operação, uso e manutenção previstos.

As obras, particulares ou públicas, conforme as características dos contratantes dos serviços, têm aspectos diferentes para seus processos de recebimento.

10.7.1 OBRAS PARTICULARES

Essas podem ser divididas em obras de incorporação e obras em regime de condomínio.

Nas *obras por incorporação*, a entrega da unidade (apartamento ou casa) é o momento que ocorre a finalização de uma sequência de serviços efetuadas durante o prazo de execução da edificação. A entrega da unidade pode ser separada em duas categorias:

- Entrega técnica.
- Entrega oficial das chaves.

A entrega técnica da obra ocorre, para algumas empresas, quando todos os serviços referentes a obra estejam completamente executados e de acordo com o padrão de qualidade e especificações definidos pela construtora no seu plano de qualidade. Assim, para isso, não pode haver nenhum tipo de pendência física ou mesmo financeira na execução da obra.

Para verificar se o serviço foi realizado, são feitas as medições dos serviços executados. Esses precisam atender estritamente ao que está definido na instrução de execução do serviço que consta no manual da qualidade da empresa e no plano de qualidade da obra, independentemente se a empresa trabalha com mão de obra terceirizada ou do seu próprio quadro de operários. A verificação da realização das atividades que é feita em campo é fundamental para o acompanhamento dos serviços, ou seja, assa verificação tem como objetivo atestar sua qualidade e o cumprimento de metas quantitativas e prazos. Com todos os serviços da obra prontos, em prazo determinado pela gerência da obra, inicia-se a vistoria interna.

A vistoria interna do empreendimento também faz parte do plano da qualidade da obra, é feita em todos os ambientes da obra e são verificados todos os serviços executados nos mesmos. Após a realização da vistoria interna, o relatório correspondente retorna para a equipe de produção que faz as correções necessárias, solicitando ao vistoriador a última verificação. Então, se tudo estiver dentro dos padrões de qualidade, a obra dá-se como pronta.

Com a obra pronta, o proprietário é convidado para receber a unidade (apartamento ou casa). Durante a visita de recebimento, deve ser preenchido e assinado um documento específico denominado *termo de vistoria de obra*. No caso da existência de alguma não conformidade relatada nessa vistoria, é feita a correção e remarcada outra visita para efetuar a segunda vistoria, assim feito até a *entrega técnica* da unidade. Os serviços relatados na vistoria com o cliente serão corrigidos, mas somente se as solicitações do cliente forem procedentes e dentro do padrão de qualidade especificado para a obra.

Feita a *entrega técnica* da unidade ao cliente, esse assinará o documento aceitando a unidade. Após isso, todas as chaves do imóvel são enviadas ao setor de incorporação da empresa, e a mesma convida o proprietário para fazer a entrega oficial da unidade, a qual tem como exigência, também, que o cliente esteja rigorosamente em dia com as obrigações financeiras de sua unidade (apartamento ou casa) junto a empresa.

As *obras em regime de condomínio* seguem as mesmas sequências de procedimentos utilizados nas obras por incorporação, tendo como únicas diferenças:

- Quem faz as vistorias internas das unidades é o engenheiro fiscal contratado diretamente pelos condôminos ao longo da execução da obra.
- A entrega definitiva das chaves é feita imediatamente à aceitação na vistoria com o cliente, desde que o mesmo esteja adimplente com suas obrigações financeiras frente ao condomínio, fato que é checado pela própria administração da obra.

Tem-se ainda os procedimentos adotados para a entrega das áreas comuns dos empreendimentos, os quais são basicamente os mesmos que ocorrem com as unidades autônomas. Em obras particulares, tanto no caso da incorporação como de condomínios, as construtoras procuram estimular a formação de comissão de proprietários, com ou sem o engenheiro fiscal contratado (no caso de condomínio), para que, após todo o processo de vistorias internas feitas pela construtora, essa comissão, em data previamente combinada, venha executar sua vistoria nos diversos ambientes e equipamentos das áreas comuns.

As construtoras em geral têm seus formulários de vistoria e procedimentos próprios de vistoria. No caso da constituição de comissão de proprietários, seus membros devem ser orientados quanto ao significado de alguns itens constantes no formulário, como por exemplo:

- *Checklist* de equipamentos hidráulicos, elétricos e telefônicos.
- *Checklist* de redes em funcionamento (água, esgoto e pluvial).
- Manual de uso e manutenção de equipamentos para ser entregue ao síndico (piscina, bar, salão de festas, ginástica, jogos, quadra de esportes, sauna etc.).
- *As built* dos projetos executados.

A entrega de obra é uma atividade integrante do planejamento e do processo relacionado ao projeto de um empreendimento imobiliário. Os termos de garantia e o manual do proprietário devem ser entregues no ato do recebimento do imóvel. Neles devem constar as informações sobre prazos de garantia e manutenções preventivas necessárias de itens de serviços e materiais, relativas à unidade autônoma e às áreas comuns.

Na vistoria das áreas comuns, utiliza-se o documento denominado *termo de vistoria das áreas comuns*. Nessa vistoria, são verificadas se as especificações constantes no memorial descritivo foram atendidas e se há vícios aparentes de construção. Também são testadas as instalações e os equipamentos constantes na obra. Dessa forma, será feito o recebimento por parte do cliente, apontando as possíveis pendências a serem reparadas pelo construtor, caso houver vícios, para sua aceitação.

No momento da vistoria, será entregue ao síndico ou representante da comissão de proprietários a versão definitiva do *manual de áreas comuns* com a indicação dos principais fornecedores, a relação de projetos, *as built* e os documentos da obra com a intenção de especificar a utilização mais adequada e a manutenção das áreas comuns, de acordo com os sistemas construtivos e materiais empregados. Esse manual também informa e esclarece quanto aos riscos de perda de garantia devido ao mau uso pela falta de conservação e manutenção preventiva adequadas.

Para que a manutenção preventiva obtenha os resultados esperados de conservação, objetivando o prolongamento da vida útil do imóvel, deve ser elaborado o Programa de Manutenção Preventiva baseados na norma técnica da ABNT - NBR 5674:2012 -Manutenção de edificações - Procedimento, que trata da manutenção de edificações, e nas informações contidas no manual do proprietário e no manual das áreas comuns, em que atividades e recursos são planejados e executados de acordo com as especificações e peculiaridades de cada empreendimento. O síndico é o responsável por elaborar, implantar e acompanhar o Programa de Manutenção Preventiva, mas deve ser acompanhada por parte do construtor.

Assim, a incorporadora e/ou construtora fica responsável por:

- fornecer todas as documentações necessárias;
- entregar o termo de garantia, o manual do proprietário, manual das áreas comuns contendo as informações específicas do edifício;
- realizar os serviços de assistência técnica dentro do prazo e condições de garantia;
- prestar esclarecimentos técnicos sobre materiais e métodos construtivos utilizados e equipamentos instalados e entregues ao edifício.

A seguir, é apresentado um exemplo de termo de recebimento de obra.

Exemplo 10.4 • TERMO DE RECEBIMENTO DE OBRA

Contratante: (nome)

Contratado(a): (nome)

Objeto Construção de (especificar), na (endereço).

Após constatar que a obra foi executada de acordo com as condições contratuais e em obediência aos projetos, especificações técnicas e demais elementos fornecidos pelo(a) contratante, encontrando-se concluída, recebo formalmente a mesma.

Local e Data:

(assinatura)

(nome do(a) contratante)

LEMBRE-SE!

A garantia legal especificada no Artigo 1.245 do Código Civil Brasileiro é:

Art. 1.245 - Nos contratos de empreitada de edifícios ou outras construções consideráveis, o empreiteiro de materiais e execução responderá, durante 5 (cinco) anos, pela solidez e segurança do trabalho, assim em razão dos materiais, como do solo, exceto, quanto a este, se, não o achando firme, preveniu em tempo o dono da obra.

Os vícios têm prazo de prescrição semestral, fixado pelo Código Civil e, desta maneira, o momento para que o vício fique evidenciado não deverá ultrapassar este tempo:

Art. 178. Prescreve-se:

§ 5º Em 6 (seis) meses.

10.7.2 OBRAS PÚBLICAS

Nas obras públicas, as vistorias são realizadas por fiscal residente, ou que acompanha a obra com visitas periódicas, solicitando as correções de todos os serviços não conformes. A fiscalização é realizada com o uso de formulário específico, que pode sofrer variações conforme o órgão fiscalizador.

Após a conclusão dos serviços da obra, constante no escopo do contrato, o fiscal dá como finalizada a obra, passando assim ao órgão contratante para fornecer a construtora o documento de recebimento da obra. O recebimento de obras públicas estará sujeito ao recebimento provisório da obra e ao recebimento definitivo da obra.

O artigo 73 da Lei de Licitações, Lei nº 8.666/1993, determina a existência de duas fases bem distintas para o processo de finalização: o recebimento provisório e o definitivo de obras e serviços de engenharia.

O recebimento provisório é feito pelo responsável pelo fiscal responsável pelo acompanhamento e fiscalização da obra, mediante termo circunstanciado, assinado pelo fiscal e pelo construtor, em até 15 dias da comunicação escrita do contratado.

O recebimento definitivo é feito por um servidor público ou por comissão designada pela autoridade competente, através de termo circunstanciado, assinado pelas partes envolvidas, após o decurso do prazo de observação ou de vistoria que comprove a adequação do objeto aos termos contratuais, observado o art. 69 da Lei nº 8.666/1993.

O inciso III do artigo 74 dessa lei faculta, em algumas circunstâncias, a realização do recebimento provisório, desde que sejam avaliados o risco e a oportunidade da previsão ou não de maiores e melhores prescrições sobre o recebimento nos documentos licitatórios, bem como mostra a existência de obras e serviços de engenharia com duplo recebimento.

Esse processo de recebimento de obras e serviços de engenharia está correlacionado de forma direta à maior ou menor materialidade da obra, isso é, obras e serviços de valores até R$ 80.000,00 - desde que não acompanhadas de aparelhos, equipamentos e instalações sujeitas à verificação de funcionamento e produtividade - correspondem a *recebimento simples*, podendo ter somente a etapa relativa ao recebimento definitivo.

No caso de obras e serviços de engenharia estarem acima de R$ 80.000,00 - ou mesmo abaixo, mas compostas de aparelhos, equipamentos e instalações sujeitas à verificação de funcionamento e produtividade -, são consideradas um recebimento caracterizado como ato de *recebimento complexo*, constituindo assim as fases de recebimento provisório como a de recebimento definitivo.

No caso do recebimento simples, conforme a alínea *b* do inciso I do artigo 73 da Lei nº 8.666/1993, esse é realizado por servidor ou comissão designada pela autoridade competente. No caso de ato complexo, resultante da manifestação de vontade de mais de um órgão, quando compreendido na realidade de um recebimento complexo, reflete a vontade do fiscal do contrato conjugada com a do servidor ou comissão designada pela autoridade competente, na forma das alíneas *a* e *b* do inciso I do artigo 73 da Lei nº 8.666/1993.

Tanto para o recebimento simples, com dispensa do recebimento provisório, como para o recebimento complexo, o término das obras e dos serviços deve ser caracterizado pela comunicação escrita da empresa contratada ao órgão, que deve ser feita dentro do prazo de execução contratual fixado no instrumento convocatório ou respectivos anexos (alínea *a* do inciso I do artigo 73 da Lei nº 8.666/1993). Se a comunicação não vier a ser feita nesse prazo, a contratada incorre automaticamente em mora, sendo, pois, cabíveis as penalidades administrativas.

Após a comunicação de término dos serviços, a fiscalização deve realizar a vistoria no local da obra ou serviço e emitir:

a) No caso de recebimento complexo, o *termo de recebimento provisório* em até 15 dias da data da referida comunicação - assinado por ambas as partes contratantes - que pode vir a consignar ou não pendências em relação à execução do objeto.

b) No recebimento simples, o *recibo* (parágrafo único do artigo 74 da Lei nº 8.666/1993) em até 40 dias da data da referida comunicação, que poderá ter um prazo para correção de eventuais pendências pela contratada, na forma do que previsto pelo artigo 69 da Lei nº 8.666/1993, com a necessidade de realização de nova vistoria por parte da fiscalização para a verificação da correção das pendências, sendo que no caso de não atendimento das correções das pendências, a contratada incorre em mora a partir da data da segunda vistoria.

Se o termo de recebimento provisório mostrar pendências em relação à obra ou ao serviço, deve ser fixado pela fiscalização, no próprio termo, prazo razoável para os reparos, correções, remoções, reconstruções ou substituições relativas ao objeto do contrato (art. 69 da Lei nº 8.666/1993), limitado, em regra, a 30 dias.

Concluídos os trabalhos pela contratada dentro do prazo fixado, deve ser emitida nova comunicação escrita à fiscalização para uma segunda vistoria. Então, a fiscalização emite, uma vez constatada a regularização das pendências apontadas, comunicado interno em até cinco dias contados da comunicação da contratada para que sejam efetivadas as providências com vistas ao recebimento definitivo. Caso as pendências não tenham sido sanadas, a contratada passa a incorrer em mora a partir da data da segunda vistoria.

A partir da comunicação interna do fiscal ou do termo de recebimento provisório, na hipótese desse não haver pendências, deve-se fixar no edital um período, entre dez e 30 dias, conforme o tamanho ou complexidade da obra, para observação do funcionamento dos equipamentos e instalações. Após esse prazo, será concluída a vistoria para fins de recebimento definitivo por servidor público ou comissão designada previamente pela autoridade competente (alínea *b* do inciso I do artigo 73 da Lei nº 8.666/1993). Se novas pendências forem detectadas, deve ser concedido novo prazo para adequação, em regra de até 15 dias, não importando em penalização da contratada.

Por fim, tendo sido verificada a regularização de todas as pendências em vistoria final, realizada após uma última comunicação escrita da contratada, emite-se o termo de recebimento definitivo da obra ou serviço em até dez dias contados daquela comunicação, de modo que os períodos entre a emissão dos termos de recebimento provisório e definitivo não ultrapassem os 90 dias previstos pelo § 3º do artigo 73 da Lei nº 8.666/1993, salvo excepcionalidades devidamente justificadas e conforme previsão no edital.

Deverá, então, ser providenciado o pagamento do saldo existente em relação ao valor contratual e liberada a garantia somente após o recebimento definitivo (§ 4º do artigo 56 da Lei nº 8.666/1993). A vigência dessa garantia, no caso de utilização da modalidade seguro-garantia, deverá estender-se até o recebimento final e definitivo da obra contratada.

SÍNTESE

O gerenciamento de materiais, tempo e mão de obra é fundamental para a boa execução de uma obra. Gerenciar e monitorar são ações basilares e há amplo instrumental para tal. Para tal, deve-se ficar atento para elementos que envolvem aspectos da produção e da produtividade. Como ferramentas de negócio, temos o marketing de relacionamento e as atividades de medição e recebimento de obras e serviços. É muito importante atentar-se aos procedimentos e normas relacionados neste capítulo e nesta obra, atualizando-se sempre sobre os temas aqui organizados e as possíveis mudanças e atualizações que ocorram em torno deles.

REFERÊNCIAS

ABIKO, A. K.; MARQUES, F. S.; CARDOSO, F. F.; TIGRE, P. B. (Orgs.). **Setor de construção civil: segmento de edificações**. Brasília: SENAI/DN, 2005.

ABREU FILHO, J. C. F.; SOUZA, C. P.; GONÇALVES, D. A. Finanças corporativas. São Paulo: FGV, 2012. (Série Gestão Empresarial)

ALMEIDA, M. I. R. **Manual de planejamento estratégico**. São Paulo: Atlas, 2010.

AMARAL, A. C. C. **Licitação e contrato administrativo**: estudos, parecer e comentários. Belo Horizonte: Fórum, 2006.

BRASIL. Lei nº 8.666, de 21 de julho de 1993. **Diário Oficial da União. Brasília**, DF, 21 jul. 1993. Disponível em: <www.planalto.gov.br/CCIVIL_03/leis/L8666cons.htm>. Acesso em: 4 jan. 2018.

______. Ministério da Educação. **Educação profissional**: referências curriculares nacionais da educação profissional de nível técnico. Área profissional: construção civil. Brasília, DF: MEC, 2000. Disponível em: <http://portal.mec.gov.br/setec/arquivos/pdf/constciv.pdf>. Acesso em: 4 jan. 2018.

BREALEY, R. A.; MYERS, S. C.; ALLEN, F. **Princípios de finanças corporativas**. Porto Alegre: AMGH Editora, 2013.

CAMISASSA, M. Q. **Segurança e saúde no trabalho**: NRs 1 a 36 comentadas e descomplicadas. Rio de Janeiro: Método: 2017.

CARR, D. K.; LITTMAN, I. D. **Excelência nos serviços públicos**: gestão da qualidade total na década de 90. Rio de Janeiro: Qualitymark, 1992.

CARVALHO, M. M.; RABECHINI JUNIOR, R. R. **Construindo competências para gerenciar projetos**: teoria e casos. São Paulo: Atlas, 2006.

CIMINO, R. Planejar para construir. São Paulo: Pini, 1987.

CONSELHO FEDERAL DE CONTABILIDADE (CFC). **Manual de contabilidade do sistema** CFC/CRCs. Brasília: CFC, 2009. Disponível em: <http://portalcfc.org.br/wordpress/wp-content/uploads/2013/01/manual_cont.pdf>. Acesso em: 4 jan. 2018.

______. Normas Brasileiras de Contabilidade. **NBC T 16** – Normas Brasileiras de Contabilidade Aplicadas ao Setor Público. Brasília: CFC, 2008. Disponível em: <https://goo.gl/8VvuQg>. Acesso em: 4 jan. 2018.

CORRÊA, C. A.; CORRÊA, H. L. **Administração de produção e de operações**: manufatura e serviços: uma abordagem estratégica. São Paulo: Atlas, 2005.

FIORILLO, C. A. P.; FERREIRA, P.; MARI MORITA, D. **Licenciamento ambiental**. São Paulo: Saraiva, 2015.

FRANCISCHINI, P.; GURGEL, F. C. A. **Administração de materiais e do patrimônio**. São Paulo: Pioneira Thomson, 2002.

GOMES, O. **Contratos**. Rio de Janeiro: Forense, 2002.

KANAANE, R.; FIEL FILHO, A.; FERREIRA, M. G. **Gestão pública**: planejamento, processos, sistemas de informação e pessoas. São Paulo: Atlas, 2010.

KOSKELA, L. Application of the new production philosophy to construction. Center of Integrated Facility Engineering. Stanford University. **Technical Report**, n. 72. set. 1992.

LAS CASAS, A. L. **Administração de marketing**: conceitos, planejamento e aplicações à realidade brasileira. São Paulo: Atlas, 2010.

LIMMER, C. V. **Planejamento, orçamentação e controle de projetos e obras**. Rio de Janeiro: LTC, 1996.

MATTOS, A. D. **Como preparar orçamentos de obras**. São Paulo: Pini, 2006.

MEREDITH, J. R.; MANTEL JR., S. J. **Administração de projetos**: uma abordagem gerencial. Rio de Janeiro: LTC, 2008.

MESSEGUER, Á. G. **Controle e garantia da construção civil**. São Paulo: Projeto P/W/Sinduscon, 1991.

MUKAI, T. **Direito ambiental sistematizado**. São Paulo: Forense, 2016.

NOCÊRA, R. J. **Fundamentos de planejamento de controle físico de obras para contratantes**. Santo André: RJN, 2010.

PINHEIRO, A. C. F. B.; CRIVELARO, M. **Legislação aplicada à construção civil**. São Paulo: Érica, 2014. (Série Eixos)

______. **Planejamento e custos de obras**. São Paulo: Érica, 2014. (Série Eixos)

______. **Qualidade na construção civil**. São Paulo: Érica, 2014. (Série Eixos)

______. **Tecnologia de obras e infraestrutura**. São Paulo: Érica, 2014. (Série Eixos)

QUARTAROLI, C. M.; LINHARES, J. **Guia de gerenciamento de projetos e certificação PMP**. Rio de Janeiro: Ciência Moderna, 2004.

SALTO, F.; ALMEIDA, M. **Finanças públicas**: da contabilidade criativa ao resgate da credibilidade. São Paulo: Record, 2016.

SOUZA, R.; MEKBEKIAN, G. **Qualidade na aquisição de materiais e execução de obras**. São Paulo: Pini, 1996.

TISAKA, M. **Orçamento na construção civil**: consultoria, projeto e execução. São Paulo: Pini, 2006.

VARGAS, R. **Gerenciamento de projetos**: estabelecendo diferenciais competitivos. 7. ed. São Paulo: Brasport, 2009.